Computer im Mathematikunterricht

Mathematik Primarstufe und Sekundarstufe I + II

Herausgegeben von
Prof. Dr. Friedhelm Padberg
Universität Bielefeld

Bisher erschienene Bände (Auswahl):

Didaktik der Mathematik

P. Bardy: Mathematisch begabte Grundschulkinder – Diagnostik und Förderung (P)
M. Franke: Didaktik der Geometrie (P)
M. Franke/S. Ruwisch: Didaktik des Sachrechnens in der Grundschule (P)
K. Hasemann: Anfangsunterricht Mathematik (P)
K. Heckmann/F. Padberg: Unterrichtsentwürfe Mathematik Primarstufe (P)
G. Krauthausen/P. Scherer: Einführung in die Mathematikdidaktik (P)
G. Krummheuer/M. Fetzer: Der Alltag im Mathematikunterricht (P)
F. Padberg: Didaktik der Arithmetik (P)
P. Scherer/E. Moser Opitz: Fördern im Mathematikunterricht der Primarstufe (P)

G. Hinrichs: Modellierung im Mathematikunterricht (P/S)

R. Danckwerts/D. Vogel: Analysis verständlich unterrichten (S)
G. Greefrath: Didaktik des Sachrechnens in der Sekundarstufe (S)
F. Padberg: Didaktik der Bruchrechnung (S)
H.-J. Vollrath/H.-G. Weigand: Algebra in der Sekundarstufe (S)
H.-J. Vollrath: Grundlagen des Mathematikunterrichts in der Sekundarstufe (S)
H.-G. Weigand/T. Weth: Computer im Mathematikunterricht (S)
H.-G. Weigand et al.: Didaktik der Geometrie für die Sekundarstufe I (S)

Mathematik

F. Padberg: Einführung in die Mathematik I – Arithmetik (P)
F. Padberg: Zahlentheorie und Arithmetik (P)

K. Appell/J. Appell: Mengen – Zahlen – Zahlbereiche (P/S)
S. Krauter: Erlebnis Elementargeometrie (P/S)
H. Kütting/M. Sauer: Elementare Stochastik (P/S)
T. Leuders: Erlebnis Arithmetik (P/S)
F. Padberg: Elementare Zahlentheorie (P/S)
F. Padberg/R. Danckwerts/M. Stein: Zahlbereiche (P/S)

A. Büchter/H.-W. Henn: Elementare Analysis (S)
G. Wittmann: Elementare Funktionen und ihre Anwendungen (S)

P: Schwerpunkt Primarstufe
S: Schwerpunkt Sekundarstufe

Weitere Bände in Vorbereitung

Hans-Georg Weigand / Thomas Weth

Computer im Mathematikunterricht

Spektrum
AKADEMISCHER VERLAG

Autoren:
Prof. Dr. Hans-Georg Weigand
Lehrstuhl für Didaktik der Mathematik
Universität Würzburg
Email: weigand@mathemathik.uni-wuerzburg.de

Prof. Dr. Thomas Weth
Lehrstuhl für Didaktik der Mathematik
Universität Erlangen-Nürnberg
Email: tsweth@ewf.uni-erlangen.de

Wichtiger Hinweis für den Benutzer
Der Verlag und die Autoren haben alle Sorgfalt walten lassen, um vollständige und akkurate Informationen in diesem Buch zu publizieren. Der Verlag übernimmt weder Garantie noch die juristische Verantwortung oder irgendeine Haftung für die Nutzung dieser Informationen, für deren Wirtschaftlichkeit oder fehlerfreie Funktion für einen bestimmten Zweck. Der Verlag übernimmt keine Gewähr dafür, dass die beschriebenen Verfahren, Programme usw. frei von Schutzrechten Dritter sind. Die Wiedergabe von Gebrauchsnamen, Handelsnamen, Warenbezeichnungen usw. in diesem Buch berechtigt auch ohne besondere Kennzeichnung nicht zu der Annahme, dass solche Namen im Sinne der Warenzeichen- und Markenschutz-Gesetzgebung als frei zu betrachten wären und daher von jedermann benutzt werden dürften. Der Verlag hat sich bemüht, sämtliche Rechteinhaber von Abbildungen zu ermitteln. Sollte dem Verlag gegenüber dennoch der Nachweis der Rechtsinhaberschaft geführt werden, wird das branchenübliche Honorar gezahlt.

Bibliografische Information der Deutschen Nationalbibliothek
Die Deutsche Nationalbibliothek verzeichnet diese Publikation in der Deutschen Nationalbibliografie; detaillierte bibliografische Daten sind im Internet über http://dnb.d-nb.de abrufbar.

Springer ist ein Unternehmen von Springer Science+Business Media
springer.de

1. Auflage 2002, Nachdruck 2010
© Spektrum Akademischer Verlag Heidelberg 2002
Spektrum Akademischer Verlag ist ein Imprint von Springer

10 11 12 13 14   5 4 3 2

Lektorat: Dr. Andreas Rüdinger, Barbara Lühker
Umschlaggestaltung: SpieszDesign, Neu–Ulm

ISBN 978-3-8274-1100-6

Vorwort

Der Einsatz neuer Technologien in der Schule ist zu einem politischen Thema geworden. Zahllose Beiträge in Tageszeitungen und Wochenzeitschriften, Stellungnahmen aus Politik und Wirtschaft sowie Denkschriften, Expertisen und Memoranden zur aktuellen Bildungspolitik fordern von der Schule die Vermittlung von Computererfahrung, Vertrautheit mit neuen Technologien, Medienkompetenz. Nun verfügt mittlerweile jede Schule über einen eigenen Computerraum und seit Ende des Jahres 2001 sind alle Schulen Deutschlands ans Internet angeschlossen, es gibt eigene Notebook-Klassen und in manchen Bundesländern sind Graphische Taschenrechner und Taschencomputer bei Prüfungen erlaubt oder gar vorgeschrieben, (fast) alle Schüler haben einen Computer zu Hause und die Mehrzahl ist auch ans Internet angeschlossen. Damit stellen sich aber erst die entscheidenden Fragen: Was machen Schülerinnen und Schüler anders, wenn sie Computer und Internet jederzeit verfügbar haben? Lernen sie schneller, besser und mehr, lernen sie effektiver und nachhaltiger? Wie müssen sich die Lehrenden auf die neue Situation einstellen, müssen sie anders unterrichten?

Dieses Buch wendet sich an (angehende) Lehrerinnen und Lehrer, die neue Technologien wie Taschenrechner, Computer und Internet als sinnvolles Medium und Werkzeug in ihrem Unterricht einsetzen möchten, um zentrale Denk- und Arbeitsweisen, Problemlösefähigkeiten und Prozesse der Begriffsentwicklung bei Schülerinnen und Schülern nachhaltig zu unterstützen. Es will zur eigenständigen Auseinandersetzung mit neuen Technologien anregen und dabei neue Wege zu bewährten, traditionellen Zielen des Mathematikunterrichts aufzeigen.

Was in diesem Buch gesagt und geschrieben wird, gilt in gleicher Weise für Schülerinnen und Schüler, Studentinnen und Studenten, Lehrerinnen und Lehrer. Wenn wir uns darauf beschränken, von Schüler und Schülern, Student und Studenten, Lehrer und Lehrern zu sprechen, so geschieht dies um der leichteren Lesbarkeit willen, soll aber keinerlei Diskriminierung des anderen Geschlechts darstellen.

Für wertvolle Hinweise und konstruktive Anregungen möchten wir uns bei Prof. Dr. H.-J. Vollrath ganz herzlich bedanken. Ihm verdanken wir insbesondere auch unser „mathematikdidaktisches Weltbild", durch das dieses Buch wesentlich geprägt ist. Für die kritische Durchsicht von Manuskriptteilen gilt unser besonderer Dank Dr. Kristina Appell, Herbert Glaser, Mutfried Hartmann, Dr. Gerold Hoja, Dr. Rainer Loska, Dr. Matthias Ludwig, Caroline Merkel, Jürgen Roth, Dr. Andreas Schuster, Prof. Dr. Hans-Joachim Vollrath, Dr. Gabriele Weigand, Wolfgang Weigel und Gerald Wittmann. Für die zeitintensive gewissenhafte Anfertigung vieler Computerzeichnungen bedanken wir uns bei Frank Fritsche, für viele Arbeiten an dem druckfertigen Typoskript bei Friederike Neubauer und Michaela Salinger.

Würzburg, Nürnberg im Juli 2002   Hans-Georg Weigand, Thomas Weth

Für Alexandra, Barbara, Christopher und Corinna

Inhalt

Einleitung

Mittlerweile gibt es viele Unterrichtsvorschläge und Erfahrungsberichte zum Computereinsatz im Mathematikunterricht, programmatische Artikel über neue Möglichkeiten des Rechnereinsatzes und empirische Untersuchungen zu Auswirkungen des computerunterstützten Unterrichts auf das Lehren und Lernen von Mathematik. In vielen Ländern ist der Computer im Unterricht erlaubt oder gar vorgeschrieben, in allen neueren Lehrplänen der Bundesländer werden zumindest Vorschläge für den Einsatz neuer Technologien unterbreitet. Damit stellt sich verstärkt die Frage, wie Lehrerinnen und Lehrer auf einen adäquaten Einsatz neuer Technologien im Unterricht vorbereitet werden können. Diese Frage steht im Zentrum dieses Buches.

Zu ihrer Beantwortung gehen wir von den *traditionellen „alten" Zielen des Mathematikunterrichts* aus und versuchen den Beitrag aufzuzeigen, den neue Technologien zum Erreichen dieser Ziele leisten können. Unter *neuen Technologien* verstehen wir dabei die elektronischen Werkzeuge Taschenrechner, Graphische Taschenrechner, Computer und Internet, sowie alle für den Unterricht angebotenen Programme, vor allem aber Tabellenkalkulationsprogramme, Computeralgebrasysteme und Dynamische Geometriesoftware. Diese Programme werden verwendet, weil sie als Universalwerkzeuge für unterschiedliche Problemstellungen dienen, aber auch im Hinblick auf eine konkrete Problemstellung spezifiziert werden können.

Der Einsatz neuer Technologien im Unterricht orientiert sich an zentralen *didaktischen Prinzipien*, wie dem Lernen, Fragen zu stellen, dem selbsttätigen Lernen und dem operativen Arbeiten. Neue Technologien eröffnen *neue Wege* zu den *alten Zielen* des Mathematikunterrichts, indem sich manche dieser Prinzipien aufgrund eines neuen Werkzeugs in einer veränderten Weise im Unterricht realisieren lassen. Das Buch zeigt die Wechselbeziehung zwischen Zielen, Ideen und Inhalten des Mathematikunterrichts und dem Einsatz neuer Technologien auf. Dabei werden didaktische Aspekte des Einsatzes bei den Lerninhalten der Sekundarstufe I klassifiziert und kategorisiert. Die *eigenständige Auseinandersetzung* des Lesers mit Beispielen und Übungsaufgaben und das möglichst häufige Durchleben eines eigenständigen mathematischen Entdeckungsprozesses ist beim Durcharbeiten dieses Buches unverzichtbar. Manche Beispiele sind deshalb so gewählt, weil sie herausfordernde Aufgaben für Studierende und Unterrichtende darstellen, um auch Experten in den Zustand des Lernenden versetzen zu können. Dabei ist es die grundlegende Überzeugung der Verfasser, dass neue Technologien keine revolutionären Veränderungen im Unterricht herbeiführen, jedoch evolutionäre Entwicklungen ermöglichen, die aber nicht nur erstrebens- und wünschenswert sind, sondern im Hinblick auf eine Erneuerung des Mathematikunterrichts als dringend geboten erscheinen.

Auf den Internetseiten *www.didaktik.mathematik.uni-wuerzburg.de/cimu* und *www.didmath.ewf.uni-erlangen.de/cimu* finden sich Programme zu den im Buch behandelten Beispielen und sonstige aktuelle Hinweise.

Das Buch ist kein Computerhandbuch und auch keine Bedienungsanleitung für die verwendeten Programme, weshalb auch keine längeren oder gar vollständigen Befehlsketten von Computerprogrammen aufgenommen wurden. Darin spiegelt sich die Überzeugung der Verfasser wider, dass auch bei der Diskussion um den Einsatz neuer Technologien im Mathematikunterricht zunächst ein mathematisches Problem im Mittelpunkt des Interesses stehen muss und erst dann überlegt werden kann, ob und welche Werkzeuge bei der Problemlösung sinnvoll erscheinen. Die dazu evtl. notwendigen bedienungstechnischen Kenntnisse können in einem Handbuch oder in technischen Anleitungen nachgeschlagen werden. Wir halten auch den häufig verwendeten Begriff „Medienkompetenz" für viel zu allgemein und werden ihn nicht verwenden, da wir die Gefahr sehen, dass dabei das Medium zu sehr im Vordergrund steht. Die *Bedienung* der Programme ist einfach bzw. wird mit zunehmender Entwicklung in Zukunft immer einfacher werden, zumal wir mit einer Annäherung der Computernotation an die mathematische Notation rechnen. Das zentrale Problem stellt die *sinnvolle Benutzung* eines Programms dar, die Auswahl des richtigen Werkzeugs, die werkzeugadäquate Modellierung und die Interpretation der Ergebnisse. Eine derart sinnvolle Benutzung setzt inhaltliches Wissen, fachliches Können und formale Fähigkeiten und Fertigkeiten wie Ordnen, Strukturieren, Vermuten, Experimentieren voraus. Auf die heute aktuelle sog. "Integrative Medienpädagogik" gehen wir hier nur am Rande ein; hierzu sei auf HISCHER (2002) verwiesen, in dem die Rolle neuer Medien für die Allgemeinbildung und speziell für den Mathematikunterricht diskutiert wird.

Das Buch geht nicht auf die *technischen Probleme* im Zusammenhang mit dem Computereinsatz ein, wie etwa Hardwareprobleme, Aktualisierung der Software oder Problematik eines separaten Computerraums. Wir wollen vielmehr den Einsatz des Rechners in methodischer Hinsicht in eine Konzeption des Unterrichts integrieren, die auf didaktischen Prinzipien beruht. Damit eröffnet sich eine breite Palette an Möglichkeiten des Rechnereinsatzes: Verwendung des Taschencomputers, Arbeiten im Computerraum, Partner- oder Einzelarbeit vor dem Computer, der Computer als Demonstrationsgerät, der Rechner als Hausaufgabenhilfe, Leistungsmessung mit dem Computer. Alle von uns behandelten Lerninhalte lassen sich im Rahmen dieser verschiedenen methodischen Möglichkeiten behandeln.

Für die explizite Darstellung von Lösungen oder Lösungswegen haben wir uns auf das Computeralgebrasystem DERIVE, die Dynamische Geometrie Software DYNAGEO und das Tabellenkalkulation EXCEL festgelegt, möchten aber betonen, dass in gleicher Weise auch andere Programme der entsprechenden Kategorie verwendet werden können.

Im *ersten Kapitel* wird nach der didaktischen Bedeutung neuer Technologien im Mathematikunterricht gefragt, wobei wir davon ausgehen, dass die Integration eines neuen Werkzeugs in den Unterricht ein Problem darstellt, das in der Geschichte der Mathematik und des Mathematikunterrichts immer wieder aufgetreten ist. Wir sehen den Computer als eine Fortsetzung einer langen Kette mathematischer Werkzeuge wie Ziffernsysteme, Abakus, Rechenmaschine und Taschenrechner, wobei jedes dieser Werkzeuge mathematische Denk- und Arbeitsweisen beeinflusst hat.

Im Mittelpunkt des *zweiten Kapitels* stehen die Ziele des traditionellen Mathematikunterrichts, wie sie WINTER oder BIGALKE bereits Mitte der 1970er Jahre formuliert haben. Mit dem Aufkommen neuer Technologien, deren Einsatz im Unterricht, der Einführung der Informationstechnischen Grundbildung und eines Schulfachs Informatik ist diese Zieldiskussion neu belebt worden. Wir sehen heute keine Notwendigkeit zur Einführung neuer Ziele in den Mathematikunterricht, möchten aber aufzeigen, wie der Rechner einen zeitgemäßen Beitrag zum Erreichen von Inhalts- und Prozesszielen zu leisten vermag. Der computerunterstützte Unterricht führt häufig fast zwangsläufig vom traditionellen lehrerzentrierten Unterricht weg, was nicht nur positiv, sondern auch kritisch zu reflektieren ist.

Im *dritten Kapitel* werden zentrale *didaktische Prinzipien* des Mathematikunterrichts beschrieben. Hier kann der Computer zu einem Katalysator für methodische Neuansätze werden und zu einer veränderten Unterrichtskultur beitragen, womit ein Unterrichts- oder Kommunikationsstil gemeint ist, der stärker auf Eigenständigkeit und Selbstverantwortung von Schülern ausgerichtet ist.

Im *vierten Kapitel* wird die Schulalgebra entlang der *Leitbegriffe* Zahlen, Terme, Funktionen, Gleichungen, Folgen und Anwendungen strukturiert. Dabei stehen vor allem Tätigkeiten oder Aktivitäten im Zusammenhang mit diesen Begriffen im Vordergrund. Im Rahmen dieser Tätigkeitsbereiche wird nach Möglichkeiten gesucht, den Rechner gewinnbringend einzusetzen.

Das *fünfte Kapitel* beschreibt den Einfluss des Computers auf geometrische *Inhalte* (Abbildungen, Figuren, Körper, usw.) einerseits und auf *Prozesse* (Beweisen, Verbalisieren, Kreativität, usw.) andererseits. Zu Beginn werden hierzu die Möglichkeiten des Variierens von Figuren (Zugmodus), des Konstruierens mit Hilfe von Makros und des Erzeugens von Ortslinien charakterisiert, welche eine Dynamische Geometriesoftware gegenüber den herkömmlichen Zeichenwerkzeugen auszeichnen. An ausgewählten und typischen Themen des Mathematikunterrichts werden Einsatzmöglichkeiten von dynamischen Geometrieprogrammen dargestellt und reflektiert.

Das *sechste* Kapitel widmet sich kommerziellen Programmen, die üblicherweise unter dem Begriff „Programme für den Nachmittagsmarkt" subsummiert werden. An einigen typischen Vertretern werden Charakteristika und Anwendungsmöglichkeiten diskutiert.

Im *siebten Kapitel* wird die Rolle des Internets für den Mathematikunterricht unter didaktischen Gesichtspunkten reflektiert. Gerade hier zeigt sich, dass allen allgemeinen und vollmundigen „revolutionären" Prognosen gegenüber eine kritische Distanz angebracht ist.

I Neue Werkzeuge – Neues Denken?

Der Fortschritt der Menschheit ist eng mit der Verwendung von Werkzeugen verbunden. Werkzeuge wie Hammer, Zange oder Baukran verstärken menschliche Fähigkeiten. Werkzeuge wie Fernglas, Mikroskop oder Flugzeug verleihen sogar neue Fähigkeiten. Auch Computer und Computerprogramme sind Werkzeuge. Sie ermöglichen es dem Menschen Berechnungen schneller durchzuführen, auf Knopfdruck Diagramme zu erzeugen und Daten mit hoher Geschwindigkeit über das Internet zu transportieren. Werkzeuge sind zum einen das Ergebnis menschlichen Erfindungsgeistes, zum anderen sind sie aber auch die Grundlage für neue Erkenntnisse und neue Denk- und Arbeitsweisen. So ermöglichte erst die Erfindung des Rades den einfachen Transport größerer Güter über weitere Entfernungen, mit dem Fernrohr entdeckte GALILEI die Jupitermonde und mit dem Computer lassen sich Berechnungen durchführen, die jenseits der Möglichkeiten von Papier und Bleistift liegen.[1] Werkzeuge haben aber auch eine didaktische Dimension, da ihr Einsatz geplant und der Umgang mit ihnen gelernt und gelehrt werden muss. Darüber hinaus ziehen neue Werkzeuge auch neue Verfahren, Arbeits- und Denkweisen nach sich.

In diesem Buch wird immer wieder von der Wechselbeziehung zwischen *Werkzeug* und *mathematischem Denken* die Rede sein. *Mathematische Werkzeuge* gibt es auf der realen *gegenständlichen Ebene* wie etwa Zirkel und Lineal, Geodreieck, Parabelschablone, Taschenrechner oder Computer. Aber auch auf der *begrifflichen Ebene* können wir von Werkzeugen sprechen, indem wir einen Algorithmus oder einen mathematischen Satz als ein Werkzeug zum Lösen mathematischer Probleme ansehen. So lassen sich mit Hilfe eines Diagramms Daten extrapolieren, mit dem Gaußalgorithmus Gleichungssysteme lösen und mit Fixpunktsätzen (die Existenz von) Lösungen sichern.

Uns geht es insbesondere um die Frage, welche Bedeutung mathematische Werkzeuge für das Lehren und Lernen von Mathematik hatten und haben, es wird also nach der *didaktischen Bedeutung mathematischer Werkzeuge* oder Hilfsmittel gefragt. Unsere zentrale These ist, dass der Computer die lange Kette mathematischer Werkzeuge wie Ziffernsysteme, Abakus, Rechenmaschine und Taschenrechner fortsetzt und die Entwicklung mathematischer Denk- und Arbeitsweisen, wie strukturiertes, modulares und funktionales Denken unterstützt oder manchmal gar erst ermöglicht.

---

[1] Beispiele sind der Beweis des Vierfarbensatzes von Kenneth APPEL und Wolfgang HAKEN an der University of Illinois im Jahr 1976 (vgl. etwa FRITSCH 1994) oder Ver- und Entschlüsselungen mit dem RSA-Verfahren (vgl. BEUTELSPACHER u. a. 2001⁴).

1   Rechenmaschinen

Die additiven Ziffernsysteme der Ägypter, Griechen oder Römer erlaubten noch
keine unseren schriftlichen Rechenverfahren vergleichbaren Verfahren.[2] Erst mit
der Erfindung des dezimalen Stellenwertsystems etwa im 6. Jahrhundert in Indien
wurden Rechenalgorithmen für die Grundrechenarten entwickelt. Durch die Ara-
ber kamen die „arabischen Ziffern" und die „Algorithmen" dann nach Europa,
allerdings rechnete man vor allem im handwerklichen und kaufmännischen Leben
weiter „auf den Linien" und notierte Ergebnisse in römischen Ziffern. Die in-
disch-arabischen Ziffern wurden weitgehend abgelehnt, da sie heidnischen Ur-
sprungs waren und als nicht fälschungssicher galten. Einen wesentlichen Beitrag
zum Durchbruch der arabischen Ziffern leistete das 2. Rechenbuch von Adam
RIES.[3]

Zu Beginn des 17. Jahrhunderts begannen Überlegungen, das Zahlenrechnen
zu mechanisieren. Die erste Rechenmaschine stammt von dem Tübinger Professor
Willhelm SCHICKARD (1592-1635), die er wohl für seinen Freund Johannes
KEPLER konstruierte. Im Jahre 1642 baute der neunzehnjährige Blaise PASCAL
(1623-1662) mehrere Addiermaschinen mit automatischem Zehnerübertrag. 1672
konstruierte G. W. LEIBNIZ (1646-1716) eine Rechenmaschine, da es „eines Menschen unwürdig ist, gleich einem Sklaven Stunden mit eintönigen stupiden Berechnungen zu verlieren". Auf die Idee für seine Rechenmaschine kam LEIBNIZ,
als er einen Schrittzahlmesser mit automatischem Zehnerübertrag sah:

> „Als ich vor einigen Jahren zum ersten Male ein Instrument sah, mit Hilfe
> dessen man seine eigenen Schritte ohne zu denken zählen kann, kam mir so-
> gleich der Gedanke, es ließe sich die ganze Arithmetik durch eine ähnliche
> Art von Werkzeug fördern." (MACKENSEN 1969, S. 41)

Gegen Ende des 19. Jahrhunderts begann dann die fabrikmäßige Herstellung von
Rechenmaschinen. Ihr Einsatz wurde auch in Schule und Ausbildung möglich und
dort vereinzelt praktiziert (vgl. ANTHES 1997). Einen Überblick über die historische Entwicklung von Rechenmaschinen gibt REESE (2002).

Mit der Verwendung von Rechenmaschinen veränderten sich Denk- und Arbeitsweisen beim Zahlenrechnen. Es ging jetzt nicht mehr um das Rechnen im
Sinne des kleinen Einmaleins, sondern um das Nachvollziehen eines in Kur-
beldrehungen und Schlittenverschiebungen ausgedrückten Rechenalgorithmus.
Das Denken in Handlungsabläufen trat gegenüber dem arithmetischen Denken in
den Vordergrund. Die Rechenmaschinen waren aber zu teuer und zu unhandlich,
um im Schulunterricht tatsächlich eingesetzt werden zu können.

---

[2] Eine ausführliche Beschreibung dieser Systeme findet sich in LEHMANN (1994a und
1994b) oder IFRAH (1989).

[3] Eine kommentierte und neu übersetzte Ausgabe stammt von DESCHAUER (1992).

Rechenmaschine von PASCAL (aus MARGUIN 1994)

Walther Sprossenrad-Rechenmaschine

Bei einer Sprossenradmaschine werden die Zahlen stellengerecht mit den Schiebern im oberen Einstellwerk eingegeben. Im unteren Teil ist ein beweglicher Schlitten mit einem Ergebniszählwerk (rechts) und einem Umdrehungszählwerk (links) angebracht. Eine Kurbelumdrehung addiert die Zahl im Einstellwerk zu der Zahl im Ergebniszählwerk. Durch eine Verschiebung des Schlittens wird die eingestellte Zahl stellenversetzt addiert, in genau der Weise wie das beim stellenversetzten Addieren bei der schriftlichen Multiplikation erfolgt.

2   Rechenschieber und Taschenrechner

Ein preisgünstiges Rechenwerkzeug war der *Rechenschieber*, dessen Ursprünge bis ins 17. Jahrhundert – im Anschluss an die Erfindung der Logarithmen – zurückreichen. Zu Beginn des 20. Jahrhunderts wurden Rechenschieber in der Schule neben Logarithmentafeln verwendet und aufgrund eines Beschlusses der Kultusministerkonferenz durften sie ab 1958 bereits *vor* der Behandlung von Logarithmen verwendet werden, womit dieses Gerät zur „black box" für die Schüler wurde. 1972 kam der erste Taschenrechner auf den Markt und zwischen 1976 und 1978 wurde er in den alten Bundesländern – meist ab Klasse 9 – erlaubt. In der ehemaligen DDR wurde der „Schulrechner SR1" an der erweiterten Oberschule mit dem Schuljahr 1984/85 und in der Polytechnischen Oberschule mit dem Schuljahr 1985/86 in Klasse 7 eingeführt.

Die Erwartungen an das neue Werkzeug waren bei seiner Einführung sehr hoch (vgl. etwa WINKELMANN 1978, WYNANDS 1978, KÖNIG 1978, FANGHÄNEL u. FLADE 1979). Mit dem Taschenrechnereinsatz sollten u. a.
* experimentelles und entdeckendes Arbeiten eine größere Bedeutung bekommen;
* Begriffsbildungen eine breitere numerische Basis erhalten;
* Anwendungsaufgaben realitätsnäher werden;
* Handrechenfertigkeiten an Wert verlieren;
* algorithmische Berechnungen an Bedeutung gewinnen.

Intensiv wurden damals folgende Fragen diskutiert:
* Wie können die zentralen Lernziele des Mathematikunterrichts besser erreicht werden?
* Welche Bedeutung haben die bisher trainierten Fertigkeiten?
* Was soll mit der eingesparten Zeit geschehen?
* Wie wirkt sich der Taschenrechnereinsatz auf leistungsschwächere Schüler aus?

Diese Fragen unterscheiden sich nicht wesentlich von den Fragen, die wir heute im Zusammenhang mit dem Computereinsatz immer noch bzw. wieder diskutieren.

Die Schulen in der Bundesrepublik Deutschland waren auf die Einführung des Taschenrechners nicht vorbereitet. Überstürzt wurden Ende der 1970er Jahre Handreichungen für den Unterricht erarbeitet, die aber nicht dazu geeignet waren, das Potenzial des neuen Werkzeugs auch nur annähernd zu nutzen. Dennoch wurden einige innovative Ideen zum werkzeugadäquaten Taschenrechnereinsatz im Unterricht entwickelt, wie etwa das Prozentrechnen unter funktional operativen

Gesichtspunkten oder das Arbeiten mit Tabellen und Funktionalgleichungen bei Wachstumsprozessen (vgl. „Der Mathematikunterricht", Heft 1, 1978).

Allerdings wurden diese Ideen im realen Unterricht der alten Bundesländer kaum aufgegriffen. Dagegen scheint die Integration des Taschenrechners in den Unterricht der DDR besser gelungen zu sein. So wurden mit der Einführung des SR1 flächendeckend Lehrerfortbildungsveranstaltungen durchgeführt und es erschien eine Fülle von Artikeln zum Taschenrechnereinsatz in der Zeitschrift „Mathematik in der Schule". Nach der „Wende" kam es allerdings nicht mehr zu einer wissenschaftlichen Auswertung der Auswirkungen und Ergebnisse dieser systematischen Planung.

Welche Veränderungen hat der Taschenrechner im Mathematikunterricht bewirkt? Rechenstab und Logarithmentafel, algorithmische Verfahren wie das schriftliche Wurzelziehen und das Multiplizieren mit Hilfe von Logarithmen wurden überflüssig. Hinsichtlich der Ziele, Methoden und der Art der Prüfungsaufgaben hatte der Taschenrechner aber nur einen geringen oder gar keinen Einfluss auf den Unterricht. Dies war im Ausland wohl ähnlich.[4] Es ist KIRSCH Recht zu geben, wenn er die geringen Auswirkungen des Taschenrechnereinsatzes auf den Unterricht darauf zurückführt, dass „die 'Philosophie' des Unterrichtens, die unausgesprochenen Zielsetzungen im wesentlichen unverändert geblieben" (1985, S. 307) sind.

Zwei Gebiete der Schulmathematik dürften aber durch den Taschenrechnereinsatz spürbare Veränderungen erfahren haben. Dies ist zum einen die *Trigonometrie* und zum anderen die *Wahrscheinlichkeitsrechnung* oder *Stochastik*, da hier numerische Berechnungen eine wichtige Rolle spielen. Den größten Einfluss hatte der Taschenrechner aber wohl auf den Mathematikunterricht der Grundschule. Ohne dass der Taschenrechner dort direkt verwendet wird, haben sich heute die Ziele im Zusammenhang mit schriftlichen Rechenverfahren verändert und den halbschriftlichen Verfahren eine wachsende Bedeutung gebracht.

Beim Taschenrechner werden nun schriftliche Rechenverfahren *modularisiert*, indem sie auf Knopfdruck zur Verfügung stehen. So bleibt etwa der Multiplikationsalgorithmus im Gerät verborgen, wodurch das funktionale Denken im Sinne eines Eingabe-Ausgabe-Verhaltens in den Vordergrund rückt. Dieses Problem stellt sich in verschärfter Form beim Arbeiten mit dem Computer.

Kontrovers wurde (und wird) der Taschenrechnereinsatz im Hinblick auf den Verlust wichtiger Rechenfertigkeiten diskutiert. So wurde insbesondere von Lehrerseite immer wieder beklagt, dass Schüler das Kopfrechnen verlernten und dass das Rechnen als „Rettungsanker" im Mathematikunterricht nun verloren ginge, wodurch sich insbesondere für schwächere Schüler der Unterricht erheblich erschwerte. Auch seitens der Industrie wurden immer wieder „die nicht ausreichenden Kenntnisse der Hauptschulabsolventen in den vier Grundrechenarten und die mangelnden Fertigkeiten beim Umgang mit Dezimalzahlen, Runden,

---

[4] Vgl. etwa das NCTM-Yearbook von 1992 (FEY u. HIRSCH), das eigens dem Taschenrechnereinsatz im Mathematikunterricht gewidmet ist.

Schätzen, Bruchrechnung und einfachen Schlussrechnungen" (zit. nach WYNANDS 1984, S. 3) herausgestellt und als Gründe „mangelnde Übung" und ein „zu früher Taschenrechnereinsatz" angesehen. Durch empirische Untersuchungen (etwa WYNANDS 1984) konnte dies aber nicht bestätigt werden. HEMBREE u. DESSART (1986) sehen nach einer Auswertung von 79 empirischen Untersuchungen im amerikanischen Raum gar einen positiven Einfluss des Taschenrechners auf die Rechenfertigkeit.

Die Gefahr des Verlusts von Rechenfertigkeiten darf aber nicht verkannt werden. Von didaktischer Seite wurde deshalb immer wieder gefordert, dass „aus Gründen der Gedächtnis- und Konzentrationsschulung und wegen eines emanzipatorischen Aspekts, der im Unabhängigsein von der elektronischen Prothese Taschenrechner liegt, im Mathematikunterricht Wert gelegt werden (sollte) auf die Herausbildung von Fertigkeiten im Kopfrechnen, im sicheren Anwenden von Rechenregeln und beim Überschlagsrechnen; mehr als dies heute geschieht" (WYNANDS 1984, S. 31). Es muss aber bezweifelt werden, ob diese Vorschläge in der Schulwirklichkeit aufgegriffen worden sind.

Die Diskussion um den Taschenrechner zeigt, dass gute Unterrichtsvorschläge alleine noch keine Veränderungen im Mathematikunterricht bewirken, dass es hierzu vielmehr des Zusammenspiels verschiedener Komponenten bedarf. Dazu gehören Lehreraus- und -weiterbildung, das Aufzeigen der Beziehung von Werkzeugen und Zielen des Unterrichts und eine stete kritische Reflexion von Unterrichtserfahrungen. Schließlich und vor allem wird das Potenzial eines neuen Werkzeugs aber nur dann im Unterricht wirklich genutzt, wenn der Lehrer vom Mehrwert im Hinblick auf das Erreichen der Ziele des Unterrichts überzeugt ist.

3 Computer

Zu Beginn der 1960er Jahre wurden die damals neuesten Werkzeuge der Mathematiker, die Großrechenanlagen, an Universitäten in Betrieb genommen.[5] Sofort gab es damals auch erste Vorschläge, wie diese Geräte als „Denkmaschinen", „Elektronengehirne", „Logikmaschinen", „Rechenautomaten" oder „spielende und lernende Automaten" im Mathematikunterricht behandelt werden könnten (vgl. etwa STEINER 1965, MERKEL 1969 oder POHLEY u. SCHAEFER 1969). Die Auseinandersetzung mit den logischen Grundlagen der Rechenanlagen passte gut zu den Bestrebungen der aufkommenden „Mengenlehre", die logischen Strukturen der Mathematik im Unterricht deutlicher hervortreten zu lassen. Nach einem Beschluss der Konferenz der Kultusminister von 1968 gehörte dann auch die „Boolesche Algebra" zu den Lehrinhalten der Oberstufe der Gymnasien. An Mo-

---

[5] Wie etwa die mit mehr als 400 Röhren und über 2000 Dioden bestückte sowie eine Tonne schwere „ZUSE Z22R".

dellen wie dem SIMULOG[6] wurden jetzt elektronische Schaltnetze nachvollzogen und es entstanden die ersten Informatik-Arbeitskreise an Schulen.

Mitte und Ende der 1960er Jahre kamen die ersten Tischrechner auf den Markt (wie etwa die „Olivetti Programma 101" oder der „Wang 600"). HIRSCHMANN u. VIERENGEL (1970) arbeiteten zwei Jahre lang mit der „Olivetti Programm 101" im Mathematikunterricht und erreichten dadurch „eine Optimierung der Lerneffektivität" (S. 70). ENGEL (1977) forderte angesichts dieser neuen Werkzeuge für den Mathematikunterricht eine „Mathematik vom algorithmischen Standpunkt". HÖHLE und SCHMIDT (1973) dürften im deutschsprachigen Raum die ersten gewesen sein, die verschiedene Rechner (Olivetti P 101, Diehl microtronic, Monroe Model 1665, Wang 520-2) im Mathematikunterricht mit dem Ziel einsetzten, Formalisieren und Mathematisieren, Veranschaulichen und Verdeutlichen zu lehren und die Lernmotivation zu erhöhen.

Ende der 1970er Jahre begann das Zeitalter der Personal Computer.[7] Angesichts der Herausforderungen, die das Vordringen dieser Geräte in alle Bereiche des täglichen Lebens mit sich brachte, wurde der Schule eine neue Bildungskrise vorausgesagt (HAEFNER 1982) und das Schlagwort „Computer Literacy" geprägt, um auf die drohende Gefahr eines „Computer Analphabetismus" hinzuweisen. Forderungen nach einer „Informations- und kommunikationstechnologischen Grundbildung" (ITG) für *alle* Schüler wurden laut, welche nach einem Rahmenkonzept der Bund-Länder-Kommission (BLK) von 1984 „durch Einbettung in das Lernangebot vorhandener Fächer" unterrichtet werden sollte. 1985 folgten die Empfehlungen des Fördervereins des mathematisch-naturwissenschaftlichen Unterrichts (MNU) zu einer vertiefenden Informationstechnischen Bildung in der Sekundarstufe I und 1987 ein „Gesamtkonzept für die informationstechnische Bildung" der BLK. In der Schulwirklichkeit wurde die ITG allerdings meist dem Mathematikunterricht überlassen. Der Computereinsatz beschränkte sich hier in der Regel – falls er im Unterricht überhaupt praktiziert wurde – auf das Programmieren grundlegender Algorithmen in den Programmiersprachen Basic oder Pascal und das Darstellen von Funktionen mit häufig von Lehrern selbstprogrammierten Funktionsplottern.[8] Jetzt wurden Forderungen laut, pädagogische Aspekte stärker in den Vordergrund zu stellen und die Bedeutung von Verantwortungsbewusstsein, Selbstbewusstsein und Zivilcourage für einen sinnvollen Computereinsatz zu betonen (Ein diesbezüglich vielbeachteter Artikel stammt von BUSSMANN und HEYMANN (1987)). Dies setzte aber eine einfachere Bedienung von Computerprogrammen voraus, damit inhaltliche Aspekte nicht von technischen Aspekten überlagert werden. Diese Entwicklung begann Ende der 80er Jahre. 1988 wurde auf der ICME (International Conference of Mathematics Education) in Budapest das erst Dynamische Geometrie Programm CABRI-Géomètre

---

[6] Dies ist ein für Unterrichtszwecke entwickeltes Lehrgerät zur Simulation der Funktionsweise logischer Schaltungen.

[7] Die ersten Geräte waren der Apple II und der Commodore PET.

[8] Einen guten Überblick über den damaligen Computereinsatz gibt GRAF (1985, 1988 u. 1990).

(**CA**hier de **BR**ouillon Interactif pour l'apprentissage de la géométrie) vorgestellt und im gleichen Jahr kam das Computeralgebrasystem DERIVE auf den Markt. Parallel zu dieser Entwicklung wurden graphische Taschenrechner vor allem im anglo-amerikanischen Raum immer beliebter, wohingegen in Deutschland die Skepsis gegenüber der Bedienerunfreundlichkeit und der schlechten Graphikauflösung dieser Rechner überwog.

In der didaktischen Diskussion wurde der „Mathematikunterricht im Umbruch" (HISCHER 1992) diskutiert und es wurden Fragen gestellt, wie: „Wie viel Termumformung braucht der Mensch?" (HISCHER 1993) oder „Mathematikunterricht und Computer – neue Ziele oder neue Wege zu alten Zielen?" (HISCHER 1994). Es zeigten sich Hoffnungen auf eine „Regeometrisierung der Schulgeometrie – durch Computer" (SCHUPP 1997), auf eine realitätsnähere Modellbildung (HISCHER 2000), aber schließlich und vor allem auch auf Veränderungen bei „Standardthemen im Mathematikunterricht" (HERGET, WEIGAND u. WETH 2000). Trotz der zahlreichen Vorschläge zum Computereinsatz im Unterricht gab es aber nur wenige aussagekräftige empirische Untersuchungen und damit Leitlinien für eine vorausschauende Planung (zentrale Untersuchungen sind von HÖLZL (1994), der Schüler beim Arbeiten mit dem Geometrieprogramm CABRI beobachtete, und HEUGL u. a. (1996), die das richtungsweisende DERIVE-Projekt in den Jahren 1993 bis 1995 in Österreich durchführten).

In den 90er Jahren überschwemmte eine Flut von Lernprogrammen den Markt, deren Wirkung aber fragwürdig blieb. Im Unterricht wurden sie nur als kurzzeitige Abwechslung eingesetzt, zu Hause arbeiteten die Schüler nach anfänglicher Euphorie kaum mehr mit diesen Programmen. Auch Tutorielle Systeme blieben eine Randerscheinung (wie etwa das Expertensystem GEOLOG-WIN von G. HOLLAND). Erste Raumgeometrieprogramme traten auf, deren Bedienungs- und Darstellungsmöglichkeiten allerdings noch sehr begrenzt waren[9] und es kamen die ersten nach didaktischen Gesichtspunkten konstruierten Programme für die Grundschule auf den Markt (wie etwa die Programme: BLITZRECHNEN von G. KRAUTHAUSEN oder BAUWAS von H. MESCHENMOSER).

---

[9] Das Programm „Schnitte" und sein Nachfolger „Körpergeometrie" (SCHUMANN 2001) ermöglichten das Darstellen von Körpern und deren Netze, das Programm „Körper" von SCHWARTZE, SCHÜTZE und ROHDE (1996) erlaubte die konstruktive Darstellung raumgeometrischer Objekte.

Der „TI-92" von Texas Instruments kam im Dezember 1995 auf den Markt.
Abgebildet ist der TI-92 Plus (mit freundlicher Genehmigung von Texas-Instruments).

Der „Casio FX 2.0" erschien 1999. Hier ist der FX 2.0 PLUS abgebildet (mit freundlicher
Genehmigung von Casio)

Mit dem Aufkommen der ersten Taschencomputer „TI-92" und „Casio FX 2.0" waren dann ähnlich große Erwartungen verbunden wie ehemals bei den arithmetischen Taschenrechnern. Von der Möglichkeit, dass Schüler den Computer an ihrem Arbeitsplatz im Klassenzimmer jederzeit verfügbar hätten und somit eine „Wanderung" zum Computerraum entfiele, wurden tiefgreifende inhaltliche und methodische Veränderungen des Unterrichts erwartet, aber auch Befürchtungen und Ängste geweckt. Es wurde diskutiert, was mit Inhalten und Prüfungen im Mathematikunterricht geschehen solle, wenn Schüler nun ein Gerät in der Hand hätten, das gerade jene kalkülhaften Berechnungen durchführen könne, die in der Unterrichtswirklichkeit zu den zentralen Elementen des Mathematikunterrichts und der Prüfungen zählten. Es fand eine lebhafte Diskussion statt, wann der richtige Zeitpunkt zum Einsatz eines Computers sei, ob er bei Prüfungen zugelassen werden solle und welche Bedeutung Handrechenfertigkeiten zukünftig noch besäßen.[10] In allen Bundesländern fanden Schulversuche zum Einsatz neuer Technologien statt, (etwa das Projekt „Mobiles Klassenzimmer" in Baden-Württemberg oder der Schulversuch „Computerunterstützter Mathematikunterricht" in Zittau (SCHMITT 2000)). 1996 führte Sachsen als erstes Bundesland graphische Taschenrechner ab Klasse 8 verpflichtend ein und 1999 wurde dort erstmals in Deutschland ein Zentralabitur mit graphischen Taschenrechnern geschrieben.

Hinsichtlich der Auswirkungen des Computereinsatzes auf Ziele, Inhalte und Methoden des Unterrichts sind die Erwartungen heute allerdings auf ein realistisches Maß begrenzt: Es findet keine *Revolution* im Mathematikunterricht aufgrund der Existenz eines neuen Werkzeuges statt, die *Evolution* oder sukzessive sinnvolle Integration neuer Technologien wird aber weiter fortschreiten. Der Computereinsatz ist mittlerweile in allen neuen Lehrplänen der Bundesländer vorgesehen, seine Verwendung in Prüfungen wird aber im Jahre 2002 noch kontrovers diskutiert. Die Einführung von Taschencomputern hat sich noch nicht durchgesetzt, zunehmend werden aber graphikfähige Taschenrechner (im Weiteren mit GTR bezeichnet) verwendet, wobei davon auszugehen ist, dass sich die Leistungsfähigkeit dieser Rechnertypen denen von Taschencomputern weiter annähern wird.

---

[10] In HERGET, HEUGL, KUTZLER und LEHMANN (2001) wird explizit aufgezeigt, welche handwerklichen Fähigkeiten trotz der Verfügbarkeit algebraischer Taschencomputer und CAS unverzichtbar sind.

4 Neue Werkzeuge – anderes Denken!

In der Geschichte der Mathematik gab es immer wieder Beispiele dafür, dass Werkzeuge neue oder zumindest andere Denk- und Arbeitsweisen initiierten. So haben Stellenwertsysteme das Durchführen schriftlicher Rechenverfahren ermöglicht und Rechenmaschinen ersetzten das Kopfrechnen durch das Denken in Handlungsabläufen. Die mit einem Taschenrechner einhergehende Modularisierung arithmetischer Operationen setzt sich beim Arbeiten mit dem Computer auf algebraische und geometrische Objekte fort. Diese veränderten Denkweisen haben ihre Auswirkungen auf das Lehren und Lernen von Mathematik.

Während im Altertum bereits das Rechnen mit Zahlen als Expertenwissen galt, wurde dieses in der Neuzeit zum Allgemeinwissen und lässt sich heute mit einem Taschenrechner auf Knopfdruck durchführen. Zukünftig wird die Handhabung der Computersysteme so einfach sein, dass nicht mehr das Erlernen der *Bedienung* eines technischen Geräts im Vordergrund stehen wird, sondern dass es auf die sinnvolle *Benutzung* bei (mathematischen) Problemstellungen ankommen wird. Dabei wird die Bedeutung kalkülorientierter Fertigkeiten oder handwerklicher mathematischer Rechenfertigkeiten abnehmen, wohingegen Fähigkeiten wie das Mathematisieren, das Entwickeln von Algorithmen, das Interpretieren von Lösungen, das numerische Experimentieren und Arbeiten mit graphischen Darstellungen zunehmend wichtiger werden. Die zentrale Aufgabe beim Einsatz neuer Technologien in der Schule besteht darin, diese veränderten Arbeits- und Denkweisen für das Verstehen von Mathematik zu nutzen. Dies betrifft sowohl das *Ergebnis* oder *Produkt* des Lernens, also begriffliches mathematisches Wissen und Können, als auch den *Prozess* dieser Entwicklungen. Dabei ist es wichtig, dass Schüler lernen, über den sinnvollen Einsatz eines Werkzeugs selbst zu entscheiden, was zum einen die grundlegende Kenntnis der Möglichkeiten und Grenzen der einzelnen Werkzeuge voraussetzt, zum anderen aber auch das Erkennen der engen Wechselbeziehung von Werkzeug und mathematischer Problemstellung erfordert. Dies betrifft dabei vor allem den adäquaten Einsatz der Werkzeuge Papier und Bleistift, Taschenrechner, Graphische Taschenrechner, Computer und Internet.

Wie wird die weitere Entwicklung des Einsatzes neuer Technologien im Mathematikunterricht aussehen? Im Oktober 2001 wurde die letzte Schule Deutschlands im Rahmen der Initiative „Schulen ans Netz" ans Internet angeschlossen. Welche Bedeutung die Verfügbarkeit des Netzes für den Mathematikunterricht erlangen wird, ist noch offen. Die drei zentralen Programmtypen Computeralgebrasysteme (im Weiteren mit CAS abgekürzt), Dynamische Geometrie Systeme (im Weiteren mit DGS abgekürzt) und Tabellenkalkulationsprogramme (im Weiteren mit TKP abgekürzt) werden wohl in einem System zusammenfließen und über das Internet verfügbar sein. Die Notebooks werden immer kleiner und handlicher, sie werden über Funkmodem ans Internet angeschlossen und so universell ausgelegt sein, dass sie in allen Schulfächern eingesetzt werden können. Dynamische Programme zur Raumgeometrie werden in analoger Weise bedient werden können wie die heutigen dynamischen Programme zur Ebenengeometrie. Lernprogramme werden eine stärkere tutorielle Komponente erhalten.

Bei all diesen Überlegungen zur Bedeutung des Werkzeugs in der Mathematik und im Mathematikunterricht sollte aber nicht vergessen werden, dass der Einsatz eines Werkzeugs kein Selbstzweck ist, sondern dass es die Ziele des Unterrichts sind, die seinen Einsatz rechtfertigen und dass es die Art und Weise des Einsatzes ist, die ein Werkzeug zu einem sinnvollen pädagogischen Werkzeug werden lässt. Aufgrund des Einsatzes neuer Werkzeuge wird die *Verantwortung des Lehrers* deshalb eher zunehmen und manchmal auch eine neue oder zumindest eine veränderte Bedeutung erhalten.

II Alte Ziele

Werkzeuge müssen stets im Hinblick auf Ziel und Zweck ihrer Verwendung beurteilt werden. „Neue Technologien" sind Werkzeuge im Mathematikunterricht für das Lehren und Lernen von Mathematik, sie müssen deshalb danach beurteilt werden, ob durch ihren Einsatz das Erreichen der angestrebten Ziele besser ermöglicht wird. *Lehren* und *Lernen* sind zwei unterschiedliche, aber wechselseitig abhängige Aktivitäten im Unterricht: *Lehren* zielt auf das Handeln des Lehrers, *Lernen* ist eine Tätigkeit des Schülers (vgl. VOLLRATH 2001). Beide Aspekte zeigen sich auch beim Einsatz neuer Technologien, dem *Computer als Medium in der Hand des Lehrers* einerseits und als *Werkzeug des Schülers* andererseits.

Im Mittelpunkt unseres Interesses steht im Folgenden die Frage nach dem Einfluss neuer Technologien auf die Ziele des Mathematikunterrichts. Ziele sind auf Zukunft gerichtet, auf das Zurechtkommen der Schüler in der Welt von morgen, sie dürfen aber nicht losgelöst von ihren Wurzeln in der Vergangenheit gesehen werden. Die Einschätzung der aktuellen und künftigen Bedeutung neuer Technologien setzt zumindest einen Einblick in die historische Dimension der Zieldiskussion im Mathematikunterricht voraus. Insbesondere sind für heutige Entscheidungen Kenntnisse darüber hilfreich und wichtig, wie gleiche oder zumindest ähnliche Probleme in der Vergangenheit gelöst – oder auch nicht gelöst – wurden. Dadurch können sich wiederholende Tendenzen oder Pendelbewegungen bei Ziel- und Inhaltsfragen erkannt und Modeströmungen von dauerhaften Entwicklungen unterschieden werden. Im Folgenden sollen zunächst die zentralen Ziele des Mathematikunterrichts aufgezeigt werden und dabei soll die Frage gestellt werden, welche Veränderungen der bisherige Computereinsatz im Hinblick auf diese Ziele hatte.

1 Inhaltliche und formale Bildung

Bereits in den griechischen und römischen Schulen wurden die vier Grundrechenarten mit Fingerrechnen und Abakus zum Gebrauch im *praktischen Leben* gelehrt. Während aber bei den Römern die Mathematik darüber hinaus keine hohe Wertschätzung hatte, wurde in der griechischen Erziehung die Bedeutung der Mathematik für die *formale Bildung* herausgestellt, also die nicht inhaltlich ausgerichtete Bildung, Mathematik als Schulung des Geistes und des Denkens, Mathematik als Grundlage des vernünftigen Argumentierens und als Grundlage der Philosophie. Die Wechselbeziehung dieser beiden Ziele, das Erlernen von mathematischen *Fertigkeiten für den praktischen Gebrauch* im täglichen Leben und Beruf einerseits und das *Vermitteln einer formalen Bildung* oder das Aufzeigen von *Prozesszielen* andererseits, lässt sich in der gesamten Geschichte des Mathematikunterrichts aufzeigen.

In den Schulen des Mittelalters wurde Mathematik in kirchlichen Gelehrten-schulen (aus denen sich später die heutigen *Gymnasien* entwickelten (vgl. PAHL 1913) aus religiösen Gründen mit einer im wesentlichen auf die Kalenderrech-nung ausgerichteten teilweise durchaus anspruchsvollen Mathematik getrieben. Dagegen wurde in Schreib- und Rechenschulen (sie waren die Vorläufer der sich später entwickelnden *Realschulen* und *Realgymnasien*) eine auf den Grundre-chenarten aufbauende, an praktischen Zwecken ausgerichtete Mathematik unter-richtet oder trainiert. Im 16. Jahrhundert entstanden im Zuge der Reformation städtische und staatliche Gelehrtenschulen, deren wesentliche Aufgabe die Ver-mittlung der alten Sprachen, vor allem des Lateinischen war. Die zunehmende Bedeutung mathematisch-naturwissenschaftlicher Erkenntnisse führte dann im 17. Jahrhundert zu einer stärkeren Einbeziehung der Mathematik als Vorbereitung auf technische Berufe und es wurden – zumindest an einigen Schulen – Geometrie, Trigonometrie, Stereometrie und Astronomie unterrichtet.[1]

Im 18. Jahrhundert entstand das öffentliche Schulwesen mit der Einführung der allgemeinen Schulpflicht in Preußen, dessen Entwicklung eng mit der Entwicklung der Industriegesellschaft verknüpft war. So entstanden „Realschulen", in denen an-wendungsorientierte Inhalte als Vorbereitung auf die spätere Berufstätigkeit unter-richtet wurden.[2] Daneben erfuhr die Mathematik aber auch wieder eine höhere Wertschätzung als eine Wissenschaft zur Schulung des Geistes.[3] Im Rahmen der neuhumanistischen Schulreform zu Beginn des 19. Jahrhundert wurde der formal-bildende Aspekt der Mathematik weiter betont,[4] indem im Mathematikunterricht eine Möglichkeit gesehen wurde, „Fehler und Schwächen des menschlichen Ver-standes zu entdecken und zu bessern" (PAHL 1913, S. 185), und die Schüler durch „Erfinden von Beweisen und Lösen von Aufgaben zum selbständigen Nachden-ken" (ebd.) anzuhalten (vgl. auch JAHNKE 1990 oder KRÜGER 2000).

Gegen Ende des Jahrhunderts wurden dann wieder verstärkt Anwendungsbe-züge im Mathematikunterricht und eine erhöhte Integration der Naturwissen-schaften in den Mathematikunterricht gefordert. Dies führte neben den bereits an praktischen Interessen ausgerichteten Realschulen (Realgymnasien) zur Gründung von – lateinlosen – Oberrealschulen, welche allerdings zunächst „Gymnasien zweiter Klasse" waren, da deren Abitur noch bis 1882 nur den Zugang zu einer Technischen Hochschule und nicht zu einer Universität erlaubte. 1890/91 wurde dann der Deutsche Verein zur Förderung des mathematisch-naturwissen-schaftlichen Unterrichts (MNU) gegründet (vgl. MEHRTENS 1990). Durch die

---

[1] Ausführlich Darstellungen dieser Entwicklungen findet man in PAHL (1913) und REBLE (1999[19]).

[2] Etwa Mineralogie, Landwirtschaft oder Anatomie und Anwendungen der Mathematik in der Architektur, Geographie, Optik oder Mechanik (PAHL 1913, S. 185).

[3] Dies galt vor allem in Preußen, wo FRIEDRICH DER GROßE die Mathematik schätzte und förderte.

[4] Obwohl HUMBOLDT selbst an der Mathematik nicht sonderlich interessiert war, misst er vor allem der reinen Mathematik einen wichtigen allgemeinbildenden Aspekt bei (vgl. JAHNKE 1990, S. 341).

Aufnahme neuer Inhalte entstand jetzt aber ein Problem, das bis in die jüngste Zeit die Diskussion um die Ziele des Mathematikunterrichts wesentlich prägte, das Problem der Stofffülle und damit die Frage nach Richt- oder Leitlinien für die Auswahl von Inhalten.

Die Frage der Beziehung von inhaltlicher und formaler Bildung wurde in jüngerer Vergangenheit erneut im Zusammenhang mit dem Aufkommen der sog. „Mengenlehre" im Mathematikunterricht der 1960er Jahre aktuell, als man daran ging, mathematisches Denken durch den Umgang mit mathematischen Strukturen zu entwickeln. Die „Gegenbewegung" in den 70er Jahren versuchte dann wieder den anwendungsorientierten Strang der Schulmathematik in den Vordergrund zu stellen.

Als Folgerung aus den retrospektiven Betrachtungen ergibt sich, dass beide Kategorien, die mathematisch-inhaltliche Fragen betreffende *inhaltliche* und die auf *Prozessziele* des Unterrichts ausgerichtete *formale Bildung* zwei Säulen des Mathematikunterrichts darstellen. Der Einsatz neuer Technologien muss insbesondere im Hinblick auf die Verwirklichung dieser beiden Ziele untersucht werden.

2 Lernzielorientierung

Die Frage nach der Beziehung der Mathematik zu den Naturwissenschaften war ein Anlass für die Reformbestrebungen im Mathematikunterricht zu Beginn des 20. Jahrhunderts. Eine mit Wissenschaftlern unterschiedlicher Bereiche zusammengesetzte „Unterrichtskommission" veröffentlichte 1905 die „Meraner Lehrpläne" (vgl. GUTZMER 1908, S. 104-114), die versuchten, das Problem der Stofffülle durch das Aufzeigen von Leitlinien für den Mathematikunterricht zu lösen, etwa durch eine stärkere Betonung des Funktions- und Abbildungsbegriffs oder der Raumgeometrie.[5] In der Zeit bis 1933 wurden davon zumindest einige Anregungen im realen Unterricht umgesetzt.[6]

2.1 Curriculumentwicklung

Ein neuer Ansatz führte dann in den 1960er Jahren dazu, die Frage der Stoffauswahl wieder aufzunehmen. Ausgehend von behavioristischen Überlegungen zu Lehr- und Lernprozessen stellte die sog. *lernzielorientierte Didaktik* Lernzielkataloge, -hierarchien oder -taxonomien auf (MAGER 1965). Die Lernziele waren jetzt hierarchisch angeordnet, wobei an oberster Stelle allgemeine Bildungsziele oder Leitziele standen, es folgten auf den Mathematiklehrgang bezogene Richt-

---

[5] Die Entwicklung der „Unterrichtskommission" und der Meraner Lehrpläne findet sich in KRÜGER (2000).

[6] So wurde die Infinitesimalrechnung in vielen Schulen als verpflichtender Lerninhalt eingeführt. Hinsichtlich der Verwirklichung der Leitziele spricht KRÜGER (2000) allerdings von einem „Scheitern der Reform".

ziele sowie Grobziele für Unterrichtseinheiten und schließlich Feinziele für einzelne Unterrichtsschritte. Um den Erfolg eines Lernprozesses feststellen zu können, wurde möglichst genau beschrieben, durch welche beobachtbaren Formen und Aktivitäten das Erreichen der Lernziele ausgedrückt werden kann. Man sprach von einer *Operationalisierung* der Lernziele (vgl. hierzu auch WITTMANN 1981[6]). Die lernzielorientierte Didaktik mit der Operationalisierung der Lernziele erlebte ihren Höhepunkt im Rahmen der Curriculumdiskussion der 70er Jahre, als viele Lehrpläne – nun als Curriculum bezeichnet – Lernziele, Methoden und Überprüfungsmöglichkeiten in kleinschrittiger Weise auflisteten (vgl. ROBINSOHN 1967).

Die folgende „Lernzielmatrix" ist typisch für Lehrpläne aus den 1970er Jahren:[7]

Zielklasse →	WISSEN Informationen	KÖNNEN Operationen	ERKENNEN Probleme	WERTEN Einstellungen
	Einblick flüchtig	**Fähigkeit** angemessen	**Bewusstsein** Vorstufe	Offenheit – Neigung – Interesse.
Anforder-ungsstufen	**Überblick** systematisch	**Fertigkeit** sicher	**Einsicht** grundlegende Anschauung	Achtung – Bereitschaft – Freude
	Kenntnis genau	**Beherr-schung** hoher Grad	**Verständnis** Ordnung und Einsicht – Urteil	Entschlossenheit
	Vertrautheit geläufiges Verfügen			
		Psychomo-torisch		
	Kognitive Lernziele			*Affektive Lernziele*

Die Hoffnungen der lernzielorientierten Didaktik, aus möglichst allgemeinen Zielen die innerfachlichen Ziele deduzieren zu können, erwies sich als Trugschluss. Auch führte der Glaube an die Möglichkeit einer genormten mechanischen Überprüfung des Lernerfolgs zu einer Atomisierung der Lernvorgänge und der Lernzielgedanke verkam in der Unterrichtspraxis zu einer schematischen Verwendung der Taxonomiebegriffe.[8]

Daher stehen wir heute einem „Primat der Lernziele" skeptisch gegenüber. Unterricht muss in Wechselbeziehung von Ziel-, Inhalts- und Methodenentschei-

---

[7] Hier aus einem curricularen bayerischen Lehrplan von 1977 (KMBl I So.-Nr. 15/1997).
[8] Für eine eingehendere kritische Diskussion des Lernzielorientierten Unterrichts vgl. KÖCK (1995[2]).

dungen geplant und bewertet werden. Damit lassen sich aber auch Art und Weise des Einsatzes neuer Technologien nicht einfach aus allgemeinen vorgegebenen Zielsetzungen des Unterrichts ableiten.

2.2 „Schlüsselprobleme" und „Schlüsselqualifikationen"

In den 1960er und 1970er Jahren wurde die *Bildungstheoretische Didaktik* zum zentralen Modell für die Analyse und Planung didaktischen Handelns. Dabei richteten sich Lehr- und Lernziele an einer „Allgemeinbildung" aus, wobei der Hauptvertreter dieses Modells – Wolfgang KLAFKI – darunter die Fähigkeit des Menschen versteht, kritisch, sachkompetent, selbstbewusst und solidarisch zu denken und zu handeln.[9] Indem KLAFKI den Begriff der *kategorialen Bildung* prägte, wollte er die Trennung zwischen *materialer* (oder *inhaltlicher*) und *formaler Bildung* durch eine wechselseitige Beziehung zueinander aufgehoben wissen. Das Problem der Stofffülle löste die bildungstheoretische Didaktik durch eine exemplarische Auswahl der Inhalte.

In den „Neuen Studien zur Bildungstheorie und Didaktik" (1985, 1993[3]) entfaltete KLAFKI dann einen Katalog von zentralen Problemen unserer Zeit, sog. *epochaltypischen Schlüsselproblemen*, welche im Hinblick auf eine Allgemeinbildung in der Schule durchdacht werden sollten. Beispiele sind die Friedensfrage oder die Umweltfrage, aber auch die Möglichkeiten und Gefahren des naturwissenschaftlichen, technischen Fortschritts und die wissenschaftliche Wirklichkeitsbetrachtung, die sog. Verwissenschaftlichung der modernen Welt. Allerdings ergibt sich daraus ein breites inhaltliches Spektrum, was denn nun explizit im Unterricht behandelt werden sollte, um diesen „Schlüsselproblemen" die entsprechende Bedeutung zukommen zu lassen.

Neben dieser inhaltlichen Ebene wurde dann verschiedentlich versucht, sog. *Schlüsselqualifikationen* wie Selbstständigkeit, lebenslanges Lernen und Lernbereitschaft in der Schule stärker zu betonen (vgl. etwa KÖCK 1995[2], S. 92). Damit wurden wieder formale Bildungsziele angesprochen. In kritischen Stellungnahmen zum Begriff „Schlüsselqualifikationen" wird das Transferdenken von Wissen und Fähigkeiten über das Fach hinaus aber sehr skeptisch betrachtet und eindeutig für einen auf fachlichen Inhalten basierenden Kanon insbesondere für das Gymnasium plädiert (vgl. OELKERS 2000).

In gleicher Weise plädieren wir für eine stärkere *Betonung des Inhaltlichen*, wobei es sich aber nicht um eine rückwärtsgewandte Abkehr von allgemeinen Bildungszielen oder eine Geringschätzung von Schlüsselqualifikationen handelt, sondern es geht vielmehr um eine „Wiederentdeckung des Inhaltlichen in einer neuen Unterrichtskultur" (BORNELEIT u. a. 2001). Diese Richtung ist auch in der 1996 erschienenen Habilitationsschrift von H. W. HEYMANN „Allgemeinbildung und Mathematik" erkennbar (Diese Schrift wurde in der Öffentlichkeit aufgrund eines verkürzt und einseitig dargestellten Beitrags in der Tagespresse: „7 Jahre Mathematik sind genug", äußerst kontrovers diskutiert). HEYMANN entwickelte

---

[9] Ein überblicksartige Darstellung findet sich in JANK u. MEYER (1991).

hier zunächst ein „Allgemeinbildungskonzept", das zentrale Aufgaben der allgemeinbildenden Schule umfasst, wie Lebensvorbereitung, Weltorientierung, Ein-
übung in Verständigung und Kooperation oder Stärkung des Schüler-Ichs. Er unterbreitet dann aber auch inhaltliche Vorschläge für die Umsetzung dieser Ideen
im Mathematikunterricht. Die folgenden zentralen Ideen sollten sich nach Auffassung Heymanns wie ein roter Faden durch den Mathematiklehrgang ziehen:

- Idee der Zahl,
- Idee des Messens,
- Idee des räumlichen Strukturierens,
- Idee des funktionalen Zusammenhangs,
- Idee des Algorithmus,
- Idee des mathematischen Modellierens.

Das vorliegende Buch stellt den Versuch dar, diese und einige weitere Grundideen
unter dem Aspekt des Computereinsatzes zu diskutieren und Vorschläge zur
praktischen Realisierung im Mathematikunterricht zu liefern.[10]

3   Ziele des Mathematikunterrichts

3.1   Der Lernzielkatalog von WINTER

WINTER kommt das Verdienst zu, die auf sehr allgemeine Lern- oder Bildungsziele ausgerichteten pädagogischen und psychologischen Überlegungen der lernzielorientierten Didaktik für den Mathematikunterricht spezifiziert zu haben. Nach
seiner Auffassung können allgemeine Lernziele nicht ohne ein Bild von der Mathematik und nicht ohne ein Bild vom Menschen bestimmt werden, und er geht
auch davon aus, dass Ziele nur in Wechselbeziehung zu Inhalten und Methoden
des Unterrichts, zu Tätigkeiten und Aktivitäten im Mathematikunterricht gesehen
werden können. WINTER versucht somit die Beziehung zwischen allgemeinen und
fachinternen Lernzielen sowie ihrer Umsetzung im Unterricht zu sehen. Er betrachtet den Menschen als ein schöpferisches, nachdenkendes, gestalterisches und
sprechendes Wesen und fordert für den Mathematikunterricht, dass die Schüler
die Möglichkeiten haben müssen, im Unterricht:

- schöpferisch tätig zu sein (Suchen nach Gesetzmäßigkeiten, Klassifizieren,
  Ordnen, ...);
- rationales Argumentieren zu üben (Begriffe definieren, Eigenschaften erkennen, Sätze analysieren, ...);

---

[10] Vgl. auch HOLE (1998), der längs der zentralen „Heymannschen Ideen" Vorschläge für
den Computereinsatz im Mathematikunterricht der Sekundarstufe I unterbreitet.

- den praktischen Nutzen der Mathematik zu erkennen (Ordnen von Daten, Aufstellen von Zusammenhängen, Finden von Lösungswegen, ...);
- formale Fähigkeiten zu erwerben (algorithmisches und kalkülhaftes Arbeiten, Umgang mit Zeichen und Symbolen, ...).

Die folgende Tabelle verdeutlicht, wie sich die Beziehung zwischen Mensch und Mathematik in den Lernzielen von Schule und Mathematikunterricht widerspiegeln kann.

Mensch	Mathematik	allgemeine Lernziele	
		der Schule	des Mathematikunterrichts
als schöpferisches, erfindendes, spielendes Wesen	als schöpferische Wissenschaft	Entfaltung schöpferischer Kräfte	heuristische Strategien lernen
als nachdenkendes, nach Gründen, Einsicht suchendes Wesen	als beweisende, deduzierende Wissenschaft	Förderung des rationalen Denkens	Beweisen lernen
als gestaltendes, wirtschaftendes, Technik nutzendes Wesen	als anwendbare Wissenschaft	Förderung des Verständnisses für Wirklichkeit und ihre Nutzung	Mathematisieren lernen
als sprechendes Wesen	als formale Wissenschaft	Förderung der Sprachfähigkeit	Formalisieren lernen, Fertigkeiten lernen

WINTER (1996) differenziert den Begriff von Allgemeinbildung weiter aus, indem er hierzu das Wissen, die Fertigkeiten, Fähigkeiten und Einstellungen zählt, also das, was „jeden Menschen als Individuum und Mitglied von Gesellschaften in einer wesentlichen Weise betrifft, was für jeden Menschen unabhängig von Beruf, Geschlecht, Religion u. a. von Bedeutung ist" (S. 37). Für den Mathematikunterricht an allgemeinbildenden Schulen fordert er drei eng miteinander verknüpfte Grunderfahrungen:

(1) Erscheinungen der Welt um uns, die uns alle angehen oder angehen sollten, aus Natur, Gesellschaft und Kultur, in einer spezifischen Art wahrzunehmen und zu verstehen,

(2) mathematische Gegenstände und Sachverhalte, repräsentiert in Sprache, Symbolen, Bildern und Formeln, als geistige Schöpfungen, als eine deduktiv geordnete Welt eigener Art kennen zu lernen und zu begreifen,

(3) in der Auseinandersetzung mit Aufgaben Problemlösefähigkeiten, die über die Mathematik hinausgehen, (heuristische Fähigkeiten) zu erwerben.

Die Frage nach der Bedeutung derartiger Lernziele mag angesichts der teilweise sehr ernüchternden Ergebnisse des realen Mathematikunterrichts kontrovers beurteilt werden (etwa PROFKE 1996). Sicherlich wird auch der Einsatz neuer Technologien einen „ziellosen" oder „sinnentleerten" Mathematikunterricht nicht zu einem allgemeinbildenden Unterricht werden lassen. Wir sind aber davon überzeugt, dass der Computer mit den Möglichkeiten der Veranschaulichung auf verschiedenen Darstellungsebenen, des Reduzierens des kalkülhaften Operierens und des experimentellen Ergründens von Zusammenhängen in vielfältiger Weise einen zielorientierten Unterricht gewinnbringend unterstützen kann.

3.2 Die „gesellschaftliche Relevanz" der Mathematik nach BIGALKE

Während WINTER das Erreichen der Ziele des Mathematikunterrichts durch das Aufzeigen prototypischer Inhalte verdeutlicht, sind für BIGALKE die *Unterrichtsmethoden* entscheidend, also die Art und Weise, *wie* Mathematik unterrichtet wird und *wie* der Schüler sich daran beteiligt. Er sieht den Menschen in der zukünftigen Gesellschaft mit zwei möglichen alternativen Entwicklungen konfrontiert. Zum einen mit einer *computer- und kybernetisch gesteuerten Gesellschaft*, in der der Einzelne dem industriellen System zu dienen hat, und zum anderen einer *persönlichkeitsorientierten Gesellschaft*, in der die Gesellschaft den Zielen des Einzelnen zu dienen hat. Die Aufgaben und Ziele der Bildungsaktivitäten in unserer heutigen Gesellschaft liegen für BIGALKE dann darin, dem Menschen die Fähigkeit zu geben, sich zwischen diesen Extremen einen eigenen Weg zu suchen. Hierzu dient u. a. die Erziehung zur Unabhängigkeit, zur Kommunikationsbereitschaft und Kooperationsfähigkeit und zur Innovationsbereitschaft. Insbesondere stellt BIGALKE die Bedeutung einer „technologischen Intelligenz" heraus, worunter er die „Entwicklung von Fähigkeiten [versteht], Technologien bereitzustellen und unter Kontrolle zu halten und mit der ständigen Erweiterung des Anwendungsbereichs von Technologie und ihrem Einfluss auf soziale Institutionen und Wertsysteme fertig zu werden" (S. 31).

Die zentralen Aufgaben des Mathematikunterrichts sieht BIGALKE in der Förderung des wissenschaftlichen Denkens und Arbeitens, des logischen Denkens, der Bereitschaft und Fähigkeit zum Argumentieren, Kritisieren und Urteilen usw. Für BIGALKE steht somit das im Vordergrund, was heute wohl als „neue Unterrichtskultur" bezeichnet wird. In dem Aufsatz „Lernzielbegleiteter statt lernzielorientierter Mathematikunterricht" von 1979 kritisiert BIGALKE vehement den „lernzielorientierten Unterricht" oder zumindest die Sichtweise, die sich häufig in der praktischen Umsetzung daraus entwickelt hat, und er betont, dass Lernziele nur im Verbund mit Inhalten und Methoden Bedeutung erlangen können. In dem zentralen Aufsatz „Thesen zur Theoriediskussion in der Mathematikdidaktik" von 1984 fordert er von der Mathematikdidaktik eine wissenschaftliche Begründung für die Unterrichtsmethoden und die verwendeten Instrumente. Dies gilt heute insbesondere für die Einbeziehung neuer Technologien in den Unterricht.

3.3 Schlussfolgerungen und Resümee

Bei WINTER und BIGALKE klingen die beiden Aspekte der Mathematik an, die wir durch den Einsatz neuer Technologien in besonderer Weise fördern möchten: Es geht um die Mathematik als *Produkt* und die Mathematik als *Prozess*. Das Erzeugen eines adäquaten Bildes von Mathematik erfordert die Betonung dieser beiden Komponenten.

Wie sieht nun die weitere Entwicklung hinsichtlich der Ziele des Mathematikunterrichts aus? Wir haben die Überlegungen WINTERs und BIGALKEs deshalb so ausführlich dargestellt, da wir die Meinung vertreten, dass diese Ziele auch beim Einsatz neuer Technologien uneingeschränkt ihre Gültigkeit behalten werden. Die Tatsache wohl bedenkend, dass ein Festhalten an traditionellen Zielen leicht als mangelnde Innovationsbereitschaft ausgelegt werden kann, gehen wir zumindest für die nächsten Jahre davon aus, dass es keine revolutionären Veränderungen hinsichtlich der *Ziele und Inhalte des Mathematikunterricht* geben wird. Änderungen sind am ehesten bei den *Methoden des Lehrens und Lernens von Mathematik* zu erwarten. Gerade beim Arbeiten mit neuen Technologien „bedarf der (höhere) Mathematikunterricht einer Prozessorientierung, um über die Reproduktion von Wissen und Können hinaus handlungsfähige und verantwortungsbewusste Schüler (mit-) zu erziehen" (KRÜGER 2000, S. 303).

Allerdings werden die Herausforderungen der technischen, gesellschaftlichen und politischen Welt sicherlich zu einer Neubewertung und Neubetonung der „alten" Ziele führen. So werden sich etwa neue Möglichkeiten des operativen Umgangs mit mathematischen Objekten und somit neue Möglichkeiten für die Entwicklung des Begriffsverständnisses, für die Darstellung mathematischer Objekte und für experimentelles Arbeiten eröffnen. Neue Technologien eröffnen somit die Chance, dass traditionelle Lernziele des Mathematikunterrichts besser erreicht werden als bisher.

4 Neue Ziele durch neue Technologien?

4.1 Anstöße durch den Informatikunterricht

In den 1960er und zu Beginn der 1970er Jahre wurde in vielen alten Bundesländern der Informatikunterricht eingeführt. In den Schulen der DDR wurde in den 1980er Jahren ein Informatikkonzept beschlossen und auch konsequent umgesetzt (vgl. KERNER 1989 u. 1990). Dabei wurde von mathematikdidaktischer Seite immer wieder herausgestellt (vgl. etwa BECK 1980 oder ZIEGENBALG 1983), dass viele sog. informatische Inhalte eigentlich mathematische Inhalte seien, wie etwa die strukturierte Zerlegung, Modularisierung, Algorithmierung oder Beziehung von Syntax und Semantik (vgl. SCHWILL 1993). In einem Diskussionsbeitrag mit dem provozierenden Titel „Neue Informationstechnologien und Mathematikunterricht: ein Dilemma" vertrat BAUMANN (1988) die These, dass der Mathematikunterricht zum einen Grundlagen für die Anwendung der Informationswissenschaften in den Schulfächern bereitstellen muss, etwa fundierte Vorstellungen zu Begriffen wie Datenstruktur, Graphen und Relationen, und zum anderen Informatikinhalte wie Datenstrukturen oder Such- und Sortierverfahren in den Mathematikunterricht einbezogen werden müssen. BAUMANN sieht in dieser letzten Forde-

rung die Mathematikdidaktik in einem Dilemma: „Nimmt sie die für sie fremden
Inhalte auf, so ändert sie damit ihren Charakter und ihr Selbstverständnis. Weist
sie die Ansprüche hingegen zurück, könnte es zur Einrichtung eines eigenständigen Schulfachs Informatik kommen, was die Position der Mathematik schwächen
und wohl auch hinsichtlich der Unterrichtszeit zu ihren Lasten gehen müsste"
(S. 333).

Eine Einbeziehung informatischer Inhalte wie nichtnumerische Algorithmen
(z.B. Suchen und Sortieren), Zeichenketten als mathematische Objekte oder
Komplexitäts- und Effizienzprobleme in den Mathematikunterricht fand aber –
trotz verschiedener Vorschläge – nicht statt. Im Schulalltag waren viele sog. In-
formatikkurse lediglich Programmierkurse – meist in BASIC oder PASCAL – für
mathematische Algorithmen oder beschränkten sich weitgehend auf den technischen Umgang mit Programmen und Computer. In den 90er Jahren gingen auch
die Schülerzahlen in den Informatikkursen beständig zurück, so dass es bis heute
keinen direkten inhaltlichen Einfluss des Informatikunterrichts auf den Mathematikunterricht gibt. Zumindest implizit werden aber jetzt Sichtweisen im Mathematikunterricht hervorgehoben, die durch den Informatikunterricht wieder stärker in
den Vordergrund rückten: Funktionales Betrachten von Algorithmen, Unterscheidung von Variablennamen und Belegung der Variablen oder diskrete Modellierung dynamischer Systeme (vgl. HISCHER u. WEIGAND 1998).

4.2 Anstöße durch die Informationstechnische Grundbildung (ITG)

Parallel zur Entwicklung des Informatikunterrichts entstand die Konzeption einer
technologischen Ausbildung für alle Schüler. Die Bund-Länder-Kommission für
Bildungsplanung und Forschungsförderung (BLK) veröffentlichte 1984 ein Rahmenkonzept und anschließend 1987 ein „Gesamtkonzept für die informationstechnische Bildung" (ITG). Der Ausgangspunkt war, dass der Umgang mit dem
Computer als eine neue *Kulturtechnik* begriffen werden müsse, deren Beherrschung in einer zukünftigen Gesellschaft notwendig sei. Die informationstechnische Grundbildung sollte dabei in das Lernangebot vorhandener Fächer eingebettet werden, wobei die im Rahmen dieser Grundbildung zu erwerbenden Kenntnisse allerdings nur sehr allgemein umschrieben wurden, wie „Aufarbeiten und
Einordnen von Erfahrungen, die Schüler in der Umwelt mit Informationstechni-
ken machen" oder „Vermittlung von Grundstrukturen, die den Informationstech-
niken zu Grunde liegen" (BAUMANN 1986, S. 234).

1985 gab die MNU „Empfehlungen und Überlegungen zur Gestaltung von
Lehrplänen für den Computer-Einsatz im Unterricht der allgemeinbildenden
Schulen" heraus. Darin wurde insbesondere gefordert, dass die Inhalte einer in-
formationstechnischen Grundbildung den Lehramtsstudierenden aller Fächer nahe
gebracht werden müssen. In inhaltlicher Hinsicht sollten vier Themenbereiche den
Unterricht für die informationstechnische Grundbildung bestimmen:

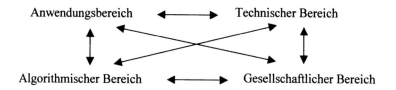

Im *Anwendungsbereich* war dabei an das Arbeiten mit Softwaresystemen wie Textverarbeitung, Datenbanken und Tabellenkalkulation gedacht, im *Algorithmischen Bereich* an die Analyse und Beschreibung von Problemlösungen und die Darstellung in einfachen Programmteilen, im *Technischen Bereich* an das Kennenlernen von Aufbau- und Funktionsprinzipien von Rechnersystemen und im *Gesellschaftlichen Bereich* an die gesellschaftlichen Auswirkungen der neuen Technologien. Sehr bald zeigte sich aber, dass derart umfassende Anforderungen im realen Unterricht nicht umzusetzen waren. Die Stellungnahme der GDM von 1986 war typisch für die Unsicherheit der damaligen Zeit hinsichtlich der Bedeutung des Computereinsatzes. Es wurden dort im wesentlichen „nur" noch Fragen aufgelistet: „Worin liegt der Beitrag des Computers zur Allgemeinbildung?", „Welche Konsequenzen hat die Möglichkeit des mehr experimentell-probierenden Arbeitens?" und noch allgemeiner: „Wie wirkt sich ein verstärktes Arbeiten mit dem Computer auf Wahrnehmen, Denken, Lernen, Sprechen, Fühlen, Urteilen der Schüler unter verschiedenen Bedingungen aus, und wie wäre diese Einwirkung pädagogisch zu werten und zu beeinflussen?" (HISCHER 1993, S. 145). Die Forderungen wurden an die Lehrerausbildung weitergegeben:

> „Die Lehrer sollten den Computer als vielseitiges Werkzeug und Medium authentisch auch selbst kennenlernen, und darüber hinaus ein breites Wissen über Nutzen, Grenzen und pädagogischen Wert des Computers erwerben" (ebd.).

Das Konzept der ITG ist in der Unterrichtsrealität gescheitert. Hierfür können verschiedene Gründe angeführt werden:

- Zum einen hatten die Lehrer nicht die für das Unterrichten notwendigen Erfahrungen im Umgang mit dem Rechner, sie haben den Computer nicht als ein Werkzeug zum Lösen ihrer eigenen Probleme erlebt, und nur wer ein Werkzeug als eine zentrale Hilfe für das Lösen eigener Probleme erkannt und schätzen gelernt hat, wird auch anderen dessen Bedeutung vermitteln können.
- Zum Zweiten erfolgten und erfolgen die technischen Veränderungen in derart rasantem Tempo, dass Lehrer und Schule nicht stets auf dem neuesten Stand bleiben konnten und können. Auch wenn immer wieder die Bedeutung von weitgehend unveränderlichen Grundlagen der Informationsverarbeitung herausgestellt wird, ist eine Auseinandersetzung mit aktuellen Software-, Computer- und Internetentwicklungen unumgänglich. Dies erfordert

neue Strukturen in der Aus- und Weiterbildung der Lehrer, die es aber nicht gab und die auch heute nur in Ansätzen erkennbar sind.

- Zum Dritten war es die – vielleicht damals auch notwendige – Entscheidung, im Schulcurriculum einen eigenen Stundenblock für die ITG vorzusehen. Das wurde in der Praxis dann häufig so interpretiert, dass die Technologische Grundbildung mit der Ableistung dieser Stunden im Großen und Ganzen erledigt sei.

- Schließlich und zum Vierten lässt sich fragen, ob der Begriff „Informationstechnisch" überhaupt passend gewählt war, ob er nicht eine Sichtweise nahelegt, die auf die technische Ebene des bloßen Bedienens ausgerichtet ist. Das war auch der Grund dafür, warum in Niedersachsen der Begriff „Informations- und Kommunikationstechnologische Bildung" geprägt wurde, der zumindest die Zielrichtung besser beschreibt.

4.3   Anstöße durch pädagogische Überlegungen

Im Hinblick auf eine pädagogische Auseinandersetzung mit dem Computer besitzt der Artikel von BUSSMANN und HEYMANN „Computer und Allgemeinbildung" aus dem Jahre 1987 eine zentrale Bedeutung. Die Verfasser sehen den Computer nicht nur als ein technisches Produkt, sondern sie erachten es als wesentlich für den Einsatz im Unterricht, dass dieses neue Werkzeug geistige Handlungen symbolisch darzustellen und maschinell abzuarbeiten vermag (S. 15). Auch ist ihrer These uneingeschränkt zuzustimmen, dass sich eine durch allgemeinbildende Schulen hervorgebrachte Bildung nicht nur in der erreichten Sachkompetenz, sondern darüber hinaus in dem verantwortlichen Umgang mit ihr manifestiert (S. 4). Dies wird gerade im Zusammenhang mit der ITG deutlich. Die Einbeziehung des Computers in den Unterricht und die Beherrschung des technischen Umgangs mit dem Gerät sind noch keine informationstechnische Grundbildung. Diese setzt vielmehr fachliche Grundlagenkenntnisse – jeweils abhängig vom Gebiet, in dem der Computer eingesetzt wird – voraus, um sinnvoll mit dem Gerät arbeiten zu können. HISCHER schlägt hierfür den Begriff der *technologischen Bildung* vor (1988, S. 46). Dabei sieht er den Begriff „Technologie" – im Unterschied zum Begriff „Technik", der „nur" Verfahrens- und Funktionsweisen beschreibt – im Zusammenhang mit Technikfolgenabschätzung, also mit Reflexionen über die Auswirkungen der Technik. „Technologische Bildung" ist somit ein Auftrag an die Schule, ein Auftrag an *alle* Schulfächer. Schüler und junge Menschen sollen sich mit Chancen und Risiken neuer Technologien begründet auseinandersetzen. Technologische Bildung ist somit ein Teil der Allgemeinbildung, sie ist ein Bestandteil der Bildung, die *im Rahmen der vorhandenen Ziele des Mathematikunterrichts* vermittelt werden muss.

In der in den letzten Jahren sich rasant entwickelnden *Medienpädagogik* werden vor allem zwei zentrale Aspekte des Lernens mit neuen Medien herausgestellt. Dies ist zum einen die Individualisierung von Lernprozessen und zum anderen das Lernen in der vernetzten Welt.[11] Dabei wird immer wieder *Medienkom-petenz* als eine zentrale Forderung beim Umgang mit neuen Medien herausgestellt. Wir halten den Begriff *Medienkompetenz* für viel zu allgemein und werden ihn nicht verwenden, da mit ihm die Gefahr besteht, dass hiermit der Begriff *Medium* zu sehr im Vordergrund steht. Dabei geht es nicht – jedenfalls nicht in erster Linie – um das Wissen bezüglich der *technischen Struktur* neuer Medien und auch nicht um ein *Bedienungswissen*, es geht vielmehr um die *sinnvolle Benutzung* der Computer und der entsprechenden Software, das *Wissen* um den *adäquaten* Einsatz bei Problemstellungen. Es geht darum, erhaltene Informationen strukturieren, bewerten und aufbereiten zu können, Suchstrategien zu kennen und in Datenbanken gezielt recherchieren zu können (vgl. insbesondere HISCHER 2002).

Wir möchten nochmals auf unsere Überzeugung hinweisen, dass bei der Diskussion um den Einsatz neuer Technologien im Mathematikunterricht zunächst ein mathematisches Problem im Mittelpunkt des Interesses stehen muss und erst dann überlegt werden kann, ob und welche Werkzeuge bei der Problemlösung sinnvoll erscheinen und in welcher Art und Weise sie eingesetzt werden können und sollen. Das verstehen wir – wenn man den Ausdruck verwenden will – unter *Medienkompetenz*.

4.4   Anstöße durch Computeralgebrasysteme (CAS)

Softwaresysteme wie Computeralgebrasysteme und Taschenrechner wie der TI-92 sind heute in der Lage, die gesamten kalkülhaften Inhalte des Mathematikunterrichts auf Knopfdruck bereitzustellen (zumindest steht die Entwicklung kurz davor). Wenn wir von einem vereinfachten Bild mathematischer Tätigkeiten ausgehen, so lassen sich diese in „*Darstellen – Operieren – Interpretieren*" untergliedern. In der Schule wird wohl dem Operieren der größte Zeitanteil beigemessen, wohingegen dem Darstellen, d. h. dem Suchen eines Zugangs zu einer Problemstellung, dem Mathematisieren und Modellieren in verschiedenen Darstellungsarten und dem Interpretieren, d. h. dem Rückbeziehen der Lösung auf die Ausgangsfrage und den Lösungsweg, eine zu geringe Bedeutung zukommt. Nun können aber Rechner genau die Tätigkeiten übernehmen, die den wesentlichen Teil des mathematischen Arbeitens im Unterricht ausmachen, nämlich das Operieren oder das an Kalkülen orientierte algorithmische Arbeiten. Es ergibt sich somit die zunächst oberflächlich und vereinfacht gestellte Frage, ob denn der Mathematikunterricht überhaupt noch im gegenwärtigen Umfang gerechtfertigt ist, wenn denn seine zentralen Inhalte von einer Maschine erledigt werden können. Verschiedentlich war in diesem Zusammenhang dann schon von einer „Krise des Mathematikunterrichts", von einer „Krankheit des Mathematikunterrichts" oder gar von einer „Existenzbedrohung von noch nie dagewesenem Ausmaß" (MALLE 1994, S. 37) die Rede. Hierbei ist der Computer allerdings „nur" der Anlass, um

---

[11] Einen guten Überblick über das Lernen mit neuen Medien gibt WEIDENMANN u. KRAPP (2001[4]).

über Ziele und Inhalte des gegenwärtigen realen Mathematikunterrichts nachzudenken, wie dies SCHUPP in treffender Weise ausgedrückt hat:

„Der Computer zwingt uns zum Nachdenken über Dinge, über die wir auch
ohne Computer längst hätten nachdenken müssen." (in: HISCHER 1994, S. 70)

Wieder ist man in einer ambivalenten Situation bezüglich des Computereinsatzes
im Unterricht. Einerseits ist das kalkülmäßige Arbeiten im Mathematikunterricht
sinnvoll und muss auch gelernt und geübt werden, so dass es eine Denkvariante
wäre, CAS im Unterricht zu verbieten. Andererseits sind die Vorteile des Einsatzes nicht zu übersehen: Herbeiführen eines ausgewogenen Verhältnisses von
„Darstellen – Operieren – Interpretieren", Begriffsentwicklung auf unterschiedlichen Darstellungsebenen, Behandeln neuer Inhalte, adäquate Berufsvorbereitung.

5 Ausblick

Die wachsende Bedeutung neuer Technologien in allen Lebensbereichen, deren
möglicher Einsatz im Unterricht und die Diskussion um den Informatikunterricht
haben die Zieldiskussion im Mathematikunterricht in den 70er Jahren neu belebt.
Die Erfahrungen mit dem Computereinsatz im Unterricht haben aber mittlerweile
auch hinreichend gezeigt, dass die gegenwärtig weitgehend akzeptierten Ziele des
Mathematikunterrichts wie etwa Probleme lösen lernen, heuristische Strategien
kennen lernen, Begriffe bilden, Beweisen oder Mathematisieren lernen, durch den
Computereinsatz nicht hinfällig werden, sondern in gleicher Weise uneingeschränkt gültig bleiben. In diesem Zusammenhang besteht die zentrale Aufgabe
didaktischer Überlegungen zum Computereinsatz darin, nach dem Beitrag des
Computers zum Erreichen dieser Ziele im Mathematikunterricht zu fragen, nach
seinem Beitrag zum Erreichen der *Inhalts-* und *Prozessziele*, der *inhaltlichen* und
formalen Bildung. Mit Hilfe neuer Technologien wird es möglich, andere und
manchmal auch neue Wege zu diesen alten Zielen zu beschreiten.

III Neue Wege

Beim Einsatz neuer Technologien geht es vorrangig nicht darum, Ziele und Inhalte des Mathematikunterrichts zu verändern, sondern es ist vielmehr die Art und Weise des Umgangs mit diesen Inhalten, die *Methode* des Unterrichtens oder das Beschreiten neuer Wege, das zum besseren oder anderen Erreichen „alter" Ziele und zum besseren Verständnis „alter" Inhalte führen soll. Im Folgenden stellen wir die Unterricht*methodik* in den Mittelpunkt unserer Überlegungen, wobei wir unter „Methodik" das Teilgebiet der Didaktik verstehen, das Antworten auf Fragen nach der Art und Weise des Unterrichtens, auf Fragen nach dem „Wie" und nach Wegen zum Erreichen bestimmter Lehr- oder Lernziele sucht. Dabei gehen wir davon aus, dass es aufgrund des Rechnereinsatzes nicht zu revolutionären Umwälzungen in der Unterrichtsgestaltung kommen wird, sondern dass das neue Werkzeug Computer manche Unterrichtskonzeptionen im Hinblick auf das Erreichen der Ziele unterstützen wird. Es erscheint uns wichtig, anzustrebende Neuerungen im Kontext des bewährten Unterrichts zu sehen und – zunächst – die Eingliederung der neuen Werkzeuge in bewährte Unterrichtsstrukturen zu versuchen. In diesem Kapitel können wir nur kurz auf Inhalt und Bedeutung didaktischer Prinzipien eingehen und werden auch nur einige allgemeine Aspekte im Hinblick auf den Einsatz neuer Technologien ansprechen. Unterrichtspraktische Beispiele folgen dann in den darauffolgenden Kapiteln.

1 Didaktische Prinzipien

Didaktische Regeln, Gesetze oder Prinzipien haben eine lange Tradition, wenn man etwa an das „Prinzip der Naturgemäßheit" (COMENIUS) oder das „Prinzip der Anschauung" (DIESTERWEG) denkt. *Unterrichtsprinzipien* oder *didaktische Prinzipien* sind Regeln für die Gestaltung und Beurteilung von Unterricht, die auf normativen Überlegungen einerseits und auf praktischen Unterrichtserfahrungen andererseits aufbauen. Sie beziehen Ergebnisse psychologischer Lerntheorien ein und stellen Erfahrungen aus der Unterrichtspraxis verdichtet und verkürzt dar. Sie sind sowohl konstruktive Regeln für die Gestaltung von Unterricht als auch Kriterien für die Analyse und Beurteilung von Unterricht.[1]

Die Vielzahl der didaktischen Prinzipien in der mathematikdidaktischen Literatur ist überwältigend und verwirrend zugleich:

Spiralprinzip – Prinzip der Stufengemäßheit – Prinzip der vorwegnehmenden Lernens – Prinzip der Fortsetzbarkeit – Prinzip der Vorstrukturierung der Lernhilfen – Genetisches Prinzip – Sokratisches Prinzip – Exemplarisches Prinzip – Prinzip des (gelenkten) Entdeckenden Lernens – Prinzip der minimalen Hilfe – Prinzip der integrativen Verbindung – Prinzip der Realitätsnähe oder Lebensnähe – Prinzip der Beziehungshaltigkeit – Prinzip des Lernens in Zu-

---

[1] Eine ausführliche Darstellung didaktischer Prinzipien finden sich in WITTMANN (1981[6]), ZECH (1996[8]) und VOLLRATH (2001).

sammenhängen – Prinzip der konsequenten Wiederholung – Prinzip der integrierten Wiederholung – Prinzip der Stabilisierung – Prinzip der Isolation der Schwierigkeiten – Prinzip der
Selbsttätigkeit – Prinzip des aktiven Lernens – Operatives Prinzip – Prinzip der Variation –
Prinzip der Verinnerlichung – Prinzip der adäquaten Visualisierung – Prinzip der Verzahnung
der Darstellungsebenen – Prinzip der Variation der Veranschaulichungsmittel – Prinzip der
Anschauung – Prinzip der Veranschaulichung – Prinzip des darbietenden Unterrichts – Prinzip
der Deutlichkeit ...

Im Folgenden wird versucht, didaktische Prinzipien zu kategorisieren und im
Rahmen von *Leitlinien* zu erläutern, denen wir im Hinblick auf den *Einsatz neuer
Technologien* eine ganz besondere Bedeutung beimessen. Wir unterscheiden dabei zum einen Leitlinien, die stärker auf den mathematischen Inhalt bezogen sind,
zum Zweiten solche, die Einstellungen und Verhalten von Schülern beeinflussen
und schließlich und zum Dritten jene, die im Zusammenhang mit den verwendeten Werkzeugen zu sehen sind. Unter Werkzeugen verstehen wir ikonische und
symbolische Werkzeuge wie Darstellungsformen und Notationen, aber auch reale
Werkzeuge wie „Papier und Bleistift", „Zirkel und Lineal" oder Taschenrechner
und Computer.

Wir geben zunächst eine tabellarische Übersicht und werden dann im Folgenden die einzelnen Leitlinien genauer ausführen.

Inhaltsbezogene Leitlinien	Schülerbezogene Leitlinien	Werkzeugbezogene Leitlinien
• An Grundideen orientieren • Beziehungen herstellen	• Lernen, Fragen zu stellen • Operativ arbeiten • Selbsttätig lernen • Produktiv üben und wiederholen	• Adäquat visualisieren • Wissen und Können auslagern

2   An Grundideen orientieren

Die Inhalte des Mathematikunterrichts dürfen nicht in unzusammenhängende Gebiete zerfallen. Vielmehr müssen die Lernenden die Beziehungslinien oder „rote
Fäden" und Beziehungsnetze im Mathematiklehrgang erkennen. Eine Hilfe hierfür können *Fundamentale Ideen* darstellen, die eine Orientierung in der Stofffülle
einer Wissenschaft ermöglichen und Grundzüge des Fachs unter bestimmten
Aspekten aufzeigen.[2] Dieser Begriff geht auf J. BRUNER (1970) zurück, der das
Aufzeigen fundamentaler Ideen eines Faches als ein zentrales Ziel des Unterrichts
ansieht. Fundamentale Ideen orientieren sich an Begriffen oder Aktivitäten des
Mathematikunterrichts, wie etwa Zahl, Algorithmus, Funktion, Linearität, Appro-

---

[2] Eine ausführliche Erörterung derartiger fundamentaler Ideen findet sich in TIETZE u. a.
(2000²).

ximation, Modellbildung oder Optimieren, aber auch Beweisen, Konstruieren oder Begriffe bilden.

In neuerer Zeit hat sich HEYMANN (1996) ausführlich mit fundamentalen Ideen für den Mathematikunterricht auseinandergesetzt; er möchte anhand dieser Ideen die „Universalität der Mathematik" (S. 158) und „ihre Bedeutung für die Gesamtkultur" (ebd.) für den Schüler erfahrbar werden lassen. Mit Blick auf die Schulrealität stellt sich die entscheidende Frage, wie es Lehrenden gelingen kann, ihren Unterricht an fundamentalen Ideen, Prinzipien oder Leitlinien auszurichten.

Neue Technologien vermögen das Aufzeigen fundamentaler Ideen im Unterricht zu unterstützen. Sie entlasten von kalkülhaftem Rechnen und erleichtern dadurch die Konzentration auf zentrale Aspekte des Unterrichts. Manche Lerninhalte lassen sich „intellektuell ehrlich"[3] bereits früher im Unterricht behandeln, wie etwa das Lösen von Gleichungen auf verschiedenen Niveaus, das Modellieren von Umweltsituationen oder das Ermitteln von Extremwerten durch das Arbeiten mit verschiedenen Darstellungsformen. Schließlich helfen die erweiterten Visualisierungsmöglichkeiten Ideen auf einer breiteren Darstellungsbasis zu entwickeln.

3 Beziehungen herstellen

Wir gehen heute davon aus, dass Wissen im Gedächtnis als ein Netzwerk von Begriffen und Beziehungen gespeichert wird. Dies ist der kognitionspsychologische Hintergrund des Prinzips vom Lernen in Zusammenhängen oder vom Integrationsprinzip, das ein Lernen von (mathematischen) Begriffen nicht als isolierte Wissenselemente, sondern in Form von Beziehungsnetzen und Sinnzusammenhängen fordert. Dabei geht es zum einen um innermathematische Beziehungen oder Verknüpfungen, indem Begriffshierarchien auf der Grundlage der mathematischen Fachwissenschaft entwickelt werden und Beziehungen zwischen Begriffen – insbesondere auch zwischen Begriffen aus verschiedenen mathematischen Teilgebieten – hergestellt werden. Neues Wissen erwerben bedeutet dann, Eingliederung in ein vorhandenes Begriffsnetz und Erweiterung dessen, was insbesondere zeigt, dass neue Wissensbereiche nur auf einem gesicherten Grundlagenwissen aufbauen können. Das Entwickeln derartiger Verankerungen und Beziehungen zwischen alten und neuen Inhalten ist global und lokal bedeutsam.

In globaler Hinsicht, also den gesamten Mathematiklehrgang betreffend, wird das Entwickeln von Verknüpfungen als *kumulatives Lernen* bezeichnet. In lokaler Hinsicht kann der Aufbau von Beziehungen durch das „Prinzip der Vorstrukturierung der Lernhilfen" unterstützt werden, das heißt, die Verankerung neuer Begriffe in die vorhandene kognitive Struktur wird durch vermittelnde und vorstrukturierende Hinweise erreicht (AUSUBEL spricht hier von advanced organizers, vgl. ZECH 1996[8], S. 134 ff.).

---

[3] Das bedeutet vereinfacht, aber nicht verfälscht.

Neben diesem innermathematischen Beziehungsnetz besteht ein zentrales Element der Sinnkonstruktion im Mathematikunterricht im Aufzeigen der Beziehung der mathematischen Begriffe zur Umwelt der Lernenden, im Entwickeln von „Grundvorstellungen" (VOM HOFE 1992). Dies drückt sich in dem vor allem von FREUDENTHAL hervorgehobenen Prinzip der Beziehungshaltigkeit aus, bei dem Lernende erleben sollen, wie Mathematik mit der Umwelt verknüpft ist. Hierbei wird nicht nur Mathematik, sondern auch etwas über die zu mathematisierende Situation gelernt:

> „Will man zusammenhängende Mathematik unterrichten, so muss man in erster Linie die Zusammenhänge nicht direkt suchen; man muss sie längs der Ansatzpunkte verstehen, wo die Mathematik mit der erlebten Wirklichkeit des Lernenden verknüpft ist. Das – ich meine die Wirklichkeit – ist das Skelett, an das die Mathematik sich festsetzt ..." (1973, S. 77)

Durch das Aufzeigen von Beziehungen lassen sich Vorerfahrungen der Lernenden einbeziehen und der Sinn mathematischer Begriffe kann durch Umweltbezug aufgezeigt werden. Gleichzeitig kann im Sinne des fachübergreifenden Lernens der Isolierung der einzelnen Fächer entgegengewirkt werden.

In mannigfacher Weise sehen wir den Beitrag *neuer Technologien* zum Entwickeln oder Herstellen von Beziehungen. Durch die vielfältige und parallele Verfügbarkeit verschiedener Darstellungsformen werden Beziehungen zwischen der symbolischen, numerischen und graphischen Ebene hergestellt. Aufgrund des Taschenrechner- und Computereinsatzes können Mathematisierungen etwa im Hinblick auf das verwendete Zahlenmaterial und die funktionalen Zusammenhänge realitätsnäher erfolgen. Die Datenbeschaffung über das Internet ermöglicht es, aktuelle Beispiele aufzugreifen, und schließlich trägt das Auslagern komplexer kalkülhafter Berechnungen im Modellbildungsprozess zur Konzentration auf zentrale Tätigkeiten wie Mathematisieren und Interpretieren der Lösungen bei.

4   Lernen, Fragen zu stellen

Im Lernprozess sind Antworten nur für denjenigen bedeutsam, für den sie das Ergebnis eines Suchens nach Erklärungen oder Lösungen von Problemen darstellen. Fragen ist hier häufig ein Suchen nach Sinn und Bedeutung. Deshalb sollen Schüler lernen, Fragen zu stellen, Fragen, die zur Auseinandersetzung reizen, in genau der Weise wie es für das wissenschaftliche Arbeiten charakteristisch ist. Grundlage des Fragens ist wiederum *Interesse*, das WAGENSCHEIN als eine zentrale Eigenschaft des Lehrers hervorhebt:

> „Viel wichtiger als sein (des Lehrers) Viel-Wissen ist, dass er von einigen Dingen wirklich und sichtlich etwas versteht und dass er da, wo sein Wissen aufhört, Interesse hat, es zu ergänzen. ‚Nicht das Wissen steckt an, sondern das Suchen'" (zit. n. NEBER 1973, S. 289).

Fragen stellen ist das Grundprinzip eines *sokratischen Unterrichts*, bei dem der Lehrende durch Fragen den Problemlöseprozess beim Lernenden initiiert und steuert und so dem Lernenden hilft, sich Wissen selbst anzueignen.[4] Ein sokratischer Unterricht steht in enger Beziehung zum *problemlösenden Unterricht* und zum *genetischem Unterricht*. So dürfen Begriffe nicht leere anschauungslose Objekte sein, sondern Lernende sollen sie als Antworten auf Fragen erkennen, als Lösungen von Problemstellungen, als Hilfsmittel für Problemlösungen und als Ausgangspunkt neuer Fragen und Problemstellungen. Lernende sollen eine Vorstellung davon erhalten, warum Begriffe in der Wissenschaft Mathematik und deren Geschichte überhaupt gebildet worden sind.

Das zentrale Anliegen eines auf dem *sokratischen Prinzip* beruhenden Unterrichts ist es, dass Mathematik nicht als ein *Fertigprodukt* gelernt wird, sondern dass Lernende einen Einblick in den *Prozess* der Entstehung von Mathematik erhalten. Mathematik ist etwas, bei dem Lernende entdecken oder erfinden können, auch wenn es sich meist oder fast ausschließlich „nur" um Nacherfindungen handelt. Gehen wir davon aus, dass „Erkenntnisse ... jeweils vorläufige, nie endgültige Antworten auf Fragen (sind)" (S. 94), wie es im Bericht der BILDUNGS-KOMMISSION NRW (1995) treffend formuliert wird, dann ist „Fragen lernen" in der Tat ein zentrales Bildungsziel der Schule.

Neue Technologien werden Lernende verstärkt vom Ausführen algorithmischer Tätigkeiten entlasten, wodurch heuristische und experimentelle Arbeitensweisen an Bedeutung gewinnen. Derartige Arbeitsweisen sind aber nur dann sinnvoll, wenn sie zielgerichtet sind, wenn sie als Antworten auf Fragen verstanden werden. In gleicher Weise wird die zunehmende Fülle und leichte Verfügbarkeit von Informationen im Internet nur dann einen konstruktiven Beitrag zur Wissensentwicklung leisten können, wenn sie auf zielgerichtetem und fragengeleitetem Suchen aufbaut. Hier ist Hartmut v. HENTIG (1993) zuzustimmen, der in einem Unterricht im WAGEN-SCHEINschen Sinn, also einem Unterricht, der keinen Computer benötigt, eine gute Vorbereitung für den Umgang mit dem Computer sieht, in dem Schüler vor allem lernen, Fragen zu stellen (S. 48).

Allerdings verlangt „aufschließendes, schrittweise differenzierendes und weiterführendes Fragen ... Zeit, erfordert Besinnlichkeit, konzentrierte Aufmerksamkeit, ein Sich-Einlassen auf Phänomene..." (BILDUNGSKOMMISSION NRW, S. 94). Fragen lernen setzt eine Umgebung der Muße (im ursprünglichen Sinn des Wortes für „Schule") voraus, erfordert das Schaffen und Nutzen von Spielräumen (HISCHER 1991). Demzufolge ist es eine zentrale und wichtige, aber keine einfache Aufgabe im computerunterstützten Unterricht, die Schnelligkeit der im Com-

---

4 In ausführlicher Weise vor allem auch mit den Weiterentwicklung des sokratischen Prinzips durch Leonard NELSON hat sich LOSKA (1995) auseinandergesetzt.

puter ablaufenden Prozesse mit der Entwicklung von Ruhe und Muße im Unterricht in Einklang zu bringen.

5 Operativ arbeiten

Nach der genetischen Erkenntnistheorie des Entwicklungspsychologen J. PIAGET entwickelt sich die menschliche Intelligenz etappen-, stufen- oder stadienweise in Wechselwirkung zwischen Mensch und Umwelt, wobei sich Denken in Form von flexiblen Systemen, Mustern oder „kognitiven Schemata" ausbildet, die die Aktivitäten des Einzelnen steuern.[5] Ausgangspunkt der kindlichen Denkentwicklung sind dabei zunächst an konkreten Objekten vorgenommene reale Handlungen. Sie werden durch Handlungen an Bildern, Zeichen oder Symbolen erweitert und bilden sich schließlich über einen Verinnerlichungsprozess aus, indem sie sich von konkreten Erfahrungen lösen und als abstrakte oder formale Handlungen zu den eigentlichen Denkoperationen werden. PIAGET führt Denken auf menschliches Handeln zurück: Denken ist verinnerlichtes oder vorgestelltes Tun. Kennzeichnend für diese verinnerlichten Handlungen oder – wie Piaget sie nennt – „Operationen" sind ihre Flexibilität oder Beweglichkeit, d. h. sie sind umkehrbar oder reversibel, zusammensetzbar oder kompositionsfähig sowie assoziativ, d. h. man kann auf verschiedene Weisen zum Ziel kommen.

Während PIAGET die stadienweise Entwicklung der menschlichen Intelligenz als weitgehend konstant und altersspezifisch ansieht, stellt AEBLI – ein Schüler Piagets – stärker die Bedeutung der Erziehungsumgebung und damit auch die Bedeutung von Unterricht für die Denkentwicklung heraus. Für ihn vollzieht sich die Verinnerlichung einer Operation in drei Hauptstufen: Ausgehend von der *konkreten Stufe* und dem Arbeiten mit konkreten Gegenständen und Material, wird auf der *figuralen Stufe* mit bildlich dargestellten Gegenständen operiert und auf der *symbolischen Stufe* werden Gegenstände und Operationen durch Zeichen repräsentiert. Entscheidend für den Stufenübergang ist dabei zum einen das Reflektieren über die eigene Tätigkeit oder die *Verbalisierung der Handlungen* und zum anderen das *operative Durcharbeiten oder Üben* der entsprechenden Inhalte. Damit sind vielfältige systematische Veränderungen verbunden: Veränderung der Ausgangssituation, Suche nach alternativen Lösungswegen, Variieren der gesuchten Größen, Variation des Unwesentlichen, d. h. Variieren der Größen, die keinen Einfluss auf die betrachteten Zusammenhänge haben. Der Wissenserwerb erfolgt nicht durch Betrachten oder einfaches Nachahmen („Mathematik ist kein Zuschauersport"), sondern durch vielfältiges Operieren mit Objekten. Darin besteht die Grundlage des „Operativen Prinzips" (vgl. WITTMANN 1981[6], S. 79ff oder ZECH 1996[8], 115ff).

Neue Technologien bieten neue oder andere Möglichkeiten eines ikonischen oder symbolischen Umgangs mit mathematischen Symbolen, Graphiken, Dia-

---

[5] Eine Einführung in die Erkenntnistheorie PIAGETs findet sich in WITTMANN (1981[6], S. 59ff) oder ZECH (1996[8], 89ff).

grammen und geometrischen Konstruktionen. Das operative Prinzip ist eine wichtige Orientierungshilfe für den Rechnereinsatz im Hinblick auf das Ausbilden von Begriffsvorstellungen im Sinne des Verinnerlichens von Handlungen. So lässt sich insbesondere der Fragestellung „Was passiert ... wenn ...?" durch experimentelles Arbeiten nachgehen. Wir erachten das operative Prinzip als ein zentrales Unterrichtsprinzip, versuchen aber auch seine Grenzen mit zu bedenken. So muss nicht jeder Wissenserwerb aufgrund eigener Tätigkeiten erfolgen, sondern Lernen ist durchaus auch in einem Unterricht möglich, der auf systematisch aufeinanderfolgenden Erklärungen aufbaut, ein Unterricht also, der darbietendes oder rezeptives Lernen ermöglicht. Ferner steckt in dem Begriff der Tätigkeit auch die Gefahr des blinden Aktionismus und in der Forderung nach einer systematischen Variation der Ausgangswerte die Gefahr einer allzu vielfältigen Variation, die zu einer Überforderung der Schüler führen kann und dazu, das Ziel aus dem Auge zu verlieren.[6]

6 Selbsttätig lernen

Viele schülerorientierte Arbeitsformen wie problemlösender, entdeckender, projektorientierter- oder offener Unterricht setzen Eigenaktivitäten oder Selbsttätigkeit des Lernenden voraus (ausgehend von einer konstruktivistischen Sichtweise ist Selbsttätigkeit gar die notwendige Voraussetzung für jeglichen Wissenserwerb, da alle Sinneseindrücke letztlich mentale *Konstruktionen* sind. Gegenüber diesem weiten Begriffsverständnis wollen wir hier aber den Begriff enger fassen). Mit einem auf Selbsttätigkeit aufbauenden Unterricht sind Ziele wie Entwicklung von Selbstständigkeit, kritisches Reflektieren der eigenen Tätigkeit, Motivation durch eigenen Erfolg sowie der Aspekt „Aus eigenen Fehlern lernen" verbunden.

Nun war Selbsttätigkeit schon häufig eine zentrale Forderung bei Lern- und Bildungsprozessen. Beginnend mit ROUSSEAU (1712-1778) über die Reformpädagogen John DEWEY (1859-1952), Georg KERSCHENSTEINER (1854-1932) oder Hugo GAUDIG (1860-1923) wird das selbstständige Denken und Handeln Grundlage des Lernens und hat das selbstständige Erarbeiten zentrale Bedeutung für die Bildung des Menschen. Für *Selbsttätigkeit im Mathematikunterricht* hat sich zu Beginn des vorigen Jahrhunderts vor allem Johannes KÜHNEL eingesetzt, indem er „Lernorganisation statt direkter Lernsteuerung" forderte (SELTER 1992). In neue-

---

[6] Insbesondere AUSUBEL (in NEBER 1973) hat sich kritisch mit dem „entdeckenden Lernen" auseinandergesetzt. Für eine Zusammenstellung kritischer Einwände gegen das „entdeckende Lernen" vgl. FÜHRER (1997, S. 61ff). Eine - konstruktive - Kritik am operativen Prinzip gibt BAUER (1993).

rer Zeit haben WINTER (1984) sowie MÜLLER und WITTMANN (1990) die Idee der Selbsttätigkeit im Rahmen des „aktiv entdeckenden Lernens" betont, an vielen Beispielen erläutert und sich mit Nachteilen auseinandergesetzt, wie etwa höherer Zeitaufwand, Verlust von Kontrolle, Benachteiligung schwächerer Schüler.

Selbsttätigkeit ist eine geplante zielorientierte Aktivität, die Freiräume für das Denken und Handeln hinsichtlich Planen, Ausführen und Kontrollieren von Aktivitäten voraussetzt. Alle bisherigen Erfahrungen zum Einsatz *neuer Technologien* zeigen, dass mit dem Einsatz des Computers als Werkzeug in der Hand des Schülers eine größere Selbsttätigkeit einhergeht. Der Computer ist ein Katalysator für verschiedene Formen des individualisierten Unterrichts, der Partnerarbeit und kooperativer Arbeitsformen, womit die Hoffnung verbunden ist, dass sich bei diesen Unterrichtsformen eine größere Selbsttätigkeit entwickelt (was nicht zwangsläufig der Fall sein muss). Deshalb ist es auch immer wieder ein zentrales Argument für den Informatikunterricht in der Schule, dass sich dadurch „neue" Unterrichtsformen etablieren.

Selbsttätigkeit darf nicht in zielloses Hantieren oder in unproduktiven Aktionismus abgleiten. Aufgrund der hohen Geschwindigkeit, mit der Computer Rückmeldungen auf Fragen geben können, ist die Gefahr eines bloßen „Versuch-und-Irrtum-Verfahrens" und eines blinden Aktionismus beim Arbeiten mit neuen Technologien sehr groß. Auch dürfen die Grenzen des Prinzips der Selbsttätigkeit nicht übersehen werden. Selbstständiges Lernen setzt Wissen voraus, und es ist schlichtweg nicht möglich, die im Mathematikunterricht zu vermittelnden Inhalte, die sich im Laufe einer langen Entwicklungsgeschichte angesammelt haben, alle selbstständig und selbsttätig erarbeiten zu wollen. Selbsttätigkeit erscheint nur sinnvoll in Wechselbeziehung zu einem geplant strukturierten Unterricht, wozu u. a. Vorstrukturierung der Inhalte, schülergemäße Sprache, Erarbeitung eines verankerten Vorverständnisses, Einplanung eines roten Fadens und prototypische Beispiele gehören. Insbesondere AUSUBEL hat sich kritisch mit dem „entdecken-den Lernen" auseinandergesetzt und hervorgehoben, dass man systematisches Wissen benötigt, um neue Dinge zu entdecken, dass es ineffektiv ist, da es viel Zeit erfordert, und dass es ein Mystizismus ist zu glauben, dass man Lernenden dadurch zu besseren Einsichten verhelfe, indem man sie möglichst wenig oder gar nicht unterstütze.[7]

---

[7] Für eine Zusammenstellung kritischer Einwände gegen das „entdeckende Lernen" sei auf FÜHRER (1997, S. 61ff.) verwiesen.

7   Produktiv üben und wiederholen

Üben und Wiederholen sind wichtig und notwendig zur Sicherung und Vertiefung des Gelernten und zur Entwicklung der Fähigkeit, das Gelernte künftig in gleichen, ähnlichen oder gar neuen Situationen anwenden zu können. Üben kann in verschiedenen Formen erfolgen. So gibt es Verständnisübungen, stabilisierendes Üben, operatives Üben, anwendungsorientiertes Üben oder heuristisches Üben (vgl. ZECH 1996[8], S. 208ff). Üben sollte keine isolierte Tätigkeit sein, sondern muss in die Unterrichtskonzeption eingebunden und mit Einsicht verbunden sein. Üben sollte regelmäßig stattfinden (Prinzip der konsequenten Wiederholung) und bereits Gelerntes immer wieder in neuen Kontexten aufgegriffen werden (Prinzip der integrierten Wiederholung).

Damit ein Schema erlernt wird und verfügbar bleibt – es also ein stabiles Wissenselement wird –, sollte es in herausfordernden und anregenden Kontexten immer wieder geübt werden (Prinzip der Stabilisierung). In den letzten Jahrzehnten wurde wiederholt gefordert, von kleinschrittig konstruierten Aufgabenplantagen abzugehen und Üben als eine sinnvermittelnde Tätigkeit zu begreifen (etwa WINTER 1984).

Die Begründung dafür liegt darin, dass sich beim stereotypen Üben[8] Fehlermuster verfestigen können, dass dem Schüler keine konstruktiven Hilfen geboten werden und die Gefahr einer Verfestigung von Denkfehlern besteht.

Beim *aktiv entdeckenden Lernen* und *produktiven Üben* werden Lernabschnitte großzügiger bemessen, Aufgaben aus Sinnzusammenhängen entwickelt, und den Lernenden Denkleistungen abverlangt, welche die Eigenverantwortlichkeit für das Lernen fördern (vgl. etwa die Konzeption von WITTMANN u. MÜLLER 1990).

Die Bedeutung *neuer Technologien* im Rahmen des produktiven Übens ist in zweifacher Hinsicht zu sehen. Zum einen gibt es eine große Vielfalt an interaktiven Übungsprogrammen für alle Altersstufen, die dem Benutzer eine Rückmeldung über fehlerhafte Eingaben und mögliche Lösungshinweise anbieten. Derartige Übungsformen werden zukünftig verstärkt auch über das Internet verfügbar sein.[9] Intensität und Effekt des Einsatzes dieser Programme ist allerdings gegenwärtig noch nicht ausreichend empirisch untersucht worden. Auch ist es eine offene Frage, welche Bedeutung *intelligente tutorielle Systeme* erlangen werden.[10] Zum Zweiten ist der Rechner ein Katalysator dafür, Übungsaufgaben *produktiv* zu

---

[8] Womit hier die Vorstellung einer kolonnenartigen Abarbeitung gleichartiger oder ähnlicher Aufgaben verbunden wird.

[9] Ein Beispiel hierfür stellt das Projekt „Mathe Online" in Wien dar:
www.univie.ac.at/future.media/mo/.

[10] Diese Systeme modellieren die kognitiven Prozesse des Lernenden, enthalten eine Wissenskomponente und Lehrstrategien zum adäquaten Reagieren auf Benutzereingaben. Ein Beispiel für ein solches System ist das Programm GEOLOG-WIN.

gestalten und insbesondere die Fertigkeiten zu üben, die der Rechner nicht beherrscht, wie etwa das Darstellen von Lösungsansätzen und das Interpretieren von Lösungen. Insbesondere stellt sich die für die Unterrichtsgestaltung wesentliche Frage, welche Fertigkeiten überhaupt noch mit Papier und Bleistift beherrscht werden sollen und welche Fertigkeiten zukünftig an den Rechner delegiert werden können. Wir werden insbesondere bei den „Termen" (Kap. 4.2) darauf zurückkommen.

8   Adäquat visualisieren

Nach Jerome BRUNER gibt es drei Darstellungsweisen oder Repräsentationsmodi des Wissens und Könnens: die *enaktive Form* (Darstellung durch Handlungen), die *ikonische Form* (Darstellung durch bildliche Mittel) und die *symbolische Form* (Darstellung durch Sprache und Zeichen). Dabei handelt es sich nicht – im Unterschied zu den Stufen des Verinnerlichungsprozesses nach AEBLI – um nacheinander zu durchlaufende Stufen, sondern es sind vielmehr Darstellungsweisen, die wechselseitig aufeinander bezogen sind.[11]

Warum sind Darstellungen in der Mathematik so wichtig? Mathematische Objekte sind insofern als „abstrakt" anzusehen, als es keine Vergegenständlichung in der realen Welt gibt; jeder gezeichnete Kreis ist nur ein unvollkommenes Abbild des wirklichen Objekts „Kreis". Das (abstrakte) Denken mit (abstrakten) mathematischen Objekten bleibt im Kopf des einzelnen verborgen, es dringt über Darstellungen „nach außen" und ermöglicht die Kommunikation mit anderen. Folgt man dem semiotischen Ansatz von Ch. S. PIERCE, dann sind (mathematische) Objekte untrennbar mit Darstellungen und Zeichen verbunden: „Es gibt kein Denken ohne Zeichen" (vgl. etwa NAGL 1992). Mit Hilfe von Darstellungen lassen sich Lösungsideen finden, indem etwa Muster oder Regelmäßigkeiten erkannt, Lösungswege dargestellt, Lösungsideen geordnet und kalkülhafte Berechnung durchgeführt werden. So erlaubt beispielsweise erst das indisch-arabische Ziffernsystem schriftliche Rechenverfahren, die Notationen der Differenzial- und Integralrechnung durch LEIBNIZ oder die „Buchstabenrechnung" des VIETA erleichtern oder ermöglichen erst kalkülhaftes Operieren und algorithmisches Arbeiten.

In Abhängigkeit von der Problemstellung und den benötigten Begriffseigenschaften sind Darstellungen von den Lernenden problemadäquat einzusetzen. Man spricht hier auch vom *Prinzip der adäquaten Visualisierung*. Zur Vermeidung einer einseitigen Sichtweise und für ein umfassendes Begriffsverständnis ist es aber auch wichtig, Begriffseigenschaften in verschiedenen Darstellungen zu erkennen, Darstellungsformen zueinander in Beziehung zu setzen und zwischen

---

[11] Das BRUNERsche „E-I-S-Modell" wurde von HOLE (1998) für den computerunterstützten Unterricht zu einem „C-E-I-S-Modell" (C für Computer) erweitert, was problematisch erscheint, da der Computer keine neue Repräsentationsform darstellt, sondern „nur" ein Medium und Werkzeug ist, das das Arbeiten auf den drei BRUNERschen Darstellungsebenen in einer neue Weise ermöglicht.

diesen Darstellungen „übersetzen" zu können. Der *Computer* stellt ein Werkzeug dar, das es erlaubt, Darstellungen „auf Knopfdruck" zu erzeugen, in einfacher Weise zwischen Darstellungen zu wechseln, gleichzeitig mehrere Darstellungen auf dem Bildschirm zu erzeugen, die zudem interaktiv miteinander verknüpft sind, oder Darstellungen zu verändern. Mit dem Dargestellten – und damit auch mit den mathematischen Objekten – kann auf eine neue Art und Weise operiert werden. Ein veränderter Umgang mit mathematischen Objekten erfordert neue Überlegungen hinsichtlich der Art und Weise der Begriffsbildung sowie hinsichtlich des Ausbildens von Grundvorstellungen, also hinsichtlich des Bezugs der Objekte zu Umweltsituationen. Das Arbeiten mit Darstellungen erhält somit im Rahmen des computerunterstützten Arbeitens eine neue Qualität. Allerdings ist der Computer auch ein Werkzeug mit einer eigenen mathematischen Notation und mit speziellen Befehlen, das neue Handlungsschemata durch Tastatureingaben, Menübefehle und Maussteuerung erfordert.

9 Wissen und Können auslagern

DÖRFLER (1991) sieht im Computer eine „kognitive Technologie", die zur Erweiterung und Verstärkung unseres Denkens beitragen kann. Für ihn gibt es keine Trennung zwischen Denken und Kontext, zwischen abstraktem Objekt und Darstellung, sondern Denkprozesse realisieren sich in der Wechselbeziehung zwischen Darstellungs- und Arbeitsweisen einerseits und dem System mathematischer Objekte andererseits (S. 61). „Denken ... ist dann nicht mehr im Subjekt lokalisiert, sondern das System aus Subjekt und Kontext (das sind insbesondere die dort verfügbaren materiellen und mentalen Werkzeuge und Technologien) realisiert ´Denkprozesse´" (ebd.). Neue Technologien werden so zu einem zentralen Bestandteil des Denkens, und sie ermöglichen insbesondere das *Auslagern* mathematischer Fertigkeiten vom Kopf in die Technik.

Diese *Auslagerung* ist aber nicht nur auf den Umgang mit neuen Technologien begrenzt, sondern war schon immer charakteristisch für mathematisches Arbeiten. So ist Wissen in Form von Bausteinen, Prozeduren oder Modulen zusammengeschlossen, die dann nur noch als Ganzes angewandt werden. Die Lösungsformel für quadratische Gleichungen ist ein solcher Modul, der bei der Berechnung der Nullstelle einer quadratischen Gleichung angewandt wird, ohne dass die für die Herleitung benötigten Einzelschritte jeweils bedacht werden.

Diese Möglichkeit der Auslagerung ist nun in wesentlich erweiterter Weise durch den Einsatz *neuer Technologien* möglich, wobei Schüler verstärkt vom Ausführen algorithmischer Tätigkeiten entlastet werden, wohingegen das Planen von Rechenabläufen und das Interpretieren von Ergebnissen an Bedeutung zunehmen wird. „Der Schüler löst sich von seiner bisherigen Rolle als *Rechner* und erfährt die Beförderung zum *Anweiser und Planer* von Rechnungen" (WETH 1993, S. 108). Durch diese Möglichkeit wird allerdings erkauft, dass viele Rechnungen nicht mehr explizit nachvollziehbar sind. Wie der Taschenrechner trigonometrische Werte oder Nullstellen von Gleichungen berechnet, bleibt letztlich verborgen, welche algorithmische Regeln einem Computeralgebrasystem einprogrammiert sind, ist nur noch Spezialisten bekannt.

Das Reduzieren von routinemäßigen Fertigkeiten im Unterricht ist herausfordernd und gefährlich zugleich, denn der Unterricht wird zwar technisch einfacher, aber intellektuell anspruchsvoller. So eröffnet sich einerseits die Chance, Rechenschwächen auszugleichen und Probleme in der Algebra und Analysis mit Hilfe von Computer-Software zu mindern oder zu entschärfen. Andererseits werden durch den Computereinsatz verstärkt Fähigkeiten gefordert werden, die im bisherigen Mathematikunterricht häufig nur eine untergeordnete Rolle spielten, wie das Lesen und Interpretieren von Bildschirmdarstellungen. Auch darf nicht übersehen werden, dass das Operieren mit mathematischen Objekten eng mit dem Aufbau von Vorstellungen über diese Objekte verbunden ist. Schließlich erwerben Schüler mit algorithmischen Fertigkeiten auch Sicherheit und Selbstvertrauen und diese bilden somit eine wichtige Grundlage für kreative Überlegungen.

10   Neue Wege zu einer „neuen Unterrichtskultur"

Vielfach wird im Zusammenhang mit unterrichtsmethodischen Fragen von einer neuen oder veränderten *Unterrichtskultur* gesprochen, worunter ein veränderter Umgang zwischen Lehrenden und Lernenden in Form eines veränderten Unterrichts- oder Kommunikationsstils gemeint ist, der stärker auf Eigenständigkeit und Selbstverantwortung von Schülerinnen und Schülern ausgerichtet ist. Dabei darf nicht übersehen werden, dass Methoden in enger Verzahnung zu Zielen und Inhalten des Unterrichts zu sehen sind und nur in Wechselbeziehung zu diesen geplant und beurteilt werden können.

Die Forderung nach einer veränderten Unterrichtskultur ist unabhängig vom Computereinsatz, es fragt sich aber, wie *neue Technologien* dazu beitragen können, diese Idee im Unterricht zu entfalten. Dass sich der computerunterstützte Unterricht fast zwangsläufig vom traditionellen lehrerzentrierten Unterricht unterscheidet, zeigen die Erfahrungen zum Computereinsatz im Mathematikunterricht (etwa NOCKER 1996). Der Computer wird zum Katalysator für eine derartige „neue Unterrichtskultur", wobei diese Unterrichtsformen nicht per se besser als der traditionelle Unterricht sein müssen. In jedem Fall bietet er aber die Chance eines stärker schülerorientierten Unterrichts.

Auf den Lehrer kommen dabei neue Aufgaben zu. Mit der Zunahme der Phasen des individuellen Arbeitens, der Partner- und Gruppenarbeit wird der Lehrer zum einen zum individuellen Berater für unterschiedlich schnell lernende Arbeitsgruppen und zum anderen zum Koordinator dafür, dass in der gesamten Klasse auch eine Basis für gemeinsame Gespräche vorhanden bleibt. Dieser Wechsel zwischen individuellem Unterricht, Unterricht in Kleingruppen und Unterricht mit der ganzen Klasse stellt eine bisher nur in Ansätzen gekannte Herausforderung dar.

IV Algebra

1 Zahlen

Zahlen sind Grundelemente der Mathematik. Viele Mathematiker und Philosophen haben sich mit deren Ursprung, Bedeutung und Eigenschaften beschäftigt, haben den Zahlbegriff unter verschiedensten Aspekten analysiert und versucht, Zahlen besser zu verstehen: Woher kommen die Zahlen? Werden die Zahlen entdeckt oder erfunden? Wie lässt sich mit Zahlen rechnen? Welche Eigenschaften haben Zahlen? „Was sind und was sollen die Zahlen?", fragte DEDEKIND (1831 – 1916) in seiner berühmten Arbeit aus dem Jahr 1888. Seine Antwort mag aber insofern enttäuschend sein, als er die Beantwortung der Frage nach dem Wesen der Zahlen der Philosophie überlässt und „nur" beschreibt, wie man mit Zahlen zählen und rechnen kann (vgl. EBBINGHAUS 1992³).

Im Zusammenhang mit Zahlen geht es beim Rechnereinsatz um das *Darstellen von Zahlen*, wobei zwischen der internen Rechnerdarstellung und den Bildschirmdarstellungen unterschieden werden muss, das *Operieren* oder *Rechnen mit Zahlen* und um den Rechnereinsatz als ein *heuristisches Hilfsmittel bei Entdeckungen* im Umfeld der Zahlen.

1.1 Zur Bedeutung der Zahlen im Mathematikunterricht

Die Entwicklung des Zahlbegriffs ist ein zentrales Ziel im Mathematikunterricht. Das Verständnis dieses Begriffs setzt sich aus einem ganzen Bündel von Fähigkeiten im Umgang mit diesem Begriff zusammen. So gehört zu einem *intuitiven Verständnis* das Wissen um die Bedeutung von Zahlen in Umweltsituationen, die Kenntnis verschiedener Darstellungsformen und das Durchführen einfacher Rechenoperationen mit Zahlen.[1] Beim *inhaltlichen Begriffsverständnis* geht es dann um die Kenntnis von *Eigenschaften der Zahlen*, wie Anzahl der Teiler natürlicher Zahlen, Vor- und Nachteile verschiedener Darstellungen von Bruchzahlen oder (Nicht-)Periodizitäten von Dezimalbruchdarstellungen reeller Zahlen. Das *integrierte Begriffsverständnis* spricht die Kenntnis von Beziehungen der Zahlen und der Zahlbereiche zueinander an, wie die Bedeutung von Primzahlen für die natürlichen Zahlen, die Einbettung der natürlichen Zahlen in die rationalen Zahlen oder die Klassifizierung von rationalen und irrationalen Zahlen mit Hilfe von Dezimalbruchentwicklungen. Auf der Ebene des *formalen Begriffsverständnisses* geht es um das Beweisen von Eigenschaften von Zahlen und beim *strukturellen Begriffsverständnis* um die Verknüpfung von Zahlen und deren Gesetzmäßigkeiten wie Assoziativität und Distributivität.

---

[1] Ein derartiges Stufenprinzip des Verständnisses zum Lernen mathematischer Begriffe hat VOLLRATH (1994, S. 137ff.), ausgearbeitet.

Beim Umgang mit Zahlen kann verdeutlicht werden, dass es neben den – häufig im Mathematikunterricht vorherrschenden – Routineaufgaben eine Vielzahl interessanter Problemstellungen gibt, anhand derer heuristische Strategien wie Vermuten, Experimentieren, Analogien bilden, induktives Schließen, Fragen stellen, Hypothesen formulieren, Überprüfen, Argumentieren und Verallgemeinern erlernt und erprobt werden können. Dabei geht es um das eigene Erleben charakteristischer mathematischer Denkweisen und Strategien des Problemlösens sowie um das Lernen selbst Fragen zu stellen. Insbesondere zahlentheoretische Problemstellungen erlauben das eigenständige Bearbeiten von Fragestellungen im Rahmen von Untersuchungsprojekten und eröffnen dadurch einen Zugang zu grundlegenden Denk- und Arbeitsweisen eines forschenden Mathematikers (vgl. BEUTELSPACHER u. WEIGAND 1998).

Im Folgenden soll dargestellt werden, welche Bedeutung der Rechnereinsatz beim Entwickeln des Zahlbegriffs haben kann.

1.2   Der Rechnereinsatz beim Arbeiten mit Zahlen

Darstellen von Zahlen

Zahlen lassen sich als Ziffernfolgen, als Dezimalbrüche oder als gemeine Brüche darstellen, sie lassen sich mit Hilfe von Symbolen wie $\sqrt{\ }$, $\sum$, $n!$ oder Buchstaben wie π, e oder i ausdrücken, sie lassen sich auf dem Zahlenstrahl oder im Koordinatensystem (komplexe Zahlen) graphisch veranschaulichen und sie können durch Punktmuster – wie z. B. auf einem Spielwürfel – dargestellt werden. Im Folgenden geht es um Zahlendarstellungen bei Taschenrechnern und Computern und um die Frage, welche neuen Aspekte das rechnerunterstützte *Arbeiten mit Zahlen* zum *Verständnis des Zahlbegriffs* beitragen kann und wie traditionelle Aspekte besser – oder zumindest in einer neuen Art und Weise – verstanden werden können.

Bei Taschenrechnern und Computer unterscheiden wir zwischen der *internen Zahlendarstellung* des Rechners, also der Speicherung der Zahlen in Bitfolgen und der *Darstellung* in der Anzeige des *Displays* oder auf dem *Bildschirm*. Zur internen Darstellung wird im Rechner ein Gleitkommasystem mit der Basis 2 verwendet:[2]

$$\pm 1.z_2 z_3 ... z_m \cdot 2^{\pm e_1 e_2 ... e_n}; \ z_i, e_i \in \{0, 1\}; \ i = 1, ..., m; \ j = 1, ... n; \ m, n \in \mathbb{N}.[3]$$

Die Mantisse $z_1 z_2 ... z_m$, der Exponent $e_1 e_2 ... e_n$ und das jeweilige Vorzeichen sind dann in Form einer 0-1-Bitfolge im Rechner gespeichert. Die Zahl 0 benötigt dabei eine eigene Darstellung oder die kleinste darstellbare Gleitkommazahl wird als Null interpretiert.

---

[2] Für eine ausführlichere Erläuterung vgl. GLASER u. WEIGAND (1990).

[3] Um einen negativen Exponenten zu vermeiden, wird dieser im Allgemeinen um eine feste Zahl, die Charakteristik, vergrößert. Darauf gehen wir hier nicht ein.

Zur Veranschaulichung der Rechnerzahlen betrachten wir das Beispiel, bei dem wir uns auf zweistellige Mantissen und zweistellige Hochzahlen beschränken. Damit können wir die folgenden positiven Zahlen darstellen:

Gleitkommazahl	Dezimalzahl[4]
$1.00 \cdot 2^{-11}$	$0{,}125$
$1.01 \cdot 2^{-11}$	$0{,}15625$
$1.10 \cdot 2^{-11}$	$0{,}1875$
$1.11 \cdot 2^{-11}$	$0{,}21875$
$1.00 \cdot 2^{-10}$	$0{,}25$
$1.01 \cdot 2^{-10}$	$0{,}3125$
...	...
$1.01 \cdot 2^{+11}$	10
$1.10 \cdot 2^{+11}$	12
$1.11 \cdot 2^{+11}$	14

Wenn wir die Rechnerzahlen auf einem Zahlenstrahl mit rechteckigen Punkten veranschaulichen, so erhalten wir das folgende Bild.

Dies zeigt insbesondere, dass im Rechner nur „wenige" Zahlen explizit dargestellt werden können. Die Verteilung der Rechnerzahlen über den Zahlenstrahl ist auch nicht gleichmäßig, sondern zwischen 0 und 1 liegen viel mehr Zahlen als in größerer Entfernung von 0. Es zeigt sich weiterhin, dass es eine größte und eine kleinste positive Rechnerzahl gibt, so dass insbesondere jenseits der größten Zahl und in der Umgebung von 0 „Lücken der Rechnerzahlen" bleiben. Wenn das Ergebnis einer Rechnung in diesen Bereich fällt, so erhält man einen Überlauf oder einen Unterlauf.[5]

Für die Anzeige im Display verwenden Taschenrechner eine 10 bis 12-stellige Anzeige (im Dezimalsystem), bei der Verwendung eines TKP lässt sich diese Anzahl erhöhen, doch zeigen sich sehr schnell auch hier die Grenzen der Darstellungsmöglichkeit.[6] Mit einem CAS lassen sich dann aber fast „beliebig viele" Nachkommastellen anzeigen.[7] In technischer Hinsicht ist das eine Frage des vorhandenen Speichers, die didaktische Bedeutung dieser unterschiedlichen Anzei-

---

[4] Umrechnungsbeispiel: $(1.01 \cdot 2^{-11})_2 = (0.00101)_2 = \left(\frac{1}{8} + \frac{1}{32}\right)_{10} = \left(\frac{5}{32}\right)_{10} = 0.15625_{10}$.

[5] Bei der Berechnung der Zahl π werden wir darauf zurückkommen.

[6] Siehe das folgende Beispiel mit dem TKP EXCEL.

[7] Bei DERIVE lässt sich mit „PrecisionDigits" einstellen, mit wie vielen Stellen intern gerechnet wird. Mit „NotationDigits" wird die Anzahl der auf dem Bildschirm angezeigten Stellen eingestellt.

gegenauigkeiten kann nur in Wechselbeziehung zu einer Problemstellung beantwortet werden.

Dezimaldarstellungen

Beispiele:

1. Stellen Sie $\dfrac{13}{3}$, $\dfrac{31}{8}$, $4\dfrac{1}{3}$, $\dfrac{8}{2+\dfrac{3}{5}}$, $\sqrt{18}$, π, e auf einem Taschenrechner, mit einem

   TKP und/oder mit einem CAS auf verschiedene Arten dar. Verwenden Sie dabei auch unterschiedliche Dezimalbruchlängen. Ordnen Sie diese Zahlen der Größe nach.

2. Welche Bruchzahl ist größer $\dfrac{345}{2341}$ oder $\dfrac{445}{3241}$? Geben Sie möglichst viele verschiedene Möglichkeiten an, das herauszufinden.

Dezimalbruchdarstellungen und gemeine Brüche lassen sich bereits mit einem arithmetischen oder graphischen Taschenrechner angeben. Dezimalzahlen mit größeren Stellenzahlen sind hilfreich, wenn es z. B. darum geht, die Konvergenzgeschwindigkeit von Näherungsberechnungen *experimentell* zu beobachten. Die Genauigkeit der Dezimalbruchdarstellung hängt dabei von der internen Darstellung im Rechner und der gewählten Einstellung im Programm ab.[8]

	A	B	C	D
1	3/7	3/7	3/7	3/7
2	3/7	0,43	0,4285714286	0,4285714285714290000
3				

als Bruch   auf 2 Dezimalen   auf 10 Dezimalen   auf 20(?) Dezimalen

Darstellen eines Bruchs mit EXCEL und unterschiedlicher Nachkommastellenzahl

Die Dezimalbruchdarstellung von $\dfrac{3}{7}$ in der letzten Spalte zeigt, dass das hier verwendete TKP „nur" mit 15-stelliger Genauigkeit rechnet und auf die letzte Ziffer rundet. In gleicher Weise lassen sich die irrationalen Zahlen $\sqrt{18}$, π, e aus obigem Beispiel mit einem Rechner als numerische Werte nur mit endlicher Stellenzahl und damit als Bruchzahl angeben. Die Kenntnis der Grenzen des Werkzeugs ist deshalb für das Interpretieren von Bildschirmdarstellungen wichtig.

Schreibweisen oder Notationen sind nicht nur für das bequeme Lesen und Aufnotieren von Zahlen wichtig, sondern mit ihrer Hilfe lassen sich viele Eigenschaften und Gesetzmäßigkeiten erkennen, und erst sie ermöglichen den algorithmischen Umgang mit Zahlen. So beruhen etwa die schriftlichen Rechenverfahren auf dem (dezimalen) Stellenwertsystem. An Dezimalbruchdarstellungen lassen

---

[8] Bei EXCEL geht das mit den Befehlen FORMAT – ZELLEN – ZAHLEN.

sich Eigenschaften wie Periodizität der Bruchzahlen oder Nichtperiodizität irrationaler Zahlen verdeutlichen, und sie leisten damit einen Beitrag zum *inhaltlichen Begriffsverständnis*. Dabei lässt sich auch gut die Notwendigkeit von theoretischen Begründungen aufzeigen, da auch noch so große – aber endliche – Stellenzahlen nicht als Begründungen für mathematische Gesetzmäßigkeiten ausreichen: So ist etwa mit der lediglichen Auflistung der ersten 100 oder 1000 Nachkommastellen von $\sqrt{2}$ oder π nicht zu begründen, dass keine Periodizitäten bei den Ziffern der Dezimalbruchentwicklung auftreten.

Fragen der Genauigkeit der Darstellung der Zahlen im Rechner weisen schließlich darauf hin, dass es im Mathematikunterricht wichtig ist, den Rechner nicht nur als ein Medium und Werkzeug, sondern als auch einen Gegenstand zu betrachten, dessen Grenzen im Hinblick auf die Darstellung mathematischer Objekte, Begriffe oder Ideen mitbedacht werden müssen.[9] Ein Beispiel ist etwa die obige Dezimalbruchdarstellung von $\frac{3}{7}$ durch ein TKP.

Das folgende Beispiel zeigt, wie eine in letzter Zeit kaum mehr verwendete Zahldarstellung mit Hilfe entsprechender Visualisierungen durch ein neues Werkzeug wieder zum Leben erweckt werden kann. Kettenbrüche stellen in der 6. Jahrgangsstufe eine Möglichkeit dar, den Umgang mit Bruchzahlen zu üben. Sie sind darüber hinaus aber auch interessante Untersuchungsobjekte mit historischen und aktuellen Anwendungsbezügen, beispielsweise bei (historischen) Kalenderberechnungen, dem EUKLIDischen Algorithmus oder dem goldenen Schnitt (vgl. etwa NEUBRAND 1984, die Unterrichtseinheit in SCHMID 1994 und WEIGAND 1998).

Kettenbrüche

Beispiele: 1. Bestimmen Sie a und b: $\dfrac{a}{b} = 2 + \cfrac{1}{3 + \cfrac{1}{1 + \cfrac{1}{5}}}$.

2. Berechnen Sie die ersten 20 Werte der Folge:

$$1 + \cfrac{1}{1}; \quad 1 + \cfrac{1}{1 + \cfrac{1}{1}}; \quad 1 + \cfrac{1}{1 + \cfrac{1}{1 + \cfrac{1}{1}}}; \quad 1 + \cfrac{1}{1 + \cfrac{1}{1 + \cfrac{1}{1 + \cfrac{1}{1}}}}; \quad 1 + \cfrac{1}{1 + \cfrac{1}{1 + \cfrac{1}{1 + \cfrac{1}{1 + \cfrac{1}{1 + \dots}}}}};$$

---

[9] Unter www.didaktik.mathematik.uni-wuerzburg.de/cimu finden sich Taschenrechnertests von H. GLASER, mit denen die Rechengenauigkeit eines Taschenrechners erkundet werden kann.

3. Welchen Wert haben die ersten 5, 10 Glieder der Folge mit

$$x_{k+1} = 2 + \frac{3}{x_k}, \, k \in \mathbb{N} \text{ und } x_1 = 5.[10]$$

Bei einem ersten Zugang zu Kettenbrüchen geht es nicht um formale Beweise von Eigenschaften der Kettenbrüche (vgl. hierzu etwa SCHEID 1994[2] oder PERRON 1954 u. 1957), sondern um das Erkunden einer neuen, zunächst eigenartigen Schreibweise, das Umformen in eine vertraute Darstellung, das Üben der korrekten Eingabe komplexer Ausdrücke in den Rechner, und es geht um einen intuitiven Zugang zum Grenzwertbegriff in Form einer im Prinzip beliebigen Fortsetzbarkeit der Kettenbruchoperation.

Das Darstellen von Kettenbrüchen mit einem CAS erfordert einen durchdachten Umgang mit Operationszeichen und Klammern. Gerade bei einer eindimensionalen Eingabe[11] wie bei DERIVE erfordert das richtige Setzen der Klammern das Erkennen der Struktur der eingegebenen Terme. Die Darstellung auf dem Bildschirm liefert aber eine unmittelbare Rückmeldung über die Korrektheit der Eingabe. Kettenbrüche legen vor allem eine rekursive Darstellung in der Form

$$x_{k+1} = 1 + \frac{1}{x_k}$$

nahe oder allgemeiner

$$x_{k+1} = a_k + \frac{b_k}{x_k}, \, k \in \mathbb{N}, a_k, b_k \in \mathbb{R}.$$

Ausgehend von x_1, a_1 und b_1 erhält man:

$$x_2 = a_1 + \frac{b_1}{x_1}, \, x_3 = a_2 + \frac{b_2}{a_1 + \frac{b_1}{x_1}}, \text{ usw. .}$$

Der Rechner stellt hier eine Kontrolle für mit Papier und Bleistift berechnete Werte dar und seine Verwendung erzwingt und schult korrektes Arbeiten auf der symbolischen Ebene.

Das Eingehen auf Konvergenzfragen bei Kettenbrüchen übersteigt die Inhalte des Mathematikunterrichts, doch kann das experimentell erlebte sukzessive An-

---

[10] In DERIVE erhält man den Kettenbruch $a + \cfrac{b}{a + \cfrac{b}{\cdots}}$ durch den Befehl

$$a + \cfrac{b}{a + \cfrac{b}{x}}$$

Kbruch(a, b, x, n):=ITERATE(a+b/r, r, x, n) mit einem entsprechend gewählten Wert für n.

[11] Die Eingabe erfolgt hier linear sequentiell in einer Zeile. Bei Formeleditoren in Textverarbeitungsprogrammen (etwa bei WINWORD) erfolgt die Eingabe dagegen „zweidimensional".

nähern des Wertes eines Kettenbruchs an eine feste Zahl ein intuitives Verständnis des Grenzwertbegriffs fördern (vgl. WEIGAND 1998).

Beispiel: Die nebenstehende Kettenbruchdarstellung von $\sqrt{2}$ zeigt, dass eine Zahl mit einer nichtperiodischen Dezimalbruchdarstellung eine gesetzmäßige Kettenbruchdarstellung ergeben kann.

$$\sqrt{2} = 1 + \cfrac{1}{2 + \cfrac{1}{2 + \cfrac{1}{2 + \cfrac{1}{2 + \cfrac{1}{2 + \ldots}}}}}$$

Operieren mit Zahlen

Das rechnergestützte Operieren mit Zahlen ist durch das automatische Durchführen eines Algorithmus gekennzeichnet, der auf eine oder mehrere Zahlen wirkt.

Betrachten wir beispielsweise die Addition mit verschiedenen Werkzeugen.

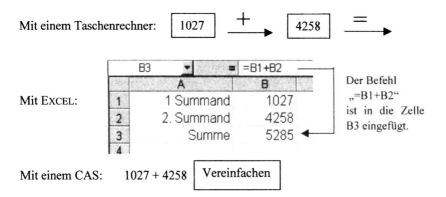

Der Algorithmus wird jeweils automatisch ausgeführt, wenn der „="-Knopf (TR), die „Return-Taste" nach der Zelleneingabe von B3 (EXCEL) oder der „Vereinfachen-Knopf" (CAS) gedrückt wird. Indem der Benutzer von der Durchführung der Berechnungen entlastet wird, kann er sich verstärkt auf das Interpretieren der Ergebnisse konzentrieren. Dabei steht nicht das Nachvollziehen eines Ablaufschemas, sondern vielmehr ein Beziehungsdenken zwischen Ausgangs- und Endgrößen, zwischen den Ausgangsdaten und dem Ergebnis im Vordergrund.

Beispiel: FERMAT (1601 – 1666) vermutete, dass alle Zahlen $F_n = 2^{2^n} + 1$ mit $n \in \mathbb{N}$ Primzahlen seien. Euler zeigte dann: $F_5 = 641 \cdot 6700417$. Listen Sie die ersten 10 Fermatzahlen auf. Welche sind Primzahlen? Wie viele Stellen hat F_{10}? [12]

Bei diesem Beispiel ist nicht das Ergebnis im Hinblick auf die explizite Zifferndarstellung der Fermatzahlen wichtig, sondern es kommt auf das Anwenden von Befehlen auf die Ausgangszahlen an, das Erklären der langen Rechenzeiten bereits bei F_7, das Erkennen der Grenzen des Werkzeugs sowie das Erleben der Wachstumsgeschwindigkeit von Exponentialfunktionen.

Die Stärke des Computers ist das schnelle Durchführen numerischer Berechnungen und das Darstellen der Ergebnisse in einer problemadäquaten Form, d. h. etwa in einer Faktorenzerlegung oder als Dezimalbruch mit entsprechend hoher Stellenzahl. Dazu bedarf es neben mathematischem Wissen auch Kenntnisse und Fähigkeiten des Benutzers im Umgang mit dem Werkzeug, insbesondere Wissen über die Syntax verwendeter Befehle, was wir als *Werkzeugkompetenz* bezeichnen. Darüber hinaus muss man mögliche *Wirkungen von Befehlen* kennen, um Ergebnisse evtl. in einer anderen Form darstellen zu können, man benötigt also *operative Fähigkeiten* und man muss schließlich *Ergebnisse überprüfen können*, d. h. man benötigt *Überprüfungs- oder Testfähigkeiten*.

Operative Fähigkeiten sind insofern beim Umgang mit dem Rechner von zentraler Bedeutung, da die Arbeitsweise hier anders als beim herkömmlichen Arbeiten mit Papier und Bleistift ist. Während beim traditionellen Arbeiten jeder einzelne Rechenschritt nachvollzogen, erklärt oder begründet werden kann, [13] bleiben bei der Computerbenutzung die einzelnen Rechenschritten und der genaue Ablauf der Rechenschritte für den Lernenden verborgen. Die Rechenoperationen sind für den Benutzer nur noch „im Prinzip" nachvollziehbar, d. h. er kennt – evtl. – die Wirkung eines Tastendrucks und des dahinterstehenden Befehls, indem er Erwartungen von Ergebnissen oder Vorstellungen darüber hat, evtl. die Größenordnung abschätzen und bei einfachen Beispielen oder gelegentlich auch nur bei Sonderfällen die Ergebnisse selbst mit Papier und Bleistift berechnen kann. Beispiele sind das Addieren von Brüchen, das Berechnen des größten gemeinsamen Teilers bei kleineren Zahlen oder das Testen auf Primzahleigenschaft.

Überprüfungs- oder Testfähigkeit bedeutet, das Ergebnis im Hinblick auf die Fragestellung interpretieren zu können und verschiedene Strategien des Überschlagens und Abschätzens der Richtigkeit des Ergebnisses zu besitzen sowie Sonder- und Spezialfälle finden und untersuchen zu können. Mathematisches Grundlagenwissen, Werkzeugkompetenz, operative Fähigkeiten und Fähigkeiten

---

[12] In DERIVE können Sie die beiden Befehle „factor" und „prime" verwenden. Wie erklären Sie sich den Unterschied im zeitlichen Verhalten beim Anwenden dieser beiden Befehle auf F_n?

[13] Was im Unterricht aber meist – wenn überhaupt – auf ein Aufsagen der Umformungsregeln hinausläuft.

des Testens und Überprüfens sind wechselseitig miteinander verwoben. Dies kann an dem folgenden Beispiel deutlich werden.

Beispiel: *Vollkommene Zahlen* (vgl. etwa PADBERG 2001, S. 135-140). Bereits bei EUKLID treten die sog. vollkommenen Zahlen auf; das sind jene natürlichen Zahlen, die gleich der Summe ihrer echten Teiler sind. 6 ist eine vollkommene Zahl, denn $1 + 2 + 3 = 6$. Ebenso $28 = 1 + 2 + 4 + 7 + 14$. EUKLID bewies den Satz: Wenn die Summe $1 + 2 + 2^2 + 2^3 + ... + 2^k = p_k$ eine Primzahl ist, dann ist $2^k \cdot p_k$ eine vollkommene Zahl. Die Begründung dieses Satzes soll schrittweise geführt werden.

a) Wie viele Primzahlen p_k mit dieser Summeneigenschaft gibt es für $k \in [1, 100]$?

b) Bestimmen Sie alle Teiler von $2^k \cdot p$ (p beliebige Primzahl!).

c) Berechnen Sie die Summe der geometrischen Reihe $1+2+2^2+2^3 + ... + 2^{k-1}, k \in \mathbb{N}$.

d) Berechnen Sie die Summe aller echten Teiler von $2^k \cdot p$ und zeigen Sie obigen Satz des EUKLID (Beachten Sie $1 + 2 + 2^2 + 2^3 + ... + 2^k = p$).

e) Sind 496, 3428 und 8128 vollkommene Zahlen? Begründen Sie auf verschiedene Weisen.

f) Suchen Sie weitere vollkommene Zahlen.

Für die Lösung dieser Aufgabe wird das Grundwissen über den Zusammenhang von Teiler und Primfaktorzerlegung einer Zahl benötigt. Ein CAS kann hier als eine „Formelsammlung" verwendet werden, in der die entsprechende Summenformel „steht",[14] es ist eine Hilfe bei den arithmetischen Berechnungen und algebraischen Umformungen und es gestattet das Überprüfen von Einzelfällen. Der Leser sollte sich überlegen, wie und in welcher Form oben angesprochene Fähigkeiten benötigt werden.

Algorithmen

Das Ausführen von Algorithmen ist ein klassisches Anwendungsgebiet des Rechnereinsatzes.[15] Beginnend mit schriftlichen Rechenverfahren über zahlentheoretische Algorithmen, Iterationsverfahren und geometrische Konstruktionen bis zur Präzisierung des Algorithmenbegriffs im Informatikunterricht bietet der Rechner die Möglichkeit in Bausteinen, Prozeduren oder Moduln dargestellte Algorithmen automatisch abzuarbeiten.

---

[14] In DERIVE erhält man die Summenformel für $\sum_{i=0}^{k} 2^i$ durch: SUM(2^i,i,0,k).

[15] „Ein Algorithmus ist eine endliche Folge von eindeutig bestimmten Elementaranweisungen, die den Lösungsweg exakt und vollständig beschreiben." (ZIEGENBALG 1996, S. 23).

Der EUKLIDische Algorithmus

Der größte gemeinsame Teiler (ggT) und das kleinste gemeinsame Vielfache (kgV) sind bei der Addition zweier Bruchzahlen und beim Kürzen von Brüchen wichtig. Für zwei natürliche Zahlen a und b sind beide über die Formel a·b = ggT(a,b) · kgV(a,b) miteinander verbunden (vgl. etwa PADBERG 1991[2], S. 30ff). Der ggT kann über die Primfaktorzerlegung oder das Verfahren des EUKLIDischen Algorithmus berechnet werden, der im Folgenden betrachtet wird. Dabei kann die Frage nach dem Auslegen eines Rechtecks mit möglichst großen Quadraten der Ausgangspunkt dieses Verfahrens sein. Bei den beiden Zahlen 72 und 51 führt dies auf die folgenden Darstellungen:

$$72 : 51 = 1 \text{ R } 21 \text{ oder } \frac{72}{51} = 1 + \frac{21}{51}.$$

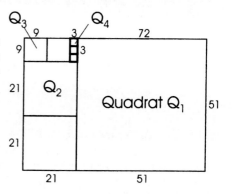

Dies bedeutet, dass das Ausgangsrechteck mit den Seitenlängen 72 und 51 in ein Quadrat Q_1 und ein Rechteck mit den Seitenlängen 51 und 21 zerlegt werden kann.

$$51 : 21 = 2 \text{ R } 9 \text{ oder } \frac{51}{21} = 2 + \frac{9}{21}.$$

Dieses Rechteck lässt sich in zwei Quadrate Q_2 und ein Rechteck mit den Seitenlängen 21 und 9 zerlegen. Dieses Verfahren wird fortgesetzt, bis sich das Ausgangsrechteck mit Quadraten ausfüllen lässt, was zumindest mit Einheitsquadraten möglich ist:

$$21 : 9 = 2 \text{ R } 3 \text{ oder } \frac{21}{9} = 2 + \frac{3}{9}; \qquad 9 : 3 = 3 \text{ R } 0 \text{ oder } \frac{9}{3} = 3.$$

Das Ausgangsrechteck lässt sich somit mit Quadraten Q_4 der Seitenlänge 3 auslegen (Warum? Begründen Sie!).

Das als Bruchzahl dargestellte Verhältnis der Ausgangszahlen lässt sich in einen Kettenbruch verwandeln, welcher auf einprägsame Weise nicht nur die Vorgehensweise beim EUKLIDischen Algorithmus, sondern auch die Anzahl der jeweils verwendeten Quadrate bei der Quadratauslegung obigen Rechtecks unmittelbar widerspiegelt.

$$\frac{72}{51} = 1 + \frac{21}{51} = 1 + \frac{1}{\frac{51}{21}} = 1 + \frac{1}{2 + \frac{9}{21}} = 1 + \frac{1}{2 + \frac{1}{\frac{21}{9}}} = 1 + \frac{1}{2 + \frac{1}{2 + \frac{3}{9}}} = 1 + \frac{1}{2 + \frac{1}{2 + \frac{1}{3}}}.$$

Der Rechner gewinnt dann an Bedeutung, wenn dieser Algorithmus mit variablen Zahlenverhältnissen als Ausgangspunkt dargestellt wird. Dadurch erfolgt insbesondere ein Abgehen vom Rechnen mit konkreten Zahlen und ein Hinführen zum algorithmischen Arbeiten mit Variablen.[16]

π-Berechnung nach ARCHIMEDES (287-212 v. Chr) [17]

„Der Umfang eines jeden Kreises ist dreimal so groß als der Durchmesser und noch um etwas größer, nämlich um weniger als ein Siebentel, aber um mehr als zehn Einundsiebenzigstel des Durchmessers. "

Das bedeutet also:

$$3,140845 \ = \ 3\frac{10}{71} < \pi < 3\frac{1}{7} \ = 3,1428571.$$

Diese Abschätzung leitete ARCHIMEDES durch die Berechnung an einem Kreis mit um- und einbeschriebenen regulären Vielecken her. Er verwendete eine – noch nicht in allgemeiner Form ausgedrückte – Rekursionsformel, indem er beim Sechseck beginnend durch fortwährende Verdopplung der Eckenzahl für das 96-Eck obiges Resultat erhielt. Seine Berechnung lässt sich für r = 1 in heutiger Symbolik folgendermaßen ausdrücken:

$$s_{2n}^2 = \left(\frac{s_n}{2}\right)^2 + x^2$$

$$\text{und} \quad x = 1 - y = 1 - \sqrt{1 - \left(\frac{s_n}{2}\right)^2} \ ;$$

$$\text{also: } s_{2n}^2 = \left(\frac{s_n}{2}\right)^2 + \left(1 - \sqrt{1 - \left(\frac{s_n}{2}\right)^2}\right)^2 .$$

Damit ergibt sich: $s_{2n} = \sqrt{2 - \sqrt{4 - s_n^2}}$ (*)

$$\text{oder } s_{2n} = \frac{s_n}{\sqrt{2 + \sqrt{4 - s_n^2}}} \ (**).$$

---

[16] In DERIVE wird ausgehend von dem Paar v = [a, b] sukzessive das Paar [a, a mod b] durch den Befehl MOD(v_2, v_1) gebildet, wobei „v_i" (in DERIVE) die i-te Komponente von v ist. ITERATES([MOD(v sub 2, v sub 1], v, [a, b]) liefert dann eine – allerdings „DERIVE-spezifische" – Darstellung des Euklidischen Algorithmus, wenn für a und b die entsprechenden Zahlen eingesetzt werden.

[17] Siehe hierzu die „Kreismessung" von ARCHIMEDES (Ausgabe von 1972).

	A	B	C	D	E
1			**Pi-Berechnung**		
2					
3	n=	$s_n =$	$u_n =$	pi =	
4	6	1,0000000000	6,0000000000	3,0000000000	
5	12	0,5176380902	6,2116570825	3,1058285412	
6	24	0,2610523844	6,2652572266	3,1326286133	
7	48	0,1308062585	6,2787004061	3,1393502030	
8	96	0,0654381656	6,2820639018	3,1410319509	
28	100663296	0,0000000632	6,3639610307	3,1819805153	
29	201326592	0,0000000298	6,0000000000	3,0000000000	
30	402653184	0,0000000149	6,0000000000	3,0000000000	
31	805306368	0,0000000000	0,0000000000	0,0000000000	

π-Berechnung mit EXCEL nach obiger Formel (*)

Mit einem TKP kann die fortwährende Verdopplung der Eckenzahl durch „Kopieren der Formeln in die nächste Zeile" fortgeführt werden, bis n über 6-stellige Zahlen hinausgeht. Überraschenderweise wird die Annäherung an π mit größerer Eckenzahl und bei der Verwendung des Algorithmus (*) wieder schlechter, um schließlich gar bei der Zahl 0 zu enden. Der Grund hierfür liegt darin, dass die Subtraktion „fast gleicher" Zahlen für „große n" aufgrund der rechnerinternen Rundung den Wert 0 ergibt („Subtraktionskatastrophe"). Dieser Fehler kann durch die Verwendung der Formel (**) vermieden werden, die π-Berechnung ist aber auch damit nur im Rahmen der Genauigkeiten der Zahldarstellungen im Rechner möglich. Die Berechnung der genauen Nachkommastellen der Zahl π stellt deshalb auch bei der Verwendung von Computern eine Herausforderung dar.

Die Berechnung einer größeren Anzahl an Nachkommastellen für die Zahl π ist im Hinblick auf praktische Anwendungen von untergeordnetem Interesse. Die Bedeutung liegt vielmehr auf der theoretischen Ebene, im Kennen lernen eines Algorithmus zur π-Berechnung, mit dem „im Prinzip" die Kreiszahl beliebig genau berechnet werden kann. Ferner weist die computerunterstützte π-Berechnung darauf hin, dass mit den von einem Rechner gelieferten Ergebnissen kritisch umgegangen werden muss und dass auch – oder gerade – Computerberechnungen in Wechselbeziehung zu theoretischen Überlegungen gesehen werden müssen.

Entdeckungen mit Zahlen

CAS ermöglichen die Dezimalbruchdarstellung reeller Zahlen mit „vielen" Nachkommastellen. Nun sind Darstellungen kein Selbstzweck, sondern mit ihrer Hilfe sollen neue Einsichten in Zahleneigenschaften vermittelt und neue Problemstellungen generiert werden. Im Folgenden werden anhand von vier Beispielen Entdeckungen im Umfeld der Zahlen geschildert, bei denen der Rechner als ein Werkzeug eingesetzt wird, das neue Einsichten in Gesetzmäßigkeiten eröffnet. Dabei steht weniger das Ergebnis und dessen Bedeutung oder gar ein exakter mathematischer Beweis einer Gesetzmäßigkeit im Vordergrund, sondern es kommt auf das Wechselspiel zwischen *heuristischen Überlegungen* zur Generierung von Vermutungen beim Arbeiten mit dem Computer, den *mathematischen Analysen* einer Problemstellung und der *gezielten Überprüfung* mit Hilfe des Rechners an.

Fakultäten (vgl. WEIGAND 1989)

Beispiel: Bei der Berechnung von 14! zeigt der Taschenrechner (bei 10-stelliger Genauigkeit) diese Zahl bereits als Näherungswert an: $8.71782912 \cdot 10^{10}$. Mit einem CAS kann diese Zahl dagegen exakt dargestellt werden. Dies zeigt die folgende Tabelle.

1!	1	10!	3628800	19!	121645100408832000
2!	2	11!	39916800	20!	2432902008176640000
3!	6	12!	479001600	21!	51090942171709440000
4!	24	13!	6227020800	22!	1124000727777607680000
5!	120	14!	87178291200	23!	25852016738884976640000
6!	720	15!	1307674368000	24!	620448401733239439360000
7!	5040	16!	20922789888000	25!	15511210043330985984000000
8!	40320	17!	355687428096000	26!	403291461126605635584000000
9!	362880	18!	6402373705728000	27!	10888869450418352160768000000

Eine auffällige Eigenschaft der Fakultätszahlen ist das Anwachsen der Anzahl der Endnullen. An diese Entdeckung können sich viele Fragen anschließen:

- Wie viele Endnullen hat *n!* und warum?
- Bei welchen Zahlen kommt eine zusätzliche Endnull hinzu?
- Warum treten bei 25! oder 50! „Zweiersprünge" bei der Anzahl der Endnullen auf? Wann ist mit dem nächsten „Zweiersprung" zu rechnen?
- Gibt es auch „Dreier-", „Vierer- . . . -sprünge"?
- Gibt es für die Anzahl der Endnullen von *n!* eine Berechnungsformel?

Bei diesen Fragen lassen sich erste Einblicke durch Experimentieren und Ausprobieren mit dem Computer gewinnen, sehr schnell wird aber die Frage nach dem „Warum?" in den Vordergrund treten und eine mathematische Analyse herausfordern. So wird die Frage nach der Anzahl der Endnullen auf die Teilbarkeit durch 10 und damit auf die Teilbarkeit durch 2 und 5 zurückgeführt. Dies lässt sich mit dem Rechner überprüfen: $100! = 2^{97} \cdot 3^{48} \cdot 5^{24} \cdot 7^{16} \cdot \ldots$. Also hat 100! 24 Endnullen! Jetzt lassen sich auch „Zweiersprünge" und der erste „Dreiersprung" bei der Endnullenanzahl voraussagen. Bei der Suche nach einer allgemeinen Formel ergibt sich für die Anzahl der Endnullen:

$$\text{Anz}(n!) = \sum_{k=1}^{m} \left[\frac{n}{5^k} \right],$$

wobei $[x]$ die Gaußsche Klammerfunktion[18] und m eine natürliche Zahl ist mit:
$5^m \leq n < 5^{m+1}$. Weiter legt eine Auflistung der Anzahl der Endnullen in Abhängigkeit von n für „große n" die Vermutung nahe, dass der Quotient aus der Anzahl der Endnullen und der Zahl n in der Größenordnung von $\frac{1}{4}$ liegt. Schließlich werden die Grenzen des Werkzeugs deutlich, wenn die Werte für $n!$ mit dem TKP EXCEL ab $n = 21$ nicht mehr exakt dargestellt werden, da EXCEL nur auf 15 Stellen genau rechnet.

Stammbrüche und Periodenlängen

Beispiel: Brüche $\frac{1}{n}$ mit n = 2, 3, ... heißen Stammbrüche. Die Darstellungen dieser Brüche als Dezimalzahlen mit 20 oder mehr Nachkommastellen mit einem CAS zeigen Muster oder Regelmäßigkeiten:

...   ...

$\frac{1}{6} = 0.16666666666666666666666$ $\frac{1}{13} = 0.076923076923076923076 9$

$\frac{1}{7} = 0.142857142857142857142857$ $\frac{1}{14} = 0.07142857142857142857142 8$

...   ...

- Welche Regelmäßigkeiten fallen Ihnen bei den Nachkommastellen auf? Begründen Sie diese!

- Versuchen Sie Regeln über die Periodenlängen der Dezimalbruchdarstellungen der Stammbrüche herauszufinden.

Antworten und Begründungen auf diese Fragen können auf verschiedenen Niveaus gegeben werden. Zunächst lassen sich die Stammbrüche danach ordnen, ob sie eine endliche oder eine unendliche Dezimalbruchentwicklung haben, ob sie „sofortperiodisch" wie für $\frac{1}{7}$ sind, oder eine „Vorperiode" wie für $\frac{1}{6} = 0,166...$ (mit 1 als „Vorperiode") haben. Der handschriftlich ausgeführte Divisionsalgorithmus vermittelt besser als die Computerdarstellung die Einsicht, dass bei der Division $1:n$ höchstens n verschiedene Reste auftreten können, die Periodenlänge von $\frac{1}{n}$ also höchstens $n - 1$ betragen kann.[19] Eine systematische Untersuchung der Computertabelle zeigt, dass aber selbst für Primzahlen p die Periodenlänge

---

[18] $[x]$ ist eine ganze Zahl ist mit $[x] \leq x < [x] + 1$.
[19] Beim Rest 0 erhalten wir einen endlichen Dezimalbruch.

$L(p)$ von $\frac{1}{p}$ kleiner als $p - 1$ sein kann und man entdeckt evtl. auch, dass $L(p)$ stets ein Teiler von $p - 1$ ist bzw. sein könnte. Um derartige Gesetzmäßigkeiten der Periodenlängen bei Dezimalbrüchen zu begründen sind allerdings zahlentheoretische Kenntnisse notwendig. Hierzu sei auf PADBERG (1991[2], S. 114ff.), verwiesen.[20]

Dieses Beispiel eignet sich auch dafür – dem genetischen Prinzip folgend – Aspekte der Entwicklungsgeschichte der Mathematik aufzuzeigen, beginnend mit der Bedeutung der Stammbrüche bei den Ägyptern über die Erfindung der Dezimalbruchdarstellung bis zum Beweis der Überabzählbarkeit reeller Zahlen.

Primzahlzwillinge und Primzahldrillinge

Primzahlen sind eine sehr ergiebige Quelle für Fragestellungen, bei denen der Rechner als heuristisches Werkzeug eingesetzt werden kann: Suchen von Primzahlen mit dem Sieb des ERATOSTHENES (276 – 194 v. Chr.), Auffinden von Primzahllücken, Überprüfen der – immer noch unbewiesenen – GOLDBACHschen Vermutung[21] an Einzelfällen, wobei sich insbesondere verschiedene Zerlegungen gerader Zahlen entsprechend der GOLDBACHschen Vermutung finden lassen. Schwierige oder gar heute noch ungelöste Probleme aus der Zahlentheorie eignen sich insofern für entdeckende Untersuchungen, da sie zum einen zeigen, dass es in der Mathematik auch heute noch ungelöste Problemstellungen gibt, zum anderen und vor allem aber deshalb, da es viele Regelmäßigkeiten, Muster und Eigenschaften im Umfeld dieser Problemstellungen zu entdecken gibt. Eines dieser Probleme ist die Frage nach der Anzahl der Primzahlzwillinge.

Beispiel: *Primzahlzwillinge.* Ein Primzahlzwilling ist ein Paar $[k, k+2]$, $k \in \mathbb{N}$, wobei k und $k+2$ Primzahlen sind. Es ist heute immer noch nicht bekannt, ob es unendlich viele oder nur endlich viele Primzahlzwillinge gibt.

• Wie viele Primzahlzwillinge PZ_{100} bzw. PZ_{1000} gibt es unter den ersten 100, bzw. 1000 Zahlen?[22]

• Stellen Sie die Anzahl der Primzahlzwillinge PZ_{1000} graphisch dar.

• Berechnen Sie die Summe der Reziproken von PZ_{100} und PZ_{1000}.[23]

---

[20] Eine ausführliche Darstellung mit Begründungen findet man auch in HERGET (1985).

[21] 1742 stellte Christian GOLDBACH (1690 – 1764) in einem Brief an EULER die Behauptung auf, dass jede natürliche Zahl größer als 2 als Summe von maximal drei Primzahlen dargestellt werden kann. GOLDBACH zählte damals die Zahl 1 noch zu den Primzahlen. Heute verstehen wir unter der GOLDBACHschen Vermutung, dass sich jede gerade Zahl größer als 2 als Summe zweier nicht notwendig verschiedener Primzahlen darstellen lässt.

[22] Ob eine Zahl n eine Primzahl ist, lässt sich in DERIVE mit „PRIME(n)" testen. Eine Auswahl der Primzahlen erhält man mit „SELECT(PRIME(n),n,2,100). Eine Auflistung der Primzahlzwillinge von 1 bis 100 erhält man mit VECTOR(IF(PRIME(k) AND PRIME(k+2), [k, k+2]), k, 1, 100).

• Suchen Sie nun alle Primzahldrillinge, d. h. alle Tripel [k, $k+2$, $k+4$], $k \in \mathbb{N}$, wobei k und $k+2$ und $k+4$ Primzahlen sind. Begründen Sie die gefundene Anzahl.

Bei diesem Beispiel müssen zunächst Algorithmen zur Berechnung der Anzahl der Primzahlzwillinge gefunden und diese in Tabellenform oder graphisch dargestellt werden. Dann lassen sich Vermutungen über die Häufigkeit der Primzahlzwillinge aufstellen und es kann die Existenz lediglich eines einzigen vorkommenden Primzahldrillings begründet werden. Die folgende Graphik zeigt die Verteilung der Primzahlzwillinge bis $n = 1000$ und die Annäherung durch die Wurzelfunktion $\sqrt{1,2 \cdot x}$.[24]

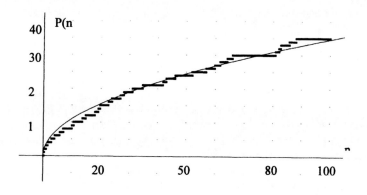

Das 3n+1-Problem (vgl. GLASER u. WEIGAND 1989)

Das Ulam- oder „$3n+1$"-Problem ist eine weitere bis heute unbewiesene zahlentheoretische Vermutung. Ausgehend von einer natürlichen Zahl a und der Funktion f: $\mathbb{N} \rightarrow \mathbb{N}$ mit

$$f(n) = \begin{cases} \dfrac{n}{2} & \textit{für n gerade} \\ 3n+1 & \textit{für n ungerade} \end{cases}$$

---

[23] 1919 hat BRUN gezeigt, dass die Summe der Reziproken der Primzahlen gegen die Zahl 1,9021... konvergiert, die sog. BRUNSCHE Konstante.
Vgl. etwa http://primes.utm.edu/glossary/page.php/TwinPrime.html.

[24] Die Anzahl der Primzahlzwillinge lässt sich durch die folgende DERIVE-Funktion berechnen: $PZ(n) := \sum_{k=1}^{n}$ IF(Prime k $\wedge$ Prime $k+2$), 1,0).

wird eine Folge natürlicher Zahlen gebildet, indem die Funktion f auf a angewandt wird, dann auf $f(a)$, usw. Wir erhalten somit eine Folge f_a: a, $f(a)$, $f(f(a))$, ... Sobald in der Folge die Zahl 1 auftritt, bricht man die Berechnung ab.[25]

Beispiele: $a = 3$;   3, 10, 5, 16, 8, 4, 2, 1;

   $a = 4$;   4, 2, 1;

   $a = 6$;   6, 3, 10, 5, 16, 8, 4, 2, 1;

   $a = 7$;   7, 22, 11, 34, 17, 52, 26, 13, 40, 20, 10, 5, 16, 8, 4, 2, 1;

   ..... .

Das Ulam-Problem beinhaltet die bis heute unbewiesene Vermutung, dass für jede natürliche Startzahl a die Folge f_a bei 1 endet. Bereits aus einer Auflistung der Folgen f_a für die ersten 20 oder 30 Startzahlen ergeben sich zahlreiche Fragestellungen:[26]

* Wie viele Glieder enthält eine Folge f_a?
* Welches ist das Maximum der Folge f_a?
* Tritt in jeder Folge f_a eine Zweierpotenz auf?
* Welches ist die größte auftretende Zweierpotenz?
* Warum erhält man als maximale Zweierpotenzen 16, 64, 256, ... , während die Zahlen 4, 8, 32, 128, ... nur dann als maximale Zweierpotenzen auftreten, wenn die Startzahl mit einer dieser Zahlen übereinstimmt?
* Welche benachbarten Startzahlen besitzen gleiche Schrittzahlen? Kann man das den benachbarten Zahlen selbst bereits ansehen?
* Warum tritt das Maximum 9232 so häufig auf?

Diese Fragestellungen können Ausgangspunkte für kleinere Forschungsprojekte sein, wobei der Rechner eine Hilfe zur *Darstellung der Folgen* und zur *Überprüfung von Vermutungen* ist. Im Rahmen dieser Problemstellungen finden sich viele Teilprobleme, an denen zentrale mathematische Tätigkeiten wie Argumentieren, Begründen, Experimentieren, Vermuten und Überprüfen geschult und entwickelt werden können. Weitere kreative Überlegungen lassen sich durch Veränderung des Terms „3n+1" bei obiger Funktion f anstellen, etwa durch „4n+1" oder „3n+3".

---

[25] Denn sobald die 1 erstmals erreicht ist, ergibt sich der Zykel ...,1, 4, 2, 1, 4, 2, 1,....
[26] Ulam(a): = IF(EVEN?(a), FLOOR(a, 2), 3·n + 1) und Ulam_Folge(n): = ITERATES (IF(a >1, Ulam(a), a), a, n, 20)
  liefern die ersten Glieder der Ulam-Folge mit dem Startwert n, wobei evtl. die Zahl 20 in dem zweiten Befehl noch erhöht werden muss.

Der Rechnereinsatz beim Entdecken

Mathematisches Entdecken ist ein komplexer und algorithmisch nicht beschreibbarer Prozess. Es gab viele Ansätze zur Beschreibung von „Entdeckungskreisläufen" oder „Kreativitätsspiralen" (etwa POLYA 1995[4], SCHOENFELD 1985). In idealtypischer Weise lässt sich das Entdecken als das Durchlaufen einer Folge verschiedener mathematischer Arbeitsweisen oder Aktivitäten beschreiben (siehe die folgende Graphik).

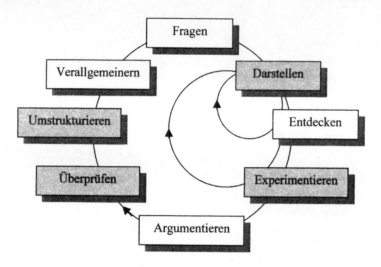

Dabei können „Kleinkreise" (wie etwa „Fragen – Darstellen – Entdecken" oder „Fragen – Darstellen – Entdecken – Experimentieren") u. U. doppelt oder mehrmals durchlaufen werden. Bei den dunkelschraffierten Feldern kann der Rechner unterstützend helfen, wohingegen beim Fragen, Entdecken, Argumentieren und Verallgemeinern der Lernende gefordert ist. Hier benötigt er mathematisches Wissen und Kenntnisse über Problemlösestrategien, mathematische Intuition und eine Sensibilität für mathematische Probleme und Ziele.

Dieser Kreislauf des Entdeckens lässt sich gut am Beispiel des Arbeitens mit Fakultäten konkretisieren. Ausgehend von der *Frage* nach dem „wahren Aussehen" der Fakultätszahlen, liefert die *Darstellung* auf dem Rechner die *Entdeckung* der Endnullen und das *Experimentieren* mit dem Computer liefert Vermutungen über deren Anzahl. Die Analyse einer größeren Zahl von Einzelbeispielen führt zum *Argumentieren* über beobachtete oder vermutete Gesetzmäßigkeiten und wiederum zum *Überprüfen* dieser Eigenschaften. Evtl. ist es zum Gewinnen von neuen Einsichten sinnvoll, die Darstellung *umzustrukturieren,* um daraus eine *Verallgemeinerung* zu erreichen. Das konkrete Vorgehen bei dieser Problemlösung ist somit am induktiven Handeln orientiert, indem zunächst Hypothesen generiert werden, deren Richtigkeit durch das Überprüfen an Einzelfällen stets wahrscheinlicher wird.

Welche Bedeutung besitzt der Computer bei diesem Entdeckungsprozess?

- Der Computer ist ein *Hilfsmittel zur Erzeugung der Darstellungen* von Zahlen. Erst dadurch wird es möglich, dass Lernende Muster und Zusammenhänge entdecken, vermuteten Regelmäßigkeiten nachgehen und Unterschiede herausstellen können.
- Der Rechner ist ein Werkzeug zur schnellen Durchführung von Algorithmen und damit *ein Werkzeug zum Überprüfen von Vermutungen*. So lässt sich eine Vielzahl von Beispielen testen und prüfen, und es können Fragestellungen insofern schnell beantwortet werden, als der Rechner dem Lernenden die kalkülhaften – im Prinzip einfachen – Berechnungen abnimmt und es erlaubt, dass er seine Konzentration auf die zu untersuchenden Zusammenhänge richtet.

Der Computer könnte also als ein Beschleuniger des Entdeckungsprozesses angesehen werden, der durch seine Geschwindigkeit der Rückmeldung ein effektives experimentelles Arbeiten ermöglicht. Allerdings darf in diesem Zusammenhang auch die Gefahr nicht übersehen werden, dass der Lernende in einen Handlungsaktivismus und unreflektiertes „Versuch-und-Irrtum-Verhalten" verfallen kann. Deshalb muss das Arbeiten am Rechner „entschleunigt" werden, indem der durch das Werkzeug hervorgerufene Zeitdruck weggenommen wird. Lernende müssen durch entsprechende Fragen oder Probleme dazu angehalten werden, über das Dargestellte nachzudenken, darüber zu Argumentieren und Aktivitäten auch neben dem Computer durchzuführen.

Irrationale Zahlen

Der Übergang von den rationalen zu den reellen Zahlen kann durch verschiedene Problemstellungen angeregt werden: Das „Auffüllen" der Zahlengeraden, die Längenbestimmung der Diagonalen im Quadrat oder im regelmäßigen Fünfeck, die Lösung der Gleichung $x^2 - 2 = 0$ oder die Suche nach einer Zahl x mit $x^2 = 2$. Der Name der Zahl – $\sqrt{2}$ – ist zunächst nichts anderes als ein Etikett oder eine Schreibfigur und sagt noch nichts über die Eigenschaften der Zahl aus. Eine Abschätzung der Größenordnung ist aber bereits mit dem Taschenrechner möglich, wobei die Quadrate der Taschenrechnerzahlen mit zunehmender Stellenzahl sukzessive mit 2 verglichen werden:

$$1{,}4 < \sqrt{2} < 1{,}5$$
$$1{,}41 < \sqrt{2} < 1{,}42$$
$$1{,}414 < \sqrt{2} < 1{,}415$$
$$\ldots$$

Ein anderes Verfahren verwendet die Intervallhalbierung, bei dem jeweils die Mitte M des zuletzt verwendeten Intervalls daraufhin überprüft wird, ob $M^2 > 2$ oder $M^2 < 2$.

In diesem Zusammenhang sollte auch die Frage angesprochen werden, wie ein Taschenrechner die Dezimalbruchdarstellung von $\sqrt{2}$, $\sqrt{3}$ oder $\sqrt{12375}$ berechnet oder berechnen könnte. Eine Möglichkeit für eine effiziente Berechnung ist der Heron-Algorithmus, der zudem den Vorteil einer einprägsamen geometrischen Veranschaulichung besitzt. Wir interpretieren die Zahl N, deren Quadratwurzel wir suchen, als den Flächeninhalt eines Rechtecks R_1 mit den beiden Seitenlängen

$$x_1 \text{ (beliebig) und } b_1 = \frac{N}{x_1}.$$

Wir suchen nun ein Quadrat der Seitenlänge s, das denselben Flächeninhalt wie R_1 hat. Das Vorgehen ist folgendermaßen: Als neue Seitenlänge x_2 nehmen wir den Mittelwert zwischen x_1 und b_1, also

$$x_2 = \frac{1}{2}\left(x_1 + \frac{N}{x_1} \right)$$

und erhalten ein zu R_1 flächengleiches Rechteck R_2 mit den Seitenlängen

$$x_2 \text{ und } b_2 = \frac{N}{x_2}.$$

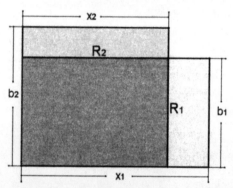

Setzt man dieses Verfahren fort, so erhält man als allgemeine Rekursionsformel für die Seitenlängen:

$$x_{n+1} = \frac{1}{2}\left(x_n + \frac{N}{x_n} \right) \text{ und } b_{n+1} = \frac{N}{x_{n+1}}.$$

Die folgende Tabelle zeigt diese Berechnung für $N = 2$, beginnend bei den Startwerten $x_1 = 1$ und $b_1 = 2$.

	A	B	C	D
1				
2		Das Heronverfahren zu Wurzel(2)		
3				
4				
5	Flächeninhalt = 2		Startwert = 1	
6				
7	Seitenlängen	x_k	b	abs(Wurzel(2) - x_k)
8	1	1,00000000000000	2,00000000000000	0,41421356237310
9	2	1,50000000000000	1,33333333333333	0,08578643762690
10	3	1,41666666666667	1,41176470588235	0,00245310429357
11	4	1,41421568627451	1,41421143847487	0,00000212390141
12	5	1,41421356237469	1,41421356237150	0,00000000000159
13	6	1,41421356237309	1,41421356237310	0,00000000000000
14	7	1,41421356237309	1,41421356237310	0,00000000000000
15	8	1,41421356237309	1,41421356237310	0,00000000000000
16				

Bei diesem Verfahren ist auffällig, dass es – etwa im Vergleich zu obigem Intervallhalbierungsverfahren – bereits nach wenigen Schritten einen stabilen Zustand erreicht. Mit jedem Schritt wird die Anzahl der exakten Nachkommastellen verdoppelt, es ist quadratisch konvergent. Während beim Taschenrechnereinsatz die numerischen Berechnungen vereinfacht werden, ist es beim Einsatz eines TKP darüber hinaus in einfacher Weise möglich, die Ausgangszahl N zu verändern und alle davon abhängigen Berechnungen werden sofort an N angepasst.

1.3 Bedeutung für den zukünftigen Mathematikunterricht

Bei den Aktivitäten im Umfeld der Zahlen soll der Rechnereinsatz das Verständnis des Zahlbegriffs fördern und das Entdecken mathematischer Gesetzmäßigkeiten und Muster unterstützen oder gar erst ermöglichen. Der Unterricht sollte sich dabei an den im 3. Kapitel herausgestellten Leitlinien orientieren.

- Der Rechner dient als *Werkzeug zum Erzeugen von Darstellungen* von Zahlen, die sonst nur äußerst mühsam oder gar nicht zu erhalten sind und deshalb in der Vergangenheit im Mathematikunterricht nicht oder kaum verwendet wurden. Beispiele sind die obige Langzahldarstellung der Fakultätszahlen, das explizite Aufnotieren der Dezimalbruchentwicklungen mit längeren Nachkommastellen, Kettenbrüche oder Primfaktorzerlegungen.
- Der Rechner ist ein Hochgeschwindigkeitswerkzeug zum *Durchführen arithmetischer und algebraischer Berechnungen,* wodurch er zu einem *Hilfsmittel beim Entdecken* neuer Eigenschaften im Rahmen der Leitlinie „Lernen, Fragen zu stellen" wird. Dies zeigt sich etwa bei der Faktorzerlegung natürlicher Zahlen, beim Euklidischen- und beim Heron-Algorithmus.
- Der Rechner wird zu einem *Hilfsmittel zum Überprüfen von Ergebnissen,* etwa bei den vollkommenen Zahlen, den Fakultätszahlen oder den Ulam-Zahlen.

- Schließlich ist er ein *mathematisches Werkzeug*, um zu mathematischen Inhalten vorzustoßen, die sonst im Unterricht nicht oder kaum behandelt werden können. Dabei muss es ein zentrales Ziel sein, dass der Schüler lernt, die richtige Auswahl des adäquaten Werkzeugs selbst zu treffen. Er soll die *Entscheidungsfähigkeit* erwerben, das Werkzeug – also Kopfrechnen, Papier und Bleistift, Taschenrechner, Graphischer Taschenrechner, Tabellenkalkulation, Computeralgebrasystem – problemadäquat selbst auszuwählen.

Auch wenn die Verwendung des arithmetischen Taschenrechners mittlerweile zumindest in der Sekundarstufe I obligatorisch ist, so kann und darf das aber nicht heißen, dass der Rechner nun immer und überall eingesetzt wird. Für den Rechnereinsatz sollten vor allem zwei Leitlinien verfolgt werden.

- Berechnungen einfacheren Schwierigkeitsgrades müssen auch schriftlich mit Papier und Bleistift ausgeführt werden können. Man benötigt also nach wie vor *handwerkliche Rechenfertigkeiten*. Was hier unter „einfacher" verstanden wir, lässt sich nicht allgemein beschreiben, sondern ist von den Inhalten, der Zielgruppe und den angestrebten Zielen abhängig. Diese Berechnungen sollten aber insofern „exemplarisch" oder „paradigmatisch" sein, als sich darin der allgemeine Fall widerspiegeln soll. Beispiele sind etwa eine schriftliche Multiplikation zwei- und dreistelliger Zahlen, an der sich das Verfahren für längere Faktoren bereits prinzipiell zeigt.

- Zur Kontrolle von Ergebnissen sind *Fähigkeiten des Testens und Überprüfens* erforderlich, die sowohl das Durchführen von Überschlagsrechnungen, Abschätzen und Runden, als auch das Wissen um den Einsatz des Rechners als Testinstrument erfordern.

Wenn diese beiden Fertigkeiten und Fähigkeiten im Unterricht konsequent entwickelt werden, dann ist nichts gegen einen frühzeitigen Rechnereinsatz im Unterricht einzuwenden.

2 Terme

2.1 Eine traditionelle Klassenarbeit

Die folgende Aufgabe stammt aus einer Klassenarbeit einer 8. Klasse eines bayerischen Gymnasiums:

Beispiel: Vereinfache $\dfrac{k^2 - m^2}{2m^2} + \dfrac{k}{m} + 1$.

Diese Aufgabe sollte mit Papier und Bleistift gelöst werden und vom Lehrer wurde der Ausdruck

$$\frac{(k+m)^2}{2m^2}$$

als Ergebnis erwartet. Welche der für dieses traditionelle Lösen notwendigen Fähigkeiten werden auch dann noch benötigt bzw. nicht mehr benötigt, wenn ein *Computer als Hilfsmittel* verwendet werden darf. Macht eine derartige Aufgabe dann überhaupt noch Sinn? Beim Arbeiten mit einem CAS erhält man durch das Verwenden verschiedener Befehle unterschiedliche Ergebnisse, etwa

$$\frac{k^2 + 2km + m^2}{2m^2}, \quad \frac{k^2}{2m^2} + \frac{k}{m} + \frac{1}{2}, \quad \frac{(k+m)^2}{2m^2} \quad \text{oder} \quad \frac{0.5(k+m)^2}{m^2}.\ ^{27}$$

Welcher Term nun „einfacher" ist, lässt sich nicht unabhängig vom Kontext entscheiden, in den der Term eingebunden ist.

Bereits aus dieser Aufgabe lassen sich eine ganze Reihe von Fähigkeiten und Fertigkeiten erkennen, die für das Termumformen mit einem CAS benötigt werden. Zunächst muss der Term richtig in das System übertragen werden, wobei es sinnvoll und wichtig ist, einen Term in *Teilterme zu zerlegen* und diese sukzessive in den Rechner einzugeben. Das System kontrolliert dann die syntaktische Korrektheit dieser Teilterme. Das setzt allerdings die Fähigkeit voraus, den Gesamtterm in Teilterme zergliedern zu können. Dann müssen vom Benutzer problemadäquate Umformungsbefehle ausgewählt werden und bei ihm bleibt auch die Entscheidung, ob das erhaltene Ergebnis weiter umgeformt werden soll oder kann. Für ein zielgerichtetes Handeln bedarf es hierzu der Kenntnis algebraischer Formeln – wie etwa der Binomischen Formeln bei obigem Beispiel – oder zumindest Vorstellungen über mögliche Umformungen.

Eine andere Frage ist es, ob das Verwenden eines CAS in Klassenarbeiten im Zusammenhang mit Termumformungen überhaupt sinnvoll ist? Die Antwort auf

---

[27] In DERIVE wurden die Befehle „Vereinfachen-Algebraisch", „Vereinfachen - Multiplizieren", „Vereinfachen - Faktorisieren" und „Vereinfachen - Approximieren" verwendet.

diese Frage hängt wieder von den Zielen des Unterrichts, der Zielgruppe, dem Kontext, den Lerninhalten der Stunde und des gesamten Lehrgangs sowie vom angestrebten Verständnisniveau ab.

Im Folgenden sollen Möglichkeiten aufgezeigt und diskutiert werden, die der Rechnereinsatz beim Verständnis des Variablen- und Termbegriffs eröffnet. Gerade im Hinblick auf die Behandlung von Termumformungen erscheint uns dabei eine Bemerkung FREUDENTHALS – bereits aus dem Jahr 1973 – auch heute noch bedenkenswert zu sein:

„Wenn unser Unterricht heute darin besteht, dass wir Kindern Dinge eintrichtern, die in einem oder zwei Jahrzehnten besser von Rechenmaschinen erledigt werden, beschwören wir Katastrophen herauf."

2.2   Syntax und Semantik bei Termen

Terme haben einen *semantischen* und einen *syntaktischen* Aspekt. Bei der *Semantik* geht es um die inhaltliche Bedeutung des Ausdrucks. Terme stehen dann für Zahlen oder Größen, wenn für vorkommende Variable Zahlen oder Größen eingesetzt werden. Ferner geht es um numerische und graphische Darstellungen von Termen und das Erkennen von Eigenschaften aus diesen Darstellungen. Beim *syntaktischen Aspekt* geht es um den formalen Aufbau der Rechenausdrücke nach bestimmten Regeln und das Umformen dieser Ausdrücke.[28] Die Gesamtheit dieser Fähigkeiten und Fertigkeiten zum zielgerichteten Umgang mit Termen bezeichnen wir als *Kalkülkompetenz*.[29] Dazu gehört die Fähigkeit, Terme – etwa durch Modellierung einer Umweltsituation – aufstellen, umformen und interpretieren zu können. Die Stärke der Mathematik liegt u. a. ja gerade darin, dass Ergebnisse durch schematische oder mechanische Anwendung von Kalkülen und Rechenregeln erhalten werden können, ohne inhaltliche Bezüge stets mitdenken zu müssen. Dazu eignen sich CAS in besonderer Weise. Allerdings sind auch bei ihrer Verwendung für die Auswahl adäquater Rechenverfahren, das Aufstellen, Interpretieren und Lesen von Termen Fähigkeiten erforderlich, die über den rein technischen Umgang mit Symbolen hinausgehen.

Hauptursachen für Fehler im Bereich der Termumformungen liegen in der Trennung von Syntax und Semantik im Mathematikunterricht, wodurch das Buchstabenrechnen für Schüler häufig zu einem – unverstandenen – Spiel mit willkürlichen Regeln wird. Durch die Überbetonung des Formalen kann das inhaltliche

---

[28] Zwei Terme $T_1(x)$ und $T_2(x)$ über einer Menge D heißen äquivalent, wenn sie durch Umformungen aus einer erlaubten Regelmenge ineinander übergeführt werden können (syntaktische Äquivalenz), oder wenn sich für alle $x \in D$ dieselben Werte ergeben (semantische Äquivalenz). Für eine genauere Analyse des Termbegriffs vgl. PICKERT (1969).

[29] In diesem Sinne versteht auch HISCHER (1996) Kalkülkompetenz als die „Fähigkeit eines Individuums, einen gegebenen Kalkül in konkreten Situationen zielgerichtet anwenden zu können" (S. 17).

Denken verloren gehen. Beim Arbeiten mit Termen ist deshalb der Umformungs-kalkül in enger Beziehung zu inhaltlichen Aspekten zu sehen, etwa indem Variable mit bedeutungsvollen Namen verbunden, funktionale Aspekte von Termen oder Formeln durch operatives Durcharbeiten herausgestellt, der Strukturerkennung bei Termen eine größere Bedeutung beigemessen, das Sprechen über Terme und Termumformungen häufiger praktiziert und mit Fehlern konstruktiv umgegangen wird.[30] Damit sind aber Fähigkeiten angesprochen, die auch bei der Verwendung eines CAS im Rahmen von Termumformungen bedeutsam sind. CAS können somit vor allem dazu beitragen, semantische Aspekte bei Termen zu entwickeln und zu schulen.

2.3   Der Rechnereinsatz beim Arbeiten mit Termen

Formelsprache, Buchstaben, Namen und Variable

Buchstaben werden in der Mathematik als *Eigennamen* verwendet, wie etwa für die Zahlen π oder e, oder als *Gattungsnamen*, wie „a sei eine reelle Zahl" oder „g sei eine Gerade". Im zweiten Fall sprechen wir auch von Variablen oder Platzhaltern, die zusammen mit den Zahlen und den Operationszeichen die Bausteine der Formelsprache der Mathematik darstellen. Mit Variablen können unterschiedliche Aspekte oder Vorstellungen verbunden sein (vgl. etwa MALLE 1993 oder SCHORNSTEIN 1993). So kann etwa der Gleichung „$3x + 5 = x - 7$" die Vorstellung zugrunde liegen, dass für die Variable x reelle Zahlen sukzessive eingesetzt werden können, die Variable kann aber auch als eine bestimmte feste (zunächst nicht bekannte) Zahl angesehen werden, oder die Variable kann während des Umformens der Gleichung als ein bedeutungsloses Rechenzeichen angesehen werden.[31] Der Computer kann helfen, diese Variablenaspekte im Mathematikunterricht zu verdeutlichen.

Variable und TKP

TKP können einen Beitrag zum Verständnis des Variablenbegriffs leisten, da der Unterschied zwischen *Variablenname* und *Variablenwert*, d. h. zwischen Zellennamen, wie A1, A2, C4 und Inhalt der Zellen grundlegend für das Arbeiten mit diesem Werkzeug ist. In nebenstehendem Beispiel ist die Zelle B3 mit dem Wert 34,5 der Name „Länge" und

---

[30] Vorschläge und Beispiele hierfür finden sich etwa bei WYNANDS (1991), MALLE (1993), VOLLRATH (1994) oder HEUGL u. a. (1996).

[31] Man spricht hier auch vom *Bereichsaspekt*, *Einzelzahlaspekt* und *Rechenzahlaspekt*.

der Zelle B4 der Name „Breite" zugewiesen. Dadurch lässt die Formel in Zelle B6 mit den bedeutungsvollen Namen „Länge" und „Breite" ausdrücken. Dadurch wird beim Arbeiten mit Formeln die semantische Bedeutung in den Variablennamen ausgedrückt.[32]

Diese Sichtweise wird sich aber nicht von alleine durch den bloßen Umgang mit einem TKP einstellen, sondern muss im Unterricht bewusst aufgebaut und entwickelt werden.[33] Die Beziehung zwischen einzelnen Zellen, also zwischen Variablen bzw. deren Werten lässt sich durch „Zuordnungspfeile" bildlich nachvollziehbar verdeutlichen.[34] Bei obigem Beispiel drückt der „Zuordnungspfeil" aus, dass der Wert der Zelle B6 aus den Werten von B3 und B4 berechnet wird. Modellierungen von Problemstellungen oder Lösungen von Aufgaben lassen sich dadurch übersichtlich und strukturiert darstellen. Das Zuordnen oder Inbeziehungsetzen von Variablen (Zellen) geht dabei über das i. A. im Mathematikunterricht vorherrschende funktionale Denken mit *einer* Variablen hinaus. So ist bei obigem Beispiel die Variable B6 bzw. „Fläche" von den beiden Variablen B3 oder „Länge" und B4 oder „Breite" abhängig.

Variable und CAS

Variable sind zentrale Elemente bei der Mathematisierung von Sachsituation und ihrer formalen Darstellung. Ein wichtiger Zwischenschritt auf dem Weg von der umgangssprachlich formulierten Situation zur Formelsprache ist das Verwenden von Wortformeln wie

„Bruttopreis = Nettopreis + 16 % vom Nettopreis",
die schrittweise in   *„B = N + 16% von N"*
und   *„B = N + 0,16 · N = 1,16 · N"*

übergeführt werden. Die Verwendung eines einzelnen Buchstabens für eine Variable ist unter ökonomischen Gesichtspunkten der Papier- und Bleistiftarbeit zu sehen.

Aufgrund der Möglichkeit des Kopierens von Namen und Formeln können bei TKP und CAS durchaus längere Variablennamen verwendet werden, wodurch der inhaltliche Bezug deutlicher hervortritt.[35] Aufgrund der modularen Sichtweise von Formeln beim Arbeiten mit dem Computer reduziert sich darüber hinaus die Schreibarbeit beim Notieren von Formeln. So lässt sich etwa die Flächeninhalts-

---

[32] In EXCEL erfolgt das Zuweisen der Namen mit den Befehlen "Einfügen - Namen - Erstellen".

[33] Vgl. hierzu WYNANDS (1991, S. 353f) und seine Skepsis dahingehend, dass durch das „Hantieren mit Zahlen" in einem TKP eine adäquate Vorstellung über das Operieren mit bedeutungsvollen Namen entwickelt werden kann.

[34] In Excel geschieht dies durch den Befehl „Extras – Detektiv".

[35] Das Verwenden längerer Variablennamen beim Arbeiten am Computer ist auch insofern wichtig, als aufgrund der Begrenztheit der Bildschirmfläche erläuternde Zeilen schnell aus dem Blickfeld des Benutzers verschwinden können.

formel als „Flächeninhalt_Dreieck(g,h) = $\dfrac{\text{Grundseite} \cdot \text{Höhe}}{2}$" schreiben,[36] und das
weitere Operieren mit diesen Formeln erfolgt dann „nur" noch mit den Funktions-
variablen „Flächeninhalt_Dreieck(7,5)". Die Durchführung der Berechnung ist in
dem Modul verborgen. Schließlich wird der im Mathematikunterricht häufig auf
Zahlen und geometrische Objekte eingeschränkte Variablenbegriff mit Hilfe eines
CAS erweitert, indem jetzt auch Terme, Funktionen oder Gleichungen als Variable betrachtet werden können.

Beispiel: $G1(x) := 3 \cdot x + 4 = -2 \cdot x - 13$

$G2(x) := -x - 5 = 2 \cdot x + 5$

Für $G1(x) + G2(x)$ erhält man: $2 \cdot x - 1 = -8$.

Aufstellen von Termen

Das *Aufstellen von Termen* bedeutet die Übersetzung einer inner- oder außermathematischen Situation in die Sprache der Mathematik, in die Formelsprache oder
die Sprache der Terme. Dies setzt mathematische Kenntnisse voraus. Im Folgenden werden wir häufig Terme als Funktionsterme interpretieren und in Form von
Wertetabellen und Graphen darstellen.

Beispiel: Fußballturnier

Bei einem Fußballturnier mit n Mannschaften spielt „jeder gegen jeden". Wie viele
Spiele *A(n)* werden insgesamt ausgetragen? Berechnen Sie $A(n)$ auf verschiedene Arten!

Bei dieser Aufgabe werden im realen Unterricht aufgrund unterschiedlicher Zähl-
verfahren verschiedene Formeln auftreten, etwa

$$A(\text{n}) = \frac{n^2}{2} - \frac{n}{2}, \; A(\text{n}) = \frac{(n-1) \cdot n}{2}, \; A(\text{n}) = \frac{n^2 - n}{2}, \; A(\text{n}) = \frac{1}{2} \cdot \binom{n}{2},$$

$$A(n+1) = A(n) + n - 1 \text{ mit } A(1) = 0,$$

und schließlich auch falsche Ergebnisse vorkommen. Für den Vergleich dieser
Ergebnisse und das Überprüfen der Formeln im Hinblick auf die Problemstellung
können neben algebraischen Umformungen auch Wertetabellen und Graphen für
$A: n \mapsto A(n)$ herangezogen werden.[37] Der Rechner erleichtert dabei das Erzeugen
dieser Darstellungen.

Beim Aufstellen von Termen hat der Rechner eine dreifache Funktion. Er ist
eine *Wissensbasis*, die Formeln und Regeln bereitstellt, er ist ein *handwerkliches*

---

[36] Sicherlich wird man "später" dann auch Bezeichnungen wie „$A(g,h) = \dfrac{g \cdot h}{2}$" verwenden.

[37] In DERIVE erhält man die Wertetabelle durch den Befehl vector([k,A(k)],k,1,20).

Werkzeug zum Erzeugen von Darstellungen und er ist ein *Kontrollinstrument* im Rahmen eines heuristischen und *experimentellen Arbeitens.* Diese drei Aspekte sollen im Folgenden dargestellt werden.

Der Rechner als Wissensbasis und Formelsammlung

Man könnte angesichts der Leistungsfähigkeit eines CAS der Meinung sein, ein CAS versuche mit Methoden der künstlichen Intelligenz Aufgaben zu lösen, indem mit allgemeinen logischen Techniken Wissen deduktiv erzeugt werde. Ein CAS ist aber „nur" eine Sammlung bereits bekannter Verfahren, die auf das eingegebene Problem angewandt werden (vgl. OBERSCHELP 1996). So „kennt" das System beispielsweise die Formel für die Summe der ersten n natürlichen Zahlen und kann auf Knopfdruck das Ergebnis in allgemeiner Form ausgeben. Das Benutzen der Formelsammlung setzt die Kenntnis der Sprache voraus, die das System versteht. Die Ausgabe der Lösungen erfolgt aber nicht immer in der Form, wie man sie üblicherweise(!) bei Papier- und Bleistiftberechnungen aufschreiben würde. So erhält man mit DERIVE für die Summation bis zur Variablen n:

$$\sum_{k=1}^{n} k = \frac{n(n+1)}{2},$$

dagegen ergibt sich die Summation bis $n - 1$:

$$\sum_{k=1}^{n-1} k = \frac{n^2}{2} - \frac{n}{2}.$$

Schon dieses einfache Beispiel zeigt, dass ohne die Fähigkeit des Lesens und Interpretierens von Termen und der Kenntnis elementarer Umformungsregeln die Benutzung eines CAS nicht möglich ist.

Der Rechner als Hilfsmittel zum Erzeugen von Darstellungen

Der Rechner stellt Möglichkeiten der einfachen Erzeugung von symbolischen, numerischen und graphischen Darstellungen, des Veränderns von und des Wechselns zwischen Darstellungsformen bereit. Es ist die Aufgabe des Lernenden und Benutzers, eine für das jeweilige Problem möglichst adäquate Darstellungsform auszuwählen. Auch hierfür werden mathematische Kenntnisse benötigt. So erfordert das Erzeugen von Wertetabellen oder Graphen mit Hilfe eines TKP etwa die Fähigkeiten, die Tabellendarstellung einer Folge aus einer gegebenen Rekursionsvorschrift zu erhalten oder sinnvolle Definitions- und Wertebereiche für die Darstellung der Folge auszuwählen. Dies zeigt insbesondere, dass beim Arbeiten mit dem Computer syntaktische oder formale Aspekte des Termbegriffs stets zu inhaltlichen und semantischen Aspekten in Beziehung gesehen werden müssen.

Der Rechner als Kontrollinstrument

Beim experimentellen Arbeiten sind *Vermuten, Ausprobieren und Kontrollieren* drei untrennbar miteinander verbundene Tätigkeiten. Der Rechner unterstützt das

heuristische experimentelle Arbeiten in zweifacher Weise. Zum einen entlastet er
den Benutzer von der Durchführung rein algorithmischer Berechnungen und erlaubt ihm die Konzentration auf die Problemstellung und die Struktur der Problemlösung. Zum Zweiten ist der Rechner ein Kontrollinstrument, mit dem Ergebnisse schnell überprüft werden können. So erlaubt der Rechner beim Aufstellen von Termen das schnelle Überprüfen von Sonderfällen, das Einsetzen spe-
zieller Werte, das Erzeugen einer Wertetabelle oder das Experimentieren mit Parametern.

Wie bereits oben angeführt, ist die Trennung von semantischen und syntaktischen Aspekten, von Inhalt und Form, die vielleicht wichtigste Fehlerquelle beim
Umgang mit Termen. Mit Hilfe des Rechners lassen sich verschiedene Darstellungsformen weitgehend parallel auf dem Bildschirm darstellen. Auswirkungen etwa von Parameterveränderung lassen sich in allen Darstellungen verfolgen,
wodurch sich zumindest die Möglichkeit ergibt, verschiedene Darstellungsformen
enger miteinander zu vernetzen. So lassen sich etwa fehlerhafte Termumformungen nicht nur auf der symbolischen, sondern auch auf der numerischen und graphischen Ebene entdecken, indem Ausgangs- und umgeformter Term dargestellt
und verglichen werden.

Terme erkunden

Beim Erkunden von Termen geht es um das Erkennen von Struktur, Eigenschaften, Umformungsmöglichkeiten, Definitions- und Wertebereichen von Termen.

Beispiel: Mit Hilfe der folgenden „HERONschen Formel" kann der Flächeninhalt eines Dreiecks mit den Seitenlängen a, b und c berechnet werden

$$A(a, b, c) = \frac{1}{4}\sqrt{a+b+c} \cdot \sqrt{(a+b-c)\cdot(b+c-a)\cdot(c+a-b)}.$$

Stellen Sie die Wertetabelle auf und zeichnen Sie die Graphen von $A(x, 1, 1)$,
$A(x, x, x)$, $A(x, \sqrt{2}\,x, x)$. Interpretieren Sie die Graphen im Hinblick auf die geometrische Situation!

Zu den häufigsten Fehlern im Bereich der Termumformungen zählen Strukturer-
kennungsfehler, die etwa zum Kürzen von Summanden beim Bruchrechnen oder
zum falschen Auflösen von Gleichungen führen.[38] In vielfacher Weise kann ein
CAS helfen, Strukturerkennung zu schulen.[39] Bereits bei der Eingabe eines Terms
zwingen vom System erkannte Eingabefehler zum Nachdenken und zur Korrektur
der Eingabe. Dann kann durch „Markieren" oder „Hervorheben" von Teilaus-

---

[38] Einen Überblick über verschiedene Schülerfehlern beim Umformen von Termen und
   Gleichungen gibt MALLE (1993, S. 160ff.).
[39] Vgl. hierzu auch HEUGL u. a. (1996, S. 175), die von „Strukturerkennungskompetenz"
   sprechen.

drücken die hierarchische Struktur des Termaufbaus deutlich werden. Beispielsweise lässt sich der Term

$$\frac{(x-5)^2 - 8}{2x - 4}$$

durch die folgenden Strukturblöcke darstellen:

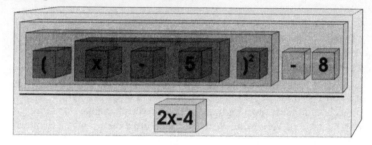

Mit einem CAS kann man durch Knopfdruck von einer Ebene zur anderen „springen",[40] wobei die jeweiligen Teilterme automatisch farblich gefärbt werden:

$$\frac{(x - 5)^2 - 8}{(2 \cdot x - 4)^2} \qquad \frac{(x - 5)^2 - 8}{(2 \cdot x - 4)^2} \qquad \frac{(x - 5)^2 - 8}{(2 \cdot x - 4)^2} \qquad \frac{(x - 5)^2 - 8}{(2 \cdot x - 4)^2} \qquad \frac{(x - 5)^2 - 8}{(2 \cdot x - 4)^2}$$

Eine andere Möglichkeit der bewussten Strukturerkennung ist die sukzessive Entwicklung eines Terms durch Verkettung einzelner Funktionen. So lässt sich etwa $T(x) = 2(x-4)^2 -3$ mit Hilfe von $f_1: x \to x - 4$, $f_2: x \to x^2$, $f_3: x \to 2x$ und $f_4: x \to x - 3$ darstellen: $T(x) = f_4 \circ f_3 \circ f_2 \circ f_1(x)$. Diese sukzessive Verkettung kann zu graphischen Darstellungen in Beziehung gesetzt werden, indem sich der Graph des Terms aus der Ursprungsgeraden mit $y = x$ entwickelt. Im Sinne des operativen Prinzips ist es wichtig, dass Aufbau und Analyse von Termen sowohl „von innen nach außen", als auch ausgehend von fertigen Termen durch Zerlegung der Terme analysiert werden. Dies ist insbesondere beim Verketten von Funktionen und später bei der Kettenregel in der Analysis wichtig. Durch das Einsetzen von Zahlen oder das Zeichnen von Graphen werden Terme zunächst numerisch oder graphisch erkundet. Dadurch wird frühzeitig eine unmittelbare Beziehung zu Funktionen hergestellt und syntaktische sowie semantische Aspekte werden in enger Wechselbeziehung zueinander gesehen.

---

[40] Bei DERIVE erfolgt dies durch „Anklicken" der Teilterme mit der Maus.

Rechnen mit Termen – Termumformungen

Beispiel: Der nebenstehende Kanten-
würfel ist längs jeder Kante aus kleinen
Würfeln zusammengesetzt. Aus wie
vielen kleinen Würfeln besteht ein Kan-
tenwürfel (nennen wir ihn „n-Würfel")
der längs einer Kante aus n kleinen Würfeln zusammengesetzt ist.

• Stellen Sie möglichst viele verschieden Zählterme auf, und zeigen Sie
  die Äquivalenz dieser Terme.

• Wie viele Seitenflächen der kleinen
  Würfel sind beim n-Würfel sichtbar?

• Wie viele Kanten der kleinen Würfel sind beim n-Würfel sichtbar?

Das Ziel von Umformungen ist es, für die jeweilige Problemstellung – etwa beim
Darstellen funktionaler Zusammenhänge oder beim Gleichungs- bzw. Unglei-
chungslösen – übersichtlichere oder „einfachere" Darstellungen zu finden, um
Eigenschaften der Funktionen oder die Lösungsmenge einer Gleichung unmittelbar aus der Termdarstellung erkennen zu können. Das Umformen ist kein deter-
ministischer Algorithmus, sondern es müssen bei jedem Umformungsschritt Strategien des Umformens überlegt werden. Der Prozess des Termumformens lässt
sich in drei Schritte untergliedern.

1. Analyse des Ausgangsterms

Der vorhandene Term wird im Hinblick auf die Problemstellung analysiert und
bewertet.[41] Umformungen erfolgen dann in Richtung einer evtl. auch nur vage
oder sehr allgemein vorhandenen Zielvorstellung.[42] Dieser erste Schritt erfordert
vor allem das Analysieren des Ausgangsterms im Hinblick auf einen Zielterm, es
geht also um das Erkennen der Struktur von Termen und der Beziehung zwischen
diesen Strukturen.

2. Eigentliches Umformen

Während beim Arbeiten mit Papier und Bleistift die Termumformungsregeln explizit – häufig unreflektiert und schematisch – angewandt werden, reduziert sich

---

[41] Im Mathematikunterricht wird dem Lernenden diese Entscheidung häufig bereits durch
die Aufforderung „Forme um" oder „Vereinfache" abgenommen.

[42] Beispielsweise: Es sollen alle Unbekannten zusammengefasst werden, oder es wird
eine Darstellung mit möglichst kleinem Nenner oder mit nur einem Bruchstrich gesucht.

die Tätigkeit bei der Verwendung eines CAS auf die Auswahl der Befehle. Damit erhält dieser 2. Schritt eine andere Bedeutung: Während beim traditionellen Arbeiten bei jedem Schritt das (Teil-)Ziel stets mitbedacht und danach die Umformungsregeln ausgewählt und durchgeführt werden müssen, ist diese Entscheidung beim Arbeiten mit einem CAS „nur" für den Startterm im Hinblick auf ein gewünschtes Ziel zu treffen. Diese Entscheidung setzt aber zumindest die Fähigkeit eines prinzipiellen oder grundlegenden Wissens der Wirkungsweise von Befehlen wie „Ausklammern" oder „Multiplizieren" voraus.

3. Überprüfen des erhaltenen Terms

Beim traditionellen Arbeiten findet das Überprüfen oder Vergleichen von Termen im Hinblick auf die Zielvorstellung bei jedem Teilschritt statt. Bei der Verwendung eines CAS muss vom Lernenden ein Ergebnis beurteilt werden, das er nicht selbst im Sinne eines schrittweisen Umformens produziert hat, sondern von einem System hat produzieren lassen. Das Überprüfen des Ergebnisses setzt deshalb eine hohe Vertrautheit mit dem Erkennen und Beurteilen von Termstrukturen voraus, erfordert also *Kontroll-* oder *Testfähigkeiten.*

Die Frage, welche traditionellen Termumformungsfertigkeiten noch notwendig sind, um für das Arbeiten mit einem CAS ausreichende Fähigkeiten zur Strukturerkennung aufzubauen, ist eine wichtige, aber schwer zu beantwortende Frage. Verschiedene, vor allem im amerikanischen Raum durchgeführte Untersuchungen zeigen (HEID 1988, PALMITER 1991), dass das Entwickeln eines inhaltlichen Verständnisses (conceptual understanding) bei der Computerbenutzung möglich ist, auch wenn vorher das traditionelle Arbeiten mit Papier und Bleistift sehr stark reduziert wurde. Wir vertreten die Meinung, dass das Problem der Reduzierung der Papier-und-Bleistift-Umformungen und die Frage, bis zu welchem Komplexitätsgrad Termumformungen per Hand durchgeführt werden sollten, im Zusammenhang mit der Entwicklung von syntaktischen und semantischen Überlegungen beim Umgang mit einfachen Termen gesehen werden müssen. So sind etwa die grundlegenden Gesetze und Eigenschaften der Verknüpfungen von Zahlen und von Zahlen mit Variablen stärker zu betonen, um eine sichere Argumentationsgrundlage für Termumformungen zu besitzen. Das bedeutet insbesondere, dass elementare Rechenregeln für Zahlen auch verbal beschrieben und anschaulich begründet, sowie die Hierarchie der Rechenoperationen und die Grenzen von Rechenoperationen immer wieder herausgestellt werden müssen.[43] Termumformungen mit *einer* Variablen sollten auch auf der inhaltlichen Ebene (Graphen, Tabellen) veranschaulicht und Termumformungen als eine Folge oder Verkettung von Elementaroperationen analysiert werden.

Bis zu welcher Verständnis- oder Fertigkeitsebene der einzelne Lernende hinsichtlich der Komplexität der Termumformungen vordringt, hängt von vielen Faktoren ab, etwa von der Schulform, den Zielen des Unterrichts oder von der Leistungsfähigkeit des Einzelnen. Dass heute viele Schüler selbst bei relativ ein-

---

[43] Etwa im Hinblick auf die Durchführung der Division oder das Wurzelziehen.

fachen Umformungen versagen, sollte ein Indiz dafür sein, dass das bisher prakti-
zierte komplexe Umformungsüben in der Sekundarstufe I sein Ziel verfehlt hat.
Wiederum können neue Technologien ein Katalysator dafür sein, schon lange
eingeforderte Ziele des Unterrichts erneut anzugehen.

Terme vereinfachen

Das Vereinfachen von Termen ist ein Spezialfall des Umformens von Termen.

Beispiel: Welcher Term hat die einfach-
ste Struktur?

a) $T_a(x) = 6x^2 + 5x - 4$;

b) $T_b(x) = (2x - 1)(3x + 4)$;

c) $T_c(x) = 6(x - \dfrac{1}{2})(x + \dfrac{4}{3})$;

d) $T_d(x) = 6\left(x + \dfrac{5}{12}\right)^2 - \dfrac{121}{24}$;

e) $T_e(x) = 6(x+0{,}42)^2 - 5.04$;

f) $T_f(x) = x(6x + 5) - 4$.

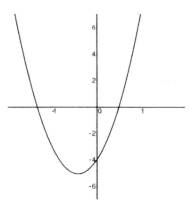

Eine Antwort auf diese Frage kann nicht in allgemeiner Form, sondern nur unter
Berücksichtigung der Problemstellung gegeben werden, in die diese Terme eingebunden sind. Für das Erkennen der Nullstellen sind b) und c) am besten geeignet,
Lage und Form der Parabel lassen sich hinsichtlich Öffnung und Schnittpunkt mit
der *y*-Achse am einfachsten mit a), die Lage des Scheitelpunktes mit d) oder e)
angeben. Für eine effektive computerinterne Berechnung mit möglichst wenig
Multiplikationen ist Lösung f) am günstigsten.[44]
    Bei Termumformungen mit einem CAS ist mit dem Befehl „Vereinfachen" bei
vielen Benutzern i. A. lediglich die Hoffnung auf einen „irgendwie einfacheren"
Term und noch keine Zielvorstellung verbunden, wie bei den Befehlen „Multiplizieren" oder „Ausklammern". Dies kann gelegentlich durchaus konstruktiv und in
heuristischer Weise genutzt werden, indem das Angebot, das ein CAS für Umformungsbefehle bereitstellt, sukzessive durchprobiert wird, wobei wiederum die
Fähigkeit gefordert wird, die erhaltenen Terme in Bezug zum Ausgangsterm beurteilen zu können.

---

[44] In DERIVE hat man die Möglichkeit zwischen "Vereinfachen-Algebraisch", „Vereinfa-
chen-Approximieren", „Vereinfachen-Faktorisieren" zu wählen, wobei es bei dem
letzten Befehl wiederum verschiedene Einstellungen gibt: „Trivial", „Quadratfrei",
„Rational", ...

Termumformungen per Hand und per CAS

Termumformungen in der Mittelstufe sollten vor allem das *bewusste* Nachvollziehen von Umformungen an *einfachen* Beispielen üben. Selbst dann, wenn der Rechner in der Mittelstufe noch nicht eingesetzt wird, macht es wenig Sinn, Aufgaben zu trainieren, die später einmal auf Knopfdruck durch den Rechner gelöst werden, wenn nicht bewusst Lernziele wie etwa das Trainieren oder Üben damit verbunden werden. So liefert ein handschriftlich durchgeführter Algorithmus oder eine Termumformung auch Einsicht in das Rechenverfahren und kann und sollte deshalb im Unterricht auch an komplexeren Beispielen geübt werden. Natürlich stellt sich die Frage, was denn nun *einfache* bzw. *komplexe* Beispiele sind. Bei HERGET u. a. (2000) wird von der bestechend einfachen Idee ausgegangen, den Umgang mit Termen in *elementare* und *zusammengesetzte* Rechenschritte zu unterteilen. Rechenschritte der ersten Art sind die zweiwertigen Verknüpfungen +:[45] $M \times M \mapsto M$, zusammengesetzte Operationen bestehen aus einer Verkettung dieser Elementarverknüpfungen. Dies führt zu der These, dass die *Elementarumformungen per Hand* ausgeführt und die *zusammengesetzten Berechnungen dem CAS* überlassen bleiben können. Diese These mag wohl eine Orientierung sein, führt aber sehr schnell zu skurrilen Einordnungen, wenn das Faktorisieren der Zahl 15 per Hand (oder im Kopf) berechnet werden soll, das Faktorisieren der Zahl 30 aber dem Rechner überlassen bleiben kann. Ferner stellt sich die Frage, ob etwa das Faktorisieren von 611 = 13 · 47 als Elementaroperation per Hand oder im Kopf gekonnt werden sollte.

Ob Schüler eine Termumformung mit Papier und Bleistift beherrschen sollten, lässt sich nicht alleine anhand des Terms entscheiden, sondern muss im Zusammenhang mit den *Zielen* gesehen werden, die mit der geforderten Aktivität einhergehen.[46]

- Wenn das Üben von Rechenregeln, das Zurückführen komplexer Ausdrücke auf einfache Terme oder das Erleben eines effektiven Rechnens Ziele des Unterrichts sind, dann ist das Üben von Termumformungen – auch komplexerer Art – durchaus sinnvoll.

- Wenn Termumformungen als Hilfsmittel zum Gleichungslösen geübt werden sollen, dann ist das Ziel das Lösen von Gleichungen, die im aktuellen und zukünftigen Unterricht per Hand gelöst werden sollen, oder die eine Grundlage für das Verständnis automatischer Berechnung legen.

---

[45] Bzw. „–" oder „·" oder „÷".

[46] Dabei folgen wir der *Pragmatischen Maxime* nach PIERCE (1968), nach der *Bedeutung* und *Sinn* von Begriffen und Zeichen nur durch mögliche Handlungen geklärt werden können, die mit Zeichen (Darstellungen) möglich sind.

Die Frage nach dem Sinn von Termumformungen steht in engem Zusammenhang mit der Frage „Wie viel Termumformung braucht der Mensch". Auch diese lässt sich nur durch eine kritische Analyse des Wortes „brauchen" und damit im Hinblick auf die Zielvorstellung beantworten.

Eine wichtige Fähigkeit ist das *Beschreiben von Termumformungen* „in groben Zügen" (MALLE 1993, S. 203f). Beim Einsatz von CAS wird diese Fähigkeit eine noch größere Bedeutung erlangen, um die auf Knopfdruck erzeugten „Makroschritte" oder „Black Boxes" bei den vom Rechner automatisch durchgeführten Umformungen zu beschreiben. Das Verbalisieren ist eine Möglichkeit, die auf dem Bildschirm nicht angezeigten Schritte nachvollziehen zu können. Ferner kann dadurch der mit hoher Geschwindigkeit ablaufende Prozess der Computerberechnungen und die damit einhergehende schnelle – und häufig oberflächliche – Arbeitsweise des Einzelnen am Computer *entschleunigt* werden (vgl. WEIGAND 2001). Verbalisieren bedeutet dabei auch, Arbeitsweisen in schriftlicher Form festzuhalten, sei es direkt im CAS in Form von Kommentaren oder auch als handschriftlich festgehaltenen Notizen auf Arbeitsblättern. Die Bedeutung von „in groben Zügen" wird sich beim Arbeiten mit einem CAS wandeln. Es bedeutet hier, die unterschiedliche Struktur von Ausgangs- und Zielterm sowie Tätigkeiten in Form von „Ausmultiplizieren", „Ausklammern", „auf einen Bruchstrich bringen", „Zusammenfassen" zu beschreiben. Es erfolgt also eine weitere „Vergröberung" der Ausdrucksweise hin zu einer modularen Beschreibung des Handlungsablaufs.

Kontrolle bei Termumformungen

Beispiel: Vereinfachen Sie den „Monsterterm" $\dfrac{\dfrac{\dfrac{x^2-4}{x-2}+1}{x+3}+3}{8+\dfrac{4x^2-8x}{x}}$. Wie können Sie das

Ergebnis überprüfen?

Unter „Kontrolle bei Termen" mit einem CAS lassen sich höchst verschiedene Tätigkeiten zusammenfassen:

a) *Semantische Kontrolle durch Einzelbeispiele*

Beim Aufstellen von Termen aus Sachsituationen ergeben sich Terme, die im Hinblick auf die Problemstellung zu überprüfen sind. Man wird i. A. einige für die Sachsituation typische Werte überprüfen.

b) *Numerische Kontrolle*

Eine über die Auswahl von Einzelfällen hinausgehende Überprüfung ist das Vergleichen anhand von Wertetabellen.

c) *Graphische Kontrolle*

Das Vergleichen der Graphen
zweier Terme kann Übereinstimmung, vor allem aber das
Nichtübereinstimmen   der
Terme zeigen. In nebenstehender Abbildung "stimmt" der
Graph mit dem "Graphen von
x^2" überein. Genaues Hinsehen
zeigt aber die Lücken bei x_1 =
2 und x_2 = -3. Die Lücke bei
x_3 = 0 bleibt allerdings auch in
der graphischen Darstellung
des Terms verborgen.

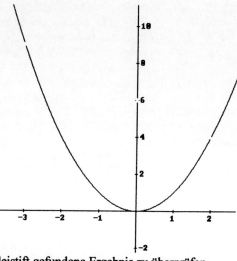

d) *Kontrolle von Hand ge-*
   rechneter Ergebnisse

Der Rechner wird eingesetzt,
um das mit Hilfe von Papier und Bleistift gefundene Ergebnis zu überprüfen.

e) *Schrittweise Kontrolle*

Hier geht es darum, Fehler bei traditionellen Papier- und Bleistiftrechnung zu erkennen, indem die einzelnen Rechenschritte sukzessive mit dem CAS nachvollzogen werden.

f) *„Black-Box"-Kontrolle.*

Um automatische Umformungen nachvollziehen oder verstehen zu können, kann
ein Befehl in Teilbefehle zerlegt und schrittweise ausgeführt werden.

Einzelfallprüfungen, numerische und graphische Kontrollverfahren sind insbesondere dann von Bedeutung, wenn die Nichtäquivalenz von Termen gezeigt
werden soll. Die zentrale Fähigkeit, die bei allen diesen Kontrollverfahren benötigt wird, ist die *Fähigkeit zur Strukturerkennung*, die bei Verwendung eines CAS
eine zentrale Bedeutung erhält. Der Ausbildung dieser Fähigkeit muss beim ver-
ringerten Rechnen mit Papier und Bleistift eine größere Bedeutung beigemessen
werden. Es ist also vermehrt über die Bedeutung von *Strukturerkennungsübungen*
nachzudenken. Mittlerweile gibt es bereits verschiedene Lernprogramme, die sich
gut zu dieser Schulung einsetzen lassen, indem entweder von Hand gerechnete
Ergebnisse kontrolliert oder einzelne Umformungsschritte sukzessive angezeigt
werden (vgl. Kap. VI.).

Das Baustein-Prinzip oder das White-Box-Black-Box-Prinzip

Beispiel: Leiten Sie auf möglichst viele verschiedene Arten die Formel für den Flächeninhalt eines Trapezes her. Geben Sie insbesondere geometrisch anschauliche Begründungen für die Terme

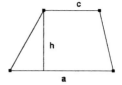

$$\frac{a+c}{2}h, \quad \frac{a}{2}h+\frac{c}{2}h \quad \text{und} \quad \left(\frac{a}{2}+\frac{c}{2}\right)h.$$

Benutzen Sie dann den „Baustein"

$$A(a, c, h) = \frac{a+c}{2}\cdot h$$

um möglichst viele Formeln für Sonderfälle, etwa für $a = c$ oder $c = 0$ aufzustellen.

Im täglichen Leben sind wir daran gewöhnt, Dinge auf Knopfdruck zu erledigen oder erledigen zu lassen. Da öffnet oder schließt sich das Garagentor, der Scheibenwischer wird in Bewegung gesetzt oder die Heizung wird an oder ausgeschaltet. Hinter jedem einzelnen Vorgang steht eine ganze Reihe von Einzelvorgängen, indem sich Räder drehen, Stangen Kraft übertragen oder Zündfunken erzeugt werden. Im allgemeinen reicht es dabei für den Benutzer aus, die Wirkung des Automatismus zu kennen und entscheiden zu können, ob dieser in Gang gesetzt werden kann bzw. soll oder nicht. Nur im Falle einer Störung ist es hilfreich und notwendig, mehr über das dahinter stehende Prinzip zu wissen. Dieses „Knopfdruck-Prinzip" gibt es auch in der Mathematik. Das „Drücken eines Knopfes" bedeutet hier das Verwenden eines Begriffs, eines Satzes oder das Anwenden eines Algorithmus. Statt von „Knopfdruck" sprechen wir dann eher von einem Modul, einer Prozedur oder einem Baustein. Ein Baustein ist eine Lösungsformel (etwa für quadratische Gleichungen), ein Satz (wie der „Umfangswinkelsatz"), oder ein Algorithmus (wie etwa der Heron-Algorithmus).

Durch die Verfügbarkeit von Computern erlangt *das Bausteinprinzip* eine neue Dimension. Jetzt lassen sich auch in der Mathematik „per Knopfdruck" Handlungen durchführen, und es stellt sich die Frage, inwieweit der Benutzer „hinter den Knopf" schauen können sollte. Im Vergleich zu den technischen Automatismen im täglichen Leben unterscheidet sich die Mathematik dadurch, dass sie ein Gebiet ist, das zumindest den Anspruch erhebt, jeden Einzelschritt auch begründen zu können. Allerdings sind Zweifel angebracht, ob denn dieses Ziel im traditionellen Unterricht erreicht wurde, ob dort nicht häufig nach einer nur sehr kurzen Erklärungsphase Formeln und Aufgaben weitgehend kalkülhaft geübt und unverstanden als „Black-Boxes" angewandt wurden und werden.

Im Zusammenhang mit CAS hat BUCHBERGER (vgl. HEUGL u. a. 1996, 176ff) das Bausteinprinzip in Form des „*White-Box-Black-Box-Prinzips*" didaktisch ausgestaltet. Ein neuer Begriff oder ein neues Verfahren soll danach zunächst per

Hand ohne Hilfe eines Rechners ausgeführt und erklärt werden. Hier geht es um das Entwickeln von Verständnis (White-Box-Phase). Das verstandene und in verschiedenen Formen geübte Konzept wird dann in einer „Black-Box" angewendet. Dabei kann es durchaus zu einer Hierarchie oder einer Rekursivität des Arbeitens mit mehreren „Black-Boxes" kommen, indem in ein höherwertiges Konzept verschiedene andere Teilkonzepte in Black-Box-Form eingebunden sind. LEHMANN (1999, 2002) hat einen umfassenden unterrichtspraktischen Vorschlag für eine derartige „Bausteinstruktur" im Mathematikunterricht entwickelt, indem er Bausteine für Funktionen, für die Berechnung von Flächeninhalten oder algebraische Formeln verwendet. Für ihn bietet die Verwendung von Bausteinen die Möglichkeit, dass sich Lernende auf das Wesentliche einer jeweiligen Problemstellung konzentrieren können und nicht von kalkülhaften (Neben-)Rechnungen abgelenkt werden. Dadurch wird es auch möglich, Probleme offener zu stellen und einen Schritt zu einer neuen Unterrichtskultur zu tun. Allerdings besteht auch die Gefahr, dass durch eine häufige Benutzung von Bausteinen das Verständnis der Teilmodule beim Benutzer verloren geht.

Das „*White-Box-Black-Box-Prinzip*" kann auch in ein „*Black-Box-White-Box-Prinzip*" umgekehrt werden. Hierbei wendet der Lernende zunächst für ihn unbekannte Befehle eines CAS an (Black-Box), etwa den Befehl „Lösen eines Gleichungssystems" oder „Regressionskurve", um anschließend diese Black-Box zu einer „White Box" aufzuhellen. Der Übergang von einer „Black-Box" zu einer „White-Box" kann durchaus sukzessive oder schrittweise erfolgen. LEHMANN (1998) führt hierfür noch eine „Grey-Box" ein, die unterschiedlich dunkel gefärbt sein kann und so den didaktisch-methodischen Handlungsspielraum verdeutlicht.

Das „Black-Box-White-Box-Prinzip" hat KUTZLER (1995) in eine „Gerüst-Didaktik" integriert. Der Lernende kann mit Hilfe eines CAS Fertigkeiten auf Knopfdruck ausführen, die er im Einzelnen selbst nicht oder nicht mehr beherrscht, die er aber für weiterführende Konzepte benötigt. Ein CAS wird zu einem Gerüst, auf dem obere Stockwerke des Hauses der Mathematik aufgebaut werden, obwohl darunter liegende Stockwerke noch nicht ausgebaut sind. Beispiele sind Algorithmen zum Wurzelziehen, Nullstellenbestimmen und Lösen von Extremwertproblemen oder Gleichungssystemen.

Schließlich haben MAASS und SCHLÖGLMANN (1994) verschiedene Möglichkeiten vorgeschlagen, wie „Black-Boxes" explizit zum Gegenstand des Mathematikunterrichts gemacht werden können. Sie verwenden Computerspiele zu Wirtschaftssimulationen, bei denen der „hierarchische Aufbau so tief gestaffelt (ist), dass ein durchgehendes Verständnis nicht mehr möglich ist" (S. 130). Sie sehen aber in graphischen, numerischen und symbolischen Computerdarstellungen völlig neue Chancen und Möglichkeiten, Einsichten in „Black-Boxes" zu geben.

Die Kritik am „Black-Box-White-Box-Prinzip" (DRIJVERS 1995, PESCHEK 1999) stellt zum einen die zu einfache Sichtweise dieses Prinzips heraus, indem von deren Protagonisten suggeriert wird, man könne Mathematiklernen in zwei Phasen (Black and White) unterteilen. Sie weist zudem auf die Gefahr hin, dass dieses Prinzip zu der Meinung verleiten könnte, dass sich der Unterricht durch den Einsatz eines CAS nicht wesentlich ändert, dass es lediglich zur Ausführung einiger Algorithmen auf Knopfdruck komme, die vorher per Hand ausgeführt wurden. So werde insbesondere übersehen, dass jedes Werkzeug auch eine Rückwirkung auf die Tätigkeit habe, zu der es geschaffen wurde.

Diese Kritik ist sicherlich berechtigt und deutet darauf hin, dass Lernen differenzierter als in Form einer „Zwei-Schachtel-Einteilung" gesehen werden muss. So können bereits in sog. „White-Box-Phasen" auch „Black-Boxes" eingesetzt werden. Beispiele sind etwa das automatische Berechnen von Quadratwurzeln beim Zugang zu diesem Begriff oder das Verwenden der Zahl π bei Kreisberechnungen zu Beginn der Sekundarstufe I. Im Allgemeinen kommt es zu einer Hierarchie von Moduln oder „Black-Boxes" im Unterricht, wobei verschiedene Qualitäten von Moduln zu unterscheiden sind, etwa vom Schüler erstellte Module, vom Lehrer erzeugte und dem Schüler zur Verfügung gestellte sowie durch das System bereit gestellte Module.

2.4   Auswirkungen auf die Begriffsbildung

Der Umgang mit dem Termbegriff wird sich im Mathematikunterricht beim Rechnereinsatz sowohl unter semantischen als auch syntaktischen Gesichtspunkten ändern. Die *semantischen* Veränderungen betreffen zum einen die stärkere inhaltliche Verankerung von Termen und Formeln, also das Aufzeigen von Beziehungen zu inner- und außermathematischen Anwendungssituationen. Zum Zweiten werden Terme stärker als Funktionsterme betrachtet und numerisch und graphisch dargestellt. Zum Dritten wird die Möglichkeiten des experimentellen Arbeitens und der damit verbundenen Variation der Parameter das explizite Anwenden des operativen Prinzips beim Umgang mit Termen ermöglichen. Der *syntaktische* Aspekt betrifft vor allem das Auslagern der Regeln zur Termumformung und das Reduzieren der eigenständigen Durchführung von Termumformungen. Dadurch wird das Erkennen von Termaufbau und Termstrukturen von zentraler Bedeutung.

Beide Aspekte stehen in Wechselbeziehung zueinander. Indem Termumformungen automatisch durchgeführt werden, kann sich der Lernende auf das Interpretieren der Terme, das Erkennen von Mustern und Besonderheiten in verschiedenen Darstellungsformen konzentrieren. Es stehen nicht mehr Ausrechnen oder Umformen der Terme, also kalkülhafte handwerkliche Fähigkeit oder Fertigkeiten im Vordergrund, sondern das Aufstellen der Terme, das Erkennen des Termaufbaus vorhandener Terme, sowie das Interpretieren umgeformter Terme werden zentrale Elemente der *Kalkülkompetenz*. Es erfolgt also eine Verschiebung von kalkülhaften Fertigkeiten zu mehr planenden und interpretierenden Fähigkeiten. Dadurch wird das inhaltliche Begriffsverständnis gegenüber dem formalen Begriffsverständnis deutlich gestärkt. Die Forderungen im Zusammenhang mit dem Einsatz eines CAS bei Termumformungen resultieren aber nicht aus dem Vorhandensein des neuen Werkzeugs, sondern es ist umgekehrt so, dass mit Hilfe des Werkzeugs Forderungen erfüllt werden können, die schon häufig im Zusammenhang mit Neuüberlegungen im Mathematikunterricht aufgestellt wurden. Wiederum kann der Computer zu einem Katalysator für eine Verwirklichung traditioneller Ziele werden.

Die Frage, ab wann ein CAS im Mathematikunterricht für das Arbeiten mit Termen eingesetzt werden sollte, ist nicht im Hinblick auf einen Zeitpunkt zu beantworten, sondern sollte von den Inhalten her entschieden werden. So ist ein CAS bereits beim Zugang zum Termbegriff zu Beginn der Sekundarstufe I ein Hilfsmittel und Werkzeug, um mit Hilfe verschiedener Darstellungsformen anschauliche Vorstellungen zu entwickeln. Allerdings sollte stets darauf geachtet werden, dass grundlegende Umformungen auch per Hand geübt werden. Handwerkliches Arbeiten kann insbesondere ein Erleben bedeuten, dass sich komplexe Aufgaben und Probleme bewältigen lassen, indem sie durch Umstrukturieren und Zerlegen in lösbare Einzelprobleme zerlegt werden: „Divide et impera". Der Schüler muss die *Fähigkeit* erwerben, die Entscheidung für das adäquate Werkzeug zu entwickeln, ob etwa Werte „im Kopf" berechnet werden sollen oder ob Taschenrechner, Computer, TKP oder CAS das geeignete Werkzeug darstellt.

3   Funktionen

3.1   Funktionen verstehen

Stufen des Verständnisses

Aufgrund ihrer herausragenden Bedeutung für die Beschreibung von Abhängigkeiten sind Funktionen im gesamten Mathematiklehrgang präsent. Das Lehren des Funktionsbegriffs in der Schule lässt sich nach einem Stufenprinzip verdeutlichen, dessen Ziel es ist, das Verständnis dieses Begriffs sukzessive zu erweitern. Dabei können die verschiedenen Verständnisstufen durch Wissen, Kenntnisse und Fähigkeiten beschrieben werden, die auf den jeweiligen Stufen vorhanden sein sollen (vgl. VOLLRATH 1994).

Auf der Stufe des *intuitiven Begriffsverständnisses* wird der Begriff als Phänomen analysiert, indem Umweltbeispiele, wie etwa Gewicht-Preis- oder Weg-Zeit-Zusammenhänge, oder Funktionen als Pfeildiagramme, Tabellen, Graphen und Terme dargestellt werden.

Beim *inhaltlichen Begriffsverständnis* ist der Begriff ein Träger von Eigenschaften. Hier werden Funktionseigenschaften wie Monotonie, Steigung oder Extrempunkte erkannt und es werden Beziehungen zwischen Eigenschaften und Darstellungen aufgezeigt, etwa bei Proportionalitäten oder quadratischen Funktionen.

Das *integrierte Begriffsverständnis* stellt den Begriff als Teil eines Begriffsnetzes heraus, indem Beziehungen zwischen Eigenschaften, wie etwa zwischen Stei-

gung und Extremwert, und Beziehungen von Funktionen zu anderen Begriffen
wie Abbildung oder Kurve erkannt werden.

Schließlich wird der Begriff beim *strukturellen Begriffsverständnis* als ein
Objekt angesehen, mit dem man operieren kann. So können Funktionen verknüpft, Beziehungen zwischen Verknüpfungen und Darstellungen erkannt sowie
Auswirkungen dieser Verknüpfungen in Termen, Tabellen und Graphen studiert
werden.

Prototypische Funktionen

In der Kognitionspsychologie geht die „Theorie der Prototypen" davon aus, dass
allgemeine Begriffe im menschlichen Gedächtnis in Form von „Prototypen" gespeichert sind (vgl. LAKOFF 1990). Prototypen sind Beispiele für Begriffe, bei
denen Begriffeigenschaften besonders deutlich hervortreten, die das Allgemeine
im Besonderen repräsentieren. Im Zusammenhang mit Funktionen verstehen wir
unter Prototypen markante Repräsentanten einer Funktionenklasse. Bei quadrati-
schen Funktionen denken wir etwa an $y = x^2$, $y = 2 \cdot x^2$, $y = \frac{1}{2} \cdot x^2$ und $y = -x^2$ einschließlich ihrer graphischen Darstellungen sowie das damit verbundene verall-
gemeinerte Wissen, dass etwa bei $y = a \cdot x^2$ „für große a die Parabel schlanker, für
kleine (positive) a die Parabel bauchiger wird", dass „$y = a \cdot x^2$ und $y = -a \cdot x^2$ spie-
gelbildlich zur x-Achse liegen" oder dass die Differenzenfolge von $(n^2)_{n \in \mathbb{N}}$ eine
lineare Funktion (Folge) ist.

Zur Entwicklung von Prototypen kann der Computer entscheidend beitragen,
indem er es erlaubt, die Entfaltung oder das Spektrum der Eigenschaften eines
Prototyps ausführlicher zu studieren und neben den Repräsentanten selbst auch
deren Veränderungen aufgrund ausgeübter Operationen zu veranschaulichen, indem etwa der Übergang von $f(x)$ zu $f(-x)$ oder $-f(x)$ graphisch dargestellt wird.
Der Computer ist somit ein Medium für den *beweglichen operativen Umgang mit
Darstellungen von Prototypen.* Die Entwicklung von Prototypen muss im Mathematikunterricht angeregt, gesteuert, kontrolliert und verbessert werden.

In diesem Kapitel wollen wir zeigen, dass der Computereinsatz das Begriffsverständnis auf allen Verständnisstufen zu unterstützen vermag. Der Aufbau der
einzelnen Abschnitte orientiert sich an Funktionstypen, es soll aber betont werden,
dass es gerade das Ziel beim Computereinsatz ist, im Sinne eines beziehungshalti-
gen Denkens unterschiedliche Funktionstypen miteinander in Beziehung zu setzen
und Gemeinsamkeiten sowie Unterschiede zu erkennen.

3.2   Funktionen erkunden

Geradenscharen

Beim *Zugang* zu linearen Funktionen steht die begriffliche Erarbeitung im Rahmen inner- und außermathematischer Beispiele im Vordergrund. Für eine Atmo-

sphäre der Muße, des Planens und Überlegens beim Anfertigen von Darstellungen sowie für das konstruktive Aufgreifen von Fehlern ist eine intensive Phase des eigenständigen Rechnens und Zeichnens mit Papier und Bleistift unabdingbar. Der Rechnereinsatz kann dann in der *Sicherungs-* und *Vertiefungsphase* fruchtbar werden.

Tabelle und Graph. Stellen Sie die Funktion f mit $f(x) = 2x + 1$ in Tabelle und Graph für $x \in \{-5; -4; ...\}$, $x \in \{-5; -4,5; -4; ...\}$ und $x \in \{-5; -4,9; -4,8; ...\}$, also verschieden fein unterteilte Definitionsbereiche dar.

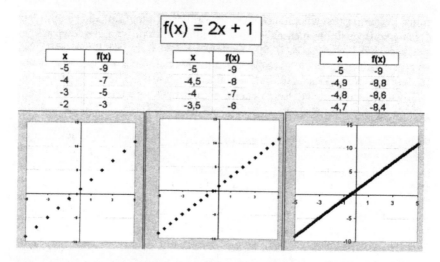

Hier bietet sich das (diskrete) Arbeiten mit einem TKP an. Der mit dem Rechner erzeugte Graph ist dann die unmittelbare graphische Umsetzung der Wertetabelle in einen diskreten Graph. Eine zunehmende Verfeinerung des Definitionsbereichs kann mit einer Begründung für den linearen Verlauf des Graphen zumindest für rationale Werte einhergehen. [47]

Geradenschar. Zeichnen Sie möglichst viele Geraden durch den Punkt P(1;2).

Geradensalat. Nachstehendes linkes Bild zeigt vier sich schneidende Geraden. Erzeugen Sie dieses Bild auf Ihrem Computerbildschirm.

---

[47] In dem sächsischen GTR-Projekt haben GOLDOWSKY u. PRUZINA (1993) das „Verbindendürfen von Punkten" und die Linearität des Graphen bereits *vor* der Verwendung des GTR problematisiert bzw. erarbeitet.

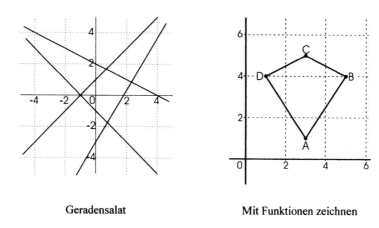

Geradensalat   Mit Funktionen zeichnen

Bilder zeichnen mit Geradenstücken. Zeichnen Sie das davor stehende rechte Bild auf den Bildschirm. Geben Sie die Gleichungen der Geraden an, auf denen die einzelnen Seiten liegen.[48]

Der Rechnereinsatz bietet zum einen die Möglichkeit, das *inhaltliche Begriffsverständnis* zu entwickeln, indem verschiedene Darstellungsformen, insbesondere Gleichung, Tabelle und Graph, weitgehend parallel betrachtet werden können. Wir werden im Folgenden abkürzend von *GTG-Darstellungen* sprechen. Eine zusätzliche Hilfe ist dabei die Interaktivität der Darstellungsformen, da der Lernende unmittelbar Rückmeldungen auf entsprechende Veränderungen von Eingabeparametern erhält. Es gibt zahlreiche empirische Untersuchungen, die die Schwierigkeiten von Schülern beim Lesen von Darstellungen von Funktionen und beim Transfer zwischen verschiedenen Darstellungen zeigen (vgl. etwa MÜLLER-PHILIPP 1994), wobei insbesondere der Transfer zwischen Gleichung und Graph und die inhaltliche Deutung der Parameter linearer Funktionen Schwierigkeiten bereitet.

Weiterhin eröffnet der Rechnereinsatz die Möglichkeit des Arbeitens mit Funktionsbausteinen und unterstützt damit das *strukturelle Begriffsverständnis*. So lässt sich eine lineare Funktion als ein Baustein oder Modul definieren: $G(x, m, b)$ $:= m \cdot x + b$, bei dem im Sinne des *modularen Prinzips* Wissen in Form von Bausteinen ausgelagert wird. Dies erhält vor allem dann Bedeutung, wenn im Rahmen einer Aufgabe mit verschiedenen linearen Funktionen bzw. Geraden auf der formalen Ebene gearbeitet wird oder Funktionsscharen beschrieben werden sollen. So stellt beispielsweise $G(x, m, 2)$ für variable m-Werte eine Funktionsschar auf

---

[48] Mit Hilfe eines GTR hat LENEKE (2000) derartige Aufgabe bereits in der 5. und 6. Klasse durchgeführt und etwa ein Haus oder einen Hund durch die Angabe der Koordinaten der Eckpunkte auf den Bildschirm zeichnen lassen. „Spielerisch" lernten die Schüler dabei den Umgang mit Koordinaten, das Arbeiten mit Tabellen und das Erzeugen verschiedener Vielecke.

der symbolischen Ebene dar oder $G(x, m_1, b_1) = G(x, m_2, b_2)$ ist die Beschreibung des Schnitts zweier Geraden.

Parabeln

Wir werden im Folgenden den Aspekt des *Transfers zwischen GTG-Darstellungen*, den Aspekt des Rechners als ein *experimentelles Werkzeug* und den *Modulaspekt* in den Vordergrund stellen.

Mikroskopische Erkundung der Parabel. Wir betrachten den Graphen von $y = x^2$. Beschreiben Sie diesen Graphen zwischen zwei beliebig herausgegriffenen Kurvenpunkten. Wie sieht der Graph in der Umgebung von $x = 0$ und für „sehr große x" aus? Beschreiben Sie Gemeinsamkeiten und Unterschiede.

Scheitelpunktsform. Wir betrachten die beiden Funktionen mit $y = (x - s)^2 + t$ und $y = x^2 + px + q, s, t, p, q \in \mathbb{R}$. Erkennen Sie Zusammenhänge zwischen den Parametern s, t und p, q? Überprüfen Sie Ihre Ergebnisse graphisch.

Transfer zwischen GTG-Darstellungen

Ein Ziel bei der Untersuchung parameterabhängiger Funktionen ist es, den Einfluss von Parametern auf Eigenschaften von Funktionsscharen zu studieren, um dadurch einen Überblick über eine ganze Klasse von Funktionen zu erhalten. Die Möglichkeit des problemlosen Zeichnens von Funktionsscharen liefert einen ersten Überblick über die Kurvenscharen und hilft dabei, Fehlvorstellungen entgegenzuwirken. So kann etwa bei der Funktion mit $f(x) = ax^2 - 2x - 1, a \in \mathbb{R}$, verdeutlicht werden, dass der Parameter a nicht nur die „Breite" oder den „Öff- 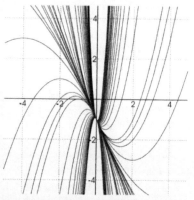 nungswinkel" der Parabel, sondern auch die Lage des Scheitelpunktes beeinflusst. Während der Computer das Phänomen aber nur zeigt, kann es mit der Scheitelform erklärt werden:

$$f(x) = a(x - \frac{1}{a})^2 - 1 - \frac{1}{a}, a \neq 0.$$

Dieses Beispiel verdeutlicht nochmals die Bedeutung des Transfers zwischen Darstellungsformen.

Empirische Untersuchungen zeigen die positiven Auswirkungen des Computereinsatzes auf die Entwicklung des Verständnisses der Beziehung zwischen numerischen, algebraischen und graphischen Darstellungen.[49] Das Verständnis der Wechselbeziehung verschiedener Darstellungsformen gehört zu einem grundlegenden inhaltlichen Wissen, welches die Basis für heuristisches und experimentelles Arbeiten mit dem Computer darstellt. Dabei muss ein sinnvoller Computereinsatz in enger Wechselbeziehung zu theoretischen Überlegungen erfolgen. Das zeigt insbesondere der folgende Abschnitt.

Exponentialfunktionen

Die folgenden Beispiele versuchen das inhaltliche Begriffsverständnis durch GTG-Darstellungen zu entwickeln.

Basis. Untersuchen Sie die Graphen von $y = b^x$ $(x \in \mathbb{R}$, $b \in \mathbb{R}^+$) in Abhängigkeit von b. Beschreiben Sie insbesondere deren Eigenschaften und begründen Sie die Einschränkung auf positive Werte b.

Symmetrien. Welche Beziehung besteht zwischen den Graphen der Funktionen mit $y = b^x$ $(b \in \mathbb{R}^+)$ und $y = b^{-x}$?

Streckungen I. Wie wirkt sich das Verändern von k $(k \in \mathbb{R})$ auf den Graphen von $y = k \cdot 2^x$ aus?

Streckungen II. Vergleichen Sie die beiden Funktionen mit $y = 2^x$ und $y = 3^{c \cdot x}$ für verschiedene reelle c-Werte. Gibt es einen c-Wert, so dass die Graphen der beiden Funktionen übereinstimmen?

Parametervergleich. Vergleichen Sie die beiden Funktionen mit $y = a \cdot 2^x$ und $y = 2^{(x+d)}$ für verschiedene reelle a- und d-Werte. Gibt es Werte, so dass die Graphen der beiden Funktionen übereinstimmen?

Bei diesen Beispielen geht es um das Entdecken und Begründen von Eigenschaften der Exponentialfunktion mit $f(x) = a \cdot b^{c \cdot x + d}$. Mit Hilfe des Rechners kann die Beziehung der Parameter zueinander durch experimentelles Arbeiten herausgefunden oder zumindest veranschaulicht werden. Für das Experimentieren eignen sich insbesondere Programme mit einer interaktiven Verknüpfung von Gleichung, Tabelle und Graph.[50] Wiederum ist dabei die Wechselbeziehung zwischen der praktischen Arbeit am Computer und theoretischen Überlegungen von grundlegender Bedeutung. Bei einer empirischen Untersuchung hat VOM HOFE (1999 u. 2001) die Schwierigkeiten von Schülern beim Erkunden von Funktionen mit dem Computer beobachtet und analysiert. Dabei führte etwa das Nichtreagieren des Computers für negative b-Werte bei $f(x) = b^x$ zum Nachdenken über den Grund

---

[49] Ein Überblick über entsprechende empirische Untersuchungen gibt MÜLLER-PHILIPP (1994). In WITTKE (1997) wird eine computerunterstützte Lernsequenz für quadratische Funktionen dargestellt.

[50] Wie etwa das Programm „LIVEMATH": www.livemath.de.

dieses Verhaltens. Andererseits führten aber auch theoretische Überlegungen – etwa über das Verhalten des Graphen für $b = 0$ – zum Überprüfen mit dem Rechner. Der Computer kann somit zu einem *Katalysator* für eine *intensive Auseinandersetzung mit mathematischen Begriffsbildungen* und zu einem *Werkzeug zum Überprüfen von Vermutungen* werden.

Empirische Untersuchungen zum Computereinsatz zeigen aber auch, dass sich bei Lernenden sehr häufig ein Handlungsaktivismus wie nochmaliges Eingeben des Terms oder Überprüfen der technischen Einstellungen des Programms ergibt, wenn die Rückmeldungen des Computers nicht den Erwartungen der Lernenden entsprechen (vgl. etwa VOM HOFE 1999 und 2001 oder WEIGAND 1999). Ferner zeigte sich, dass bei Partnerarbeit am Computer zwar einerseits gegenüber dem Partner argumentiert, nachgefragt, erklärt, der eigene Standpunkt revidiert wird, dass dabei aber auch viele falsche, ungenaue und umgangsprachliche Formulierungen verwendet werden, so dass es notwendig ist, an derartige Phasen der Partner- und Gruppenarbeit eine Phase des gemeinsamen Besprechens, Analysierens und Richtigstellens im Klassengespräch anzuschließen.

3.3   Mit Funktionen Probleme lösen

Die Entwicklung der Problemlösefähigkeit ist eine zentrale Aufgabe eines allgemeinbildenden Mathematikunterrichts. Im Kap. IV.1 hatten wir die Möglichkeiten des Rechnereinsatzes bei Entdeckungen im Umfeld der Zahlen diskutiert und insbesondere einen „Entdeckungskreislauf" angegeben. HEUGL u. a. (1996) gehen davon aus, dass „das CAS vielfach erst echtes Experimentieren ermöglicht und damit in besonderer Weise den Erwerb heuristischer Strategien fördert" (S. 89). Sie haben zahlreiche heuristische Regeln für das Arbeiten mit einem CAS entwickelt,[51] die wir im Folgenden auf zwei zentrale Tätigkeiten konzentrieren möchten, das *Auswählen* und *Verändern* von Objekten, Parametern oder Darstellungen und das *Interpretieren* der Rückmeldungen des Systems im Hinblick auf weitere Veränderungen der Ausgangsobjekte.

So kann etwa beim Bestimmen einer Anpassungskurve an eine gegebene diskrete Datenmenge zunächst eine Funktion (linear, quadratisch, exponentiell) ausgewählt werden, deren Funktionsgraph optisch mit den Datenpunkten verglichen wird. Das Lesen oder „Interpretieren" der Graphen führt dann evtl. zum Auswählen einer anderen Funktionsart oder „nur" zum Verändern der Parameter der gewählten Funktion.

---

[51] Diese heuristischen Regeln sind: Experimentieren, mit Hilfe von CAS Proben machen, Definitionsbereich testen, Spezialfälle untersuchen, Brauchbarkeit der Lösungen überprüfen, Auswirkungen von Parametern untersuchen, durch schrittweises Vorgehen hinterfragen, Darstellungsart wechseln, mit Hilfe von CAS Fehler suchen, Visualisieren, Zoomen, Simulieren (1996, S. 89ff).

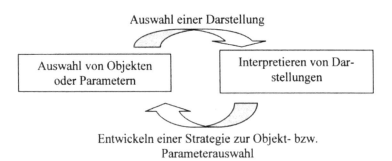

Strategien zur Objektauswahl erfordern das Interpretieren der Darstellungen und das Beurteilen der erhaltenen Lösungen im Hinblick auf die Problemstellung. Darauf aufbauend sind dann Entscheidungen hinsichtlich der Auswahl bestimmter Funktionen, einzelner Funktionswerte oder Parameterwerte zu treffen. Das Ziel muss dabei sein, dass der Lernende selbst Problemlösestrategien entwickelt, insbesondere auch experimentelle Strategien, also durch *systematisches Probieren* gekennzeichnete *Suchstrategien*. Diese sind aber nur dann erfolgreich, wenn Lernende in der Lage sind, dargestellte Objekte zu interpretieren, da sich nur dadurch Eigenschaften von Funktionen im Hinblick auf die Problemstellung beurteilen lassen.

3.4   Funktionen dynamisch analysieren

Die Ausbildung eines „beweglichen Denkens" soll die Fähigkeit entwickeln, Prozesse „vor dem geistigen Auge" ablaufen zu lassen, Beziehungen zwischen abhängigen Größen herzustellen und Auswirkungen von Veränderungen beschreiben zu können. „Bewegliches Denken" steht in engem Zusammenhang mit dem operativen Arbeiten und der Fähigkeit, die Frage „Was passiert, ... wenn ...?" beantworten zu können (vgl. ROTH 2002). Wie können Computerdarstellungen zur Ausbildung eines derartigen beweglichen Denkens beitragen?

Zeitabhängige Funktionen

Mit Funktionen lassen sich (zeitabhängige) Vorgänge in der Umwelt modellieren, wie etwa Weg-Zeit- oder Geschwindigkeits-Zeit-Zusammenhänge. Mit Hilfe des Computers können derartige Vorgänge dynamisch-numerisch oder dynamisch-graphisch dargestellt werden. So können (Gefäß-)Höhe-Zeit-Diagramme bei der Füllung verschiedenförmiger Wassergefäße durch einen Wasserhahn mit zeitlich konstanter Wasserzufuhr simuliert werden. Bei dem „Zapfstellenbeispiel" von K. APPELL (1995) wird die Benzinmenge und der zugehörige Preis bei einem Tankvorgang dynamisch in einem Volumen(Liter)-Zeit- [$V(t)$] und einem Preis (DM)-Zeit-Diagramm [$P(t)$] durch ein Computerprogramm simuliert, wobei sich die

Beziehung ergibt: $V(t) = k \cdot P(t)$. Indem
die Graphen synchron auf dem Bildschirm
dargestellt und zeitgleich dynamisch erzeugt werden können, wird die „Verwandtschaft" oder Relation zwischen diesen beiden Funktionen deutlich (siehe
nebenstehende Abb.).

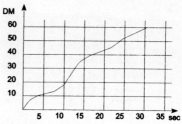

Funktionsscharen

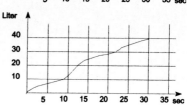

Funktionsscharen sind Paradebeispiele für
eine dynamische Darstellung von Funktionen mit Hilfe des Rechners. Die sukzessive   schrittweise   bzw.   quasi-
kontinuierliche Veränderung der Parame-
ter vermittelt einen Überblick über die „Entfaltung" eines funktionalen Zusammenhangs. Dies kann entweder statisch in Form der Darstellung einer Funktionsschar geschehen, oder dynamisch, indem sich der Graph der Funktion bei der
Veränderung des Parameters ebenfalls verändert.[52]

Diese Darstellungen geben einen Überblick über die Gesamtheit der Funktionsschar, darüber hinaus ergeben sich aber auch wieder neue Fragestellungen und
Probleme. So lassen sich etwa Ortslinien finden, auf denen bestimmte Punkte,
etwa Extrempunkte oder Wendepunkte, bei der dynamischen Veränderung wan-
dern, Symmetrien nachweisen oder Bereiche erkennen, die vom Verlauf des
Funktionsgraph – bei bestimmten Parameterwerten – ausgespart bleiben.

Dynamisierung geometrischer Zusammenhänge

Bereits 1911 stellte Peter TREUTLEIN in dem damals viel beachteten Buch „Der
geometrische Anschauungsunterricht" fest:

„Als einer der Hauptunterschiede altgriechischer und neuzeitlicher Geometrie
gilt das, dass in jener die Figuren sämtlich als starr und fest gegeben angenommen werden, in dieser als beweglich und gewissermaßen fließend, in
stetem Übergang von einer Gestaltung zu anderen begriffen. Sollen unsere
Schüler in die heutige Form der Wissenschaft und gar gelegentlich in deren
Anwendung eingeführt werden, so müssen sie beizeiten daran gewöhnt werden, die Figuren als jeden Augenblick veränderlich zu denken und dabei auf
die gegenseitige Abhängigkeit ihrer Stücke zu achten, diese zu erfassen und
beweisen zu können. Der Auffassung der Figuren als starre Gebilde kann und
muss in verschiedener Weise entgegen gearbeitet werden. Das eine hierzu Er-
forderliche ist das Beweglichmachen der Teile einer Figur." (S. 202)

---

[52] Etwa mit dem dynamischen Excel-Plotter „DYNPLOT" oder dem CAS „LIVEMATH".

Der Computer ist ein Werkzeug und Hilfsmittel, mit dessen Hilfe ein Schritt in diese Richtung gegangen werden kann.

Beispiel: Variables Rechteck.
Bei nebenstehender Zeichnung ist mit Hilfe eines DGS der Flächeninhalt des Rechtecks in Abhängigkeit von den Seitenlängen dargestellt, wobei der Umfang des Rechtecks $2 \cdot (a+b)$ konstant ist. Der Flächeninhalt ist dann $A(a,b) = a \cdot b$.[53] Der Punkt Z lässt sich auf der Strecke [AC] variieren, wodurch die Seitenlängen des Rechtecks verändert werden.

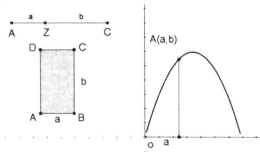

• Für welches Rechteck ergibt sich bei konstantem Umfang der größte Flächeninhalt?

• Leiten Sie die Gleichung des Zusammenhangs von Seitenlängen und Flächeninhalt her.

• Wie verändern sich Lage und Form des Graphen, wenn die Strecke [AC] verändert wird?

Die übliche Behandlung dieser Standardaufgabe erfolgt über das Aufstellen der (quadratischen) Funktionsgleichung $A = f(a)$, das Umformen in die Scheitelpunktsform (bzw. das Berechnen der 1. Ableitung in der Oberstufe) und die Bestimmung des Scheitelpunktes bzw. Maximums. Es wird also fast ausschließlich auf der formalen Ebene gearbeitet.

Bei obiger Darstellung mit einem DGS wurde unmittelbar von der geometrischen Rechteckveranschaulichung zum Graphen des Seitenlängen-Flächeninhalt-Zusammenhangs übergegangen, die Funktionsgleichung wird hierzu nicht benötigt. Dadurch lässt sich diese Methode auf viele andere Beispiele übertragen, wobei der Funktionstyp beliebig sein kann. Der dynamische Aspekt dieser Darstellung zeigt sich zum einen bei der dynamischen Erzeugung des Graphen von f, zum anderen im dynamischen Verändern des Funktionsgraphen als Ganzes. Wird nämlich die Länge der Strecke [AC] geändert, so resultiert daraus eine Veränderung der Rechtecksgröße und damit eine Veränderung der Flächeninhaltsfunktion, in obigem Beispiel drückt sich dies in einer Verschiebung der Parabel aus.

Nun sollte die computerunterstützte Lösung des obigen „isoperimetrischen Problems" für Rechtecke[54] nur eine Lösungsvariante darstellen. Wie dieses Pro-

---

[53] In DYNAGEO erfolgt diese Berechung mit Hilfe von „Messen" und „Termeingabe".

[54] Das ist das Problem, das Rechteck mit dem größten Flächeninhalt bei gegebenem festen Umfang zu finden.

blem auf unterschiedlichen Anschauungs- und Begründungsebenen im Unterricht angegangen werden kann, haben DANCKWERTS u. a. (2000) gezeigt.

SCHUMANN (1999) gibt eine auf elektronischen Arbeitsblättern aufbauende globale rechnergestützte Strategie zur Entwicklung von Aufgaben zu umfangs- gleichen und inhaltsgleichen Rechtecken für die gesamte Sekundarstufe I an. Dort finden sich auch weitere Beispiele für die funktionale Betrachtung geometrischer Sachverhalte, wie etwa die beiden folgenden.

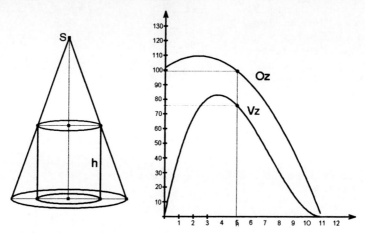

Die Graphen zeigen Volumen V_Z und Oberfläche O_Z des einbeschriebenen Zy- linders in Abhängigkeit von der Zylinderhöhe.

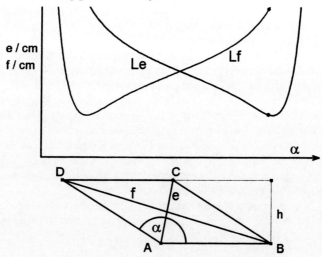

Hier sind die Längen der beiden Diagonalen in Abhängigkeit vom Winkel α bei $|AB| = |CD|$ = const. und h = const. dargestellt.

Durch die Behandlung der beiden Aufgaben auf der graphischen Ebene erhalten
diese einen dynamischen Charakter, bei dem optisch sowohl die Veränderung der
Situation beobachtet bzw. selbst herbeigeführt als auch das Steigen und Fallen
und folglich das Vorhandensein von Extremwerten beim Funktionsgraphen dynamisch erlebt werden kann. Durch ein derartiges dynamisches Arbeiten auf einer
konkret anschaulichen Ebene bietet der Computer eine Hilfe beim Interpretieren
und „Lesen" von Funktionsgraphen. Insbesondere zeigt sich hier, dass sich der
Einsatz von CAS und DGS nicht nach den mathematischen Teilgebieten Algebra
– CAS – und Geometrie – DGS – trennen lässt.

Kurven annähern

Beispiel: Regressionskurven. In der Tabelle sind die olympischen Schwimmrekorde
der Frauen über 100 m Freistil aufgeführt.

Jahr	1912	1924	1936	1948	1960	1972	1984	1996	2000
Sek.	82	72	66	66	61	58,6	55,9	54,50	53,77

Tragen Sie diese Werte punktweise in ein Jahr-Sekunden-Koordinatensystem ein. Bestimmen Sie nun je eine lineare, quadratische und eine exponentielle Funktion, die die
gegebenen Punkte möglichst gut annähert. Auf welche Zeit kommen Sie dann jeweils
im Jahr 2020 und 2100? [55]

Diese Aufgabe lässt sich zunächst experimentell und durch optischen Vergleich
der Näherungsfunktion mit den
gegebenen Daten lösen, indem
die Parameter der Näherungsfunktion verändert werden. Die
Frage nach der optimalen Näherungsfunktion und damit nach
einem Kriterium für einen quantitativen Vergleich der gegebenen Werte und der gefundenen
Funktion kann auf eine Diskussion über Sinn und Bedeutung
der Einführung quadratischer

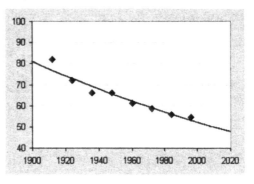

---

[55] Die Werte werden zunächst in eine Tabelle eingegeben, was in EXCEL einfach ist. In
DERIVE wird die Tabelle über eine "Matrix" mit 10 Zeilen und 2 Spalten eingegeben
(Menü "Schreiben" – Matrix.). Vor dem Zeichnen wird im Graphikfenster "Extras –
Punkte (nein)" eingestellt, sonst werden die einzelnen Punkte linear verbunden. In EXCEL
muss die Näherungsfunktion über eine Tabellendarstellung definiert werden.

Abstandssummen führen. Schließlich bieten TKP und CAS darüber hinaus die Möglichkeit einer automatischen Bestimmung einer optimalen Näherungsfunktion.[56]

Eine andere Möglichkeit ist das Anpassen von Kurven an eine vorgegebene Form mit Hilfe einer Spline-Interpolation, etwa bei Tragflächenprofilen, Autokarosserien oder sonstigen Designerkurven. Dies erfordert allerdings Kenntnisse aus der Analysis und ist deshalb erst in der Oberstufe durchführbar (vgl. etwa JANSSEN 1999, KLEIFELD 1999 oder MEYER 1999).

3.5 Funktionen untersuchen

Bei dem Stichwort „Kurvendiskussion" denkt man unmittelbar an die Oberstufe, die Analysis und die Abiturprüfung. Dabei geht es um das Untersuchen von Funktionen nach einem vorgegebenen Schema, wobei formal und kalkülorientiert fast ausschließlich auf der symbolischen Ebene gearbeitet wird, das Zeichnen des Graphen ist meist nur noch der Abschluss der Aufgabenstellung. Das Untersuchen oder „Diskutieren" von Funktionen kann aber bereits in der Sekundarstufe I erfolgen, wobei dem Arbeiten auf verschiedenen Darstellungsebenen eine besondere Bedeutung beikommt. Dabei ist es das Ziel, Eigenschaften möglichst vieler unterschiedlicher Funktionen auf der intuitiven und inhaltlichen Ebene zunächst qualitativ zu beschreiben und so den „semantischen" Hintergrund zu den späteren formalen Untersuchungen auf der syntaktischen Ebene zu gewinnen (vgl. hierzu MALLE 2000). Dies eröffnet insbesondere ein größeres Spektrum von Funktionseigenschaften bereits in der Sekundarstufe I.

Die Kegelaufgabe

Aus einem Kreis wird ein Sektor mit einem Winkel α herausgeschnitten und aus dem Restsektor wird ein Kegel so geformt, dass der Kreisbogen des Sektors gleich dem Umfang des Grundflächenkreises des Kegels ist. Stellen Sie sein Volumen V_l in Abhängigkeit vom Winkel α dar.

---

[56] In EXCEL erfolgt dies durch „Diagramm" – „Trendlinie einfügen". In DERIVE ist hierfür die „FIT-Funktion" vorgesehen.

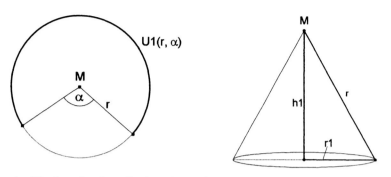

Für den Umfang des Grundkreises des Kreiskegels gilt: $U_l(r, \alpha) = r \cdot (2\pi - \alpha) = r_l \cdot 2\pi$

Aus $U_l(r, \alpha)$ lassen sich Radius r_l, Höhe h_l und Volumen V_l des Kreiskegels berechnen.

$U_l(r, \alpha) := r \cdot (2 \cdot \pi - \alpha)$

$r_1(r, \alpha) := r \cdot \left(1 - \dfrac{\alpha}{2 \cdot \pi}\right)$

$h_1(r, \alpha) := \sqrt{r^2 - r_1(r,\alpha)^2}$

$V_1(r, \alpha) := \dfrac{1}{3} \cdot r_1(r, \alpha)^2 \cdot \pi \cdot h_1(r,\alpha)$

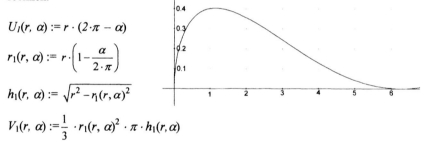

Ohne weitere Umformungen kann „auf Knopfdruck" der Graph von $V_l(1, \alpha)$ gezeichnet werden (siehe rechts Bild). Dabei ist $0 < \alpha < 2\pi$ zu beachten.

Der Graph zeigt den Zusammenhang zwischen dem Volumen des Kreiskegels und dem Winkel α. Das Maximum des Volumens lässt sich graphisch bestimmen. Durch „Zoomen" auf die Umgebung des Maximums lässt sich der Extremwert auf einige Nachkommastellen genau bestimmen, was für praktische Zwecke ausreicht, wenn man an das tatsächliche Herstellen des Kegels denkt. Nun wäre es allerdings unredlich, diese Aufgabe vor allem unter dem Anwendungsaspekt sehen zu wollen. Die reale Situation ist hier lediglich ein Aufhänger für mathematisches Arbeiten, für das Finden eines Lösungsansatzes, das Darstellen der Funktion und das Interpretieren des Dargestellten. Wenn der Radius r variiert wird (bei der folgenden Darstellung von 1 bis 3 in 0,2-Schritten), so erhält man die Funktionsschar von $V_l(r, \alpha)$. Welche Informationen können Sie daraus entnehmen?

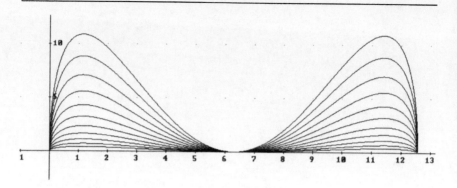

Von der Einkegelaufgabe zur Zweikegelaufgabe

a) Ausgehend von obiger Kegelaufgabe wird nun auch aus dem Restsektor in gleicher Weise ein Kegel geformt. Stellen Sie auch sein Volumen V_2 in Abhängigkeit vom Winkel α dar.

b) Stellen Sie die Summe der Volumina $V_3 = V_1 + V_2$ dar. Welche Extremwertpunkte liegen hier vor? Erklären Sie!

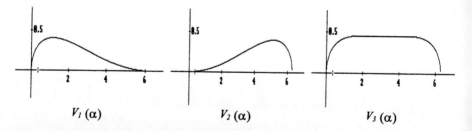

$$V_1\,(\alpha) \qquad\qquad V_2\,(\alpha) \qquad\qquad V_3\,(\alpha)$$

Bei derartigen Aufgaben ergibt sich die Möglichkeit, auf verschiedenen Handlungsebenen zu arbeiten. So können die beiden Kegel zunächst aus Papier ausgeschnitten werden, um eine anschauliche Vorstellung von den Objekten zu bekommen. Bei den Funktionsgraphen geht es dann um eine qualitative Beschreibung des Funktionsverlaufs, um das Steigen und Fallen und das Bestimmen des Extremwertes mit Hilfe des Graphen oder der Tabelle. Das numerische oder graphische Ermitteln von Extremwerten auf einige Nachkommastellen reicht für praktische Zwecke, also für das tatsächliche Herstellen wieder völlig aus. In der Analysis werden diese Beispiele dann erneut aufgegriffen und jetzt geht es um die analytische Berechnung, vor allem aber um den Nachweis der Existenz von Extremstellen.

3.6   Funktionen zusammensetzen

Viele Umweltsituationen lassen sich durch Treppenfunktionen mathematisieren, wie etwa der Parkzeit-Preis-Zusammenhang, der Fahrstrecke-Preis-Zusammenhang beim Taxi oder der Bundesbahn und der Sprechzeit-Telefongebühr-Zusammenhang.[57]

Portofunktion. Die Abhängigkeiten des Briefportos (P) vom Gewicht (G) bei einem Standardbrief ergibt sich aus nebenstehendem Zusammenhang:

$$P(G) = \begin{cases} 0,56\,\text{€} & \text{für} \quad 0\,\text{g} < G \leq 20\,\text{g} \\ 1,12\,\text{€} & \text{für} \quad 20\,\text{g} < G \leq 50\,\text{g} \\ 1,53\,\text{€} & \text{für} \quad 50\,\text{g} < G \leq 500\,\text{g} \\ 2,25\,\text{€} & \text{für} \quad 500\,\text{g} < G \leq 1000\,\text{g} \end{cases}$$

Abschnittsweise definierte Funktionen lassen sich mit einem CAS als *ein* Objekt betrachten, indem etwa die Funktion „Porto: $G \to P(G)$" definiert wird.[58] Damit lassen sich dann die Funktionswerte unmittelbar durch Porto(x) berechnen, ohne fortwährende Berücksichtigung des entsprechenden Ausschnitts des Definitionsbereichs.[59]

Die folgende Aufgabe haben wir in einem Unterrichtsversuch von Schülern lösen lassen, wobei es den Lernenden freigestellt war, ob sie den Computer benutzten oder nicht.

Skischanzenaufgabe. Der Konstruktion einer Skisprungschanze werden 2 parabelförmige Teilstücke zugrunde gelegt, die im Punkt P(35/40) zusammengefügt sind (siehe untenstehendes linkes Bild). Bestimme die Funktionsgleichung der Parabel mit Scheitelpunkt A und die Funktionsgleichung der Parabel mit Scheitelpunkt B. Berechne die Länge der 7 Stützpfeiler.[60]

---

[57] Zahlreiche Beispiele findet man in VOLLRATH (1973 und 1974).

[58] *DERIVE: Porto(x) := IF(0 < x ≤ 20, 0.56,*

   IF(20 < x ≤50, 1.12,

   IF(50 < x ≤ 500 ,1.5 3))).

[59] Das Porto eines Briefes ist vom Gewicht und von der Größe des Briefes abhängig. Die „wahre" Portofunktion ist also eine Funktion mehrerer Veränderlicher.

[60] Der bei P auftretende „Knick" ist sicherlich nicht akzeptabel für eine reale Skischanze. Das Beispiel wurde von uns in der 11. Jahrgangsstufe eingesetzt und auch für die nachfolgende Einführung in den Begriff der Differenzierbarkeit bei zusammengesetzten Funktionen verwendet.

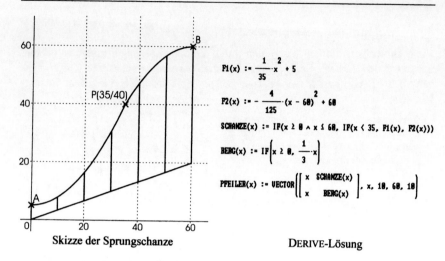

Skizze der Sprungschanze   DERIVE-Lösung

Sicherlich ist diese Aufgabe kein Beispiel für eine reale Skischanze und der in der Aufgabe angesprochene Realitätsbezug kann und sollte auch sehr kritisch gesehen werden. An ihr lassen sich aber Arbeitsweisen studieren, die bei der Modellierung einer realen Skischanze mit einem CAS hilfreich sind. So hat SCHEUERMANN (1998) die Modellierung der Weltcup-Skischanze Mühlenkopf-Willingen im Analysisunterricht durchgeführt.

Im Folgenden sollen die Unterschiede einer computerunterstützten (Muster-) Lösung gegenüber einer in traditioneller Weise erhaltenen Lösung mit Papier und Bleistift herausgestellt werden.[61]

Zum einen gewinnt das *Arbeiten mit Funktionen* gegenüber dem traditionellen Arbeiten an Bedeutung, indem Funktionen bereits für das *Zeichnen* der Schanze (als Funktion *Schanze*), des Berges (als Funktion *Berg*) und der Pfeiler (als Funktion *Pfeiler* und der Zuordnung eines *x*-Wertes zu der Strecke [Berg(*x*), Schanze (*x*)]) benötigt werden.

Da der Bildschirmausschnitt stets nur einen kleinen Teil der bereits durchgeführten Bearbeitung zeigt, ist es zum Zweiten für ein effektives Arbeiten und für das Ausschließen von Verwechslungen wichtig, *aussagekräftige Funktions- und Termnamen* zu verwenden, wie *Schanze(x), Berg(x), Pfeiler(x)* anstatt von *f1(x), f2(x), g(x)*.

Indem einer *abschnittsweise definierten Funktion ein Name* zugewiesen wird (etwa die Funktion *Schanze* oder auch *Pfeiler*), lässt sich schließlich und zum Dritten mit dieser Funktion, genauer mit dem Namen dieser Funktion, auf der Bildschirmoberfläche operieren, ohne dass die unterschiedlichen Definitionsbereiche und Terme jeweils explizit mitbedacht werden müssen. Dies zeigt sich insbesondere beim Zeichnen der „Pfeiler" durch die Funktion *Pfeiler*.

---

[61] Eine ausführliche Darstellung und Diskussion auch von Schülerlösungen findet sich in WEIGAND (1999).

Im Sinne eines handlungsorientierten Unterrichts, bei dem „Handlungsprodukte" den Unterrichtsprozess organisieren (etwa JANK u. MEYER 1994[3]), kann
eine mit dem Computer erzeugte Bildschirmzeichnung oder -darstellung ein her-
ausforderndes und motivierendes Handlungsprodukt darstellen. Die Computer-
graphik stellt dann insbesondere ein optisches Kontrollinstrument zum „Passen"
der entsprechenden Graphen dar.

3.7 Kurven diskutieren

Zur Bedeutung von Kurven im Mathematikunterricht

Beim computerunterstützten Konstruieren treten vor allem beim Erzeugen von
Ortslinien klassische algebraische Kurven auf, deren Typen sich nicht nur auf Kegelschnitte beschränken. Beispiele sind etwa Spiralen oder Strophoiden. Aus diesem Grund sollten bereits in der Sekundarstufe I – im Sinne des Spiralprinzips –
wichtige Kurventypen phänomenologisch behandelt werden. Sie stellen ein gutes
Bindeglied zwischen Algebra und Geometrie dar. Das Ziel ist dabei vor allem das
Entwickeln eines *integrierten Verständnisses des Funktionsbegriffs* im Hinblick
auf den Kurvenbegriff.

Parameterabhängige Darstellungen

Kurven lassen sich als Graphen von Funktionen der Art *K: t* → *(x(t), y(t))* interpretieren. Beispielsweise ist *K: t* → *(2sin(t), 2cos(t))* mit *t* ∈ [0,2π] ein Kreis mit
Radius 2.[62] Will man in der Sekundarstufe II „richtige" Kurven (und nicht „nur"
Funktionsgraphen) diskutieren, dann sind Parameterdarstellungen wichtige Darstellungsweisen dieser Kurven. Diese können und sollten bereits in der Sekundarstufe I behandelt werden, indem Schüler etwa neben der Kreisgleichung $x^2 + y^2 =$
r^2 auch die Form $x = r \cdot cos(t)$, $y = r \cdot sin(t)$ für eine Kreisdarstellung kennen lernen (vgl. LEHMANN 1992).

Die Entwicklung des Kurvenbegriffs im Mathematikunterricht lässt sich nach
einem Stufenmodell unterrichten (vgl. WETH 1993, S. 163ff). Dabei geht es um
einen die Algebra, Geometrie und Analysis fusionierenden Zugang, bei dem Kurven als Bilder von Abbildungen entstehen. Zumindest einige zentrale Kurventypen sollten Schüler kennen lernen.

> **Der Kreis.** Wir betrachten die Kurve *K: t* → *(cos(t), sin(t))*. Zeichnen Sie die Kurve
> für *t* ∈ [0, 2π].

---

[62] Durch die Eingabe von [2*sin(t), 2*cos(t)] und dem Auswählen der Menübefehle
„Zeichne" und „Definitionsbereich wählen", erhält man in DERIVE die Darstellung eines Kreises.

Die Spirale. Wir betrachten die Kurve $K: t \to (t \cdot cos(t), t \cdot sin(t))$. Zeichnen Sie die Kurve für $t \in [0, 10]$. Die Kurve lässt sich aus einer Bewegung entstanden denken und dynamisch interpretieren, indem t als „Zeit" verstanden wird.

Die Zykloide. Wir betrachten die Kurve $K: t \to (a \cdot t + cos(t), sin(t))$. Zeichnen Sie die Kurve für $a = 1$ und $t \in [0, 10]$. Auch diese Kurve lässt sich aus einer Bewegung entstanden denken. Experimentieren Sie mit verschiedenen a-Werten!

Graphen als Bilder

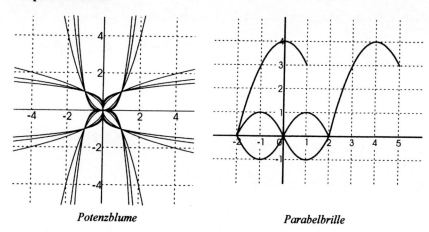

Potenzblume   *Parabelbrille*

Versuchen Sie, diese Bilder – so genau wie möglich – auf Ihrem Bildschirm zu erzeugen.

Wie bereits im letzten Abschnitt dargestellt, können „Funktionsgraphen-Bilder" motivierende Handlungsprodukte sein, vor allem aber sind mit dem „Zeichnen" derartiger Bilder eine ganze Reihe wichtiger mathematischer Fähigkeiten verbunden. So ist ein komplexer Graph zunächst in passende einzelne Funktionsgraphen zu zerlegen, es sind entsprechende Funktionstypen zu wählen, die evtl. noch Spiegelungen, Drehungen oder Verschiebungen unterworfen werden. Schließlich sind Kenntnisse über die Bedeutung der Parametervariation bei den ausgewählten Funktionstypen notwendig (vgl. BARZEL 2000 und GÖBELS 2000). Das Arbeiten mit Graphen unterstützt somit insbesondere das *inhaltliche Begriffsverständnis*.

Kurven identifizieren

Höhenschnittpunktskurve. Wir betrachten den Höhenschnittpunkt H in nebenstehendem Dreieck MBC. Auf welcher Ortslinie bewegt

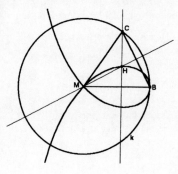

sich *H*, wenn C auf der Kreislinie *k(M, B)* umläuft? (Siehe Abbildung).

a) Beschreiben Sie Eigenschaften dieser Kurve.

b) Suchen Sie in einer Formelsammlung (etwa im „Bronstein")[63], ob sie eine Kurve dieses Aussehens finden und zeigen Sie, dass es sich tatsächlich um diese Kurve handelt.

Im „Bronstein" findet man eine ähnlich aussehende Kurve mit dem Namen „Strophoide" und der Gleichung *(x + a) x² + (x – a) y² = 0, a > 0*. Wir betrachten die Computerdarstellung in einem Koordinatensystem mit Nullpunkt *M* und den Achsen längs *MB* bzw. senkrecht hierzu. Wir legen den Nullpunkt des Koordinatensystems in den Punkt *M* und wählen *B(1;0)*. Mit $C(c; \sqrt{1-c^2})$ ergibt sich die Steigung von [*CB*]: $m_{CB} = \dfrac{\sqrt{1-c^2}}{c-1}$. Für die Gleichung der Höhe auf [*CB*] erhält man damit $y = \dfrac{1-c}{\sqrt{1-c^2}} x$. Mit *x = c* (bzw. *c = x*) erhält man dann die „Bronstein-Gleichung" oder die Gleichung einer Strophoide.

Kurven in Polarkoordinaten

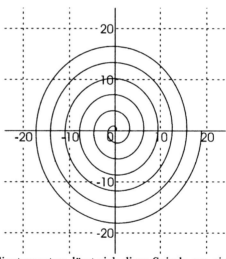

Die Archimedische Spirale. Um den Nullpunkt eines Koordinatensystems rotiert ein Strahl (mit konstanter Drehgeschwindigkeit) und ein Punkt auf diesem Strahl bewegt sich mit konstanter Geschwindigkeit „nach außen". Für den Abstand r des Punktes vom Nullpunkt gilt also *r = a·φ*. Zeichnen Sie diese Kurve.[64]

Auch diese Kurve lässt sich zunächst mit einem DGS zeichnen, wodurch der dynamische Aspekt bei der Entstehung dieser Kurve deutlich hervortritt. In einem Koordinatensystem lässt sich diese Spirale am einfachsten mit Hilfe von Polarkoordinaten zeichnen.[65] Es ergeben sich nun zahlrei-

---

[63] Das Taschenbuch der Mathematik von BRONSTEIN u. SEMENDJAJEW ist eine Standardformelsammlung im Mathematikstudium.

[64] In DERIVE lassen sich Kurven in Polarkoordinaten zeichnen. Hierzu kann das Koordinatensystem von „Rechtwinklig" auf „Polar" umgestellt werden.

[65] Ein ausführliche Einführung in das Zeichnen von Kurven mit Hilfe von Polarkoordinaten gibt STEINBERG (1993).

che Fragen als Ausgangspunkt für Kurvendiskussionen: Welchen Abstand haben zwei Nachbarwindungen? Welche Längen haben die einzelnen Windungen? STEINBERG (1993) nennt sein Buch deshalb auch „Polarkoordinaten – Eine Anregung, sehen und fragen zu lernen".

3.8 Funktionen zweier Veränderlicher untersuchen

Bedeutung im Mathematikunterricht

Die Entwicklung des Funktionsbegriffs im Mathematikunterricht bleibt fast ausschließlich auf Funktionen einer Veränderlichen beschränkt.[66] Dabei lassen sich zahlreiche inhaltliche wie auch didaktische Argumente für eine verstärkte Behandlung von Funktionen mehrerer Veränderlicher anführen.

Inhaltliche Aspekte:

• In der Schulmathematik treten Funktionen mehrerer Veränderlicher sehr häufig auf, etwa bei den Flächen- und Volumenberechnungen $A = a \cdot b$, $V = G \cdot h$, bei Funktionsscharen $f(x, a) = f_a(x) = a \cdot x^2$, bei Termbetrachtungen $T(a,b) = (a+b)^3$ oder als Zielfunktionen im Rahmen des linearen Optimierens.

• Zahlverknüpfungen können als zweistellige Funktionen interpretiert werden, etwa: $A(a,b) = a+b$, $M(a,b) = a \cdot b$, $P(a,b) = a^b$.

• Anwendungsaufgaben führen auf Funktionen mehrerer Veränderlicher, etwa physikalische Gesetzmäßigkeiten aus der Mechanik ($s = v \cdot t$), der Optik, wie etwa $b = \dfrac{f \cdot g}{f - g}$ [67] oder der Elektrizitätslehre, wie etwa $U = I \cdot R$.

Didaktische Aspekte:

• Der Funktionsbegriff ist ein Leitbegriff im Mathematikunterricht und seine Sichtweise sollte nicht auf den Umgang mit lediglich einer Veränderlichen eingeschränkt werden.

• Das Arbeiten mit Darstellungen von Funktionen mit zwei Veränderlichen in Form von sogenannten 3-D-Darstellungen schult das Raumvorstellungsvermögen.

• Funktionen mehrerer Veränderlicher stellen sowohl eine Beziehung zwischen verschiedenen Teilgebieten der Mathematik (Analysis und Lineare Alge-

---

[66] Was schon des öfteren bemängelt wurde, etwa von KLIKA (1986), COHORS-FRESENBORG U. KAUNE (1993).

[67] Hier ist die Bildweite b bei einer Abbildung mit Hilfe einer Sammellinse in Abhängigkeit von der Gegenstandsweite g und der Brennweite f dargestellt.

bra/Analytischer Geometrie) als auch zwischen Mathematik und Naturwissenschaften her.

Allerdings haben diese Argumente im Mathematikunterricht bisher nicht zu einer verstärkten Behandlung von Funktionen mehrerer Veränderlicher geführt, was neben dem wesentlich höheren begrifflichen Anspruch auch an den Schwierigkeiten der manuellen Erstellung graphischer Darstellungen liegen mag. Der Rechner ist nun ein Werkzeug, das eine Hilfe beim Erzeugen graphischer Darstellungen von Funktionen mehrer Veränderlicher ist. Der *Zugang* zu Funktionen zweier Veränderlicher kann über verschiedene Anläufe erfolgen:

Anläufe zu Funktionen zweier Veränderlicher

Zugang über diskrete außermathematische Problemstellungen

Beispiel: Die folgende Tabelle zeigt die quartalsweise Auflistung der Verkaufszahlen verschiedener Produkte über ein Jahr. Stellen Sie diese Tabelle in geeigneter Weise graphisch dar.

	1.Quartal	2. Quartal	3. Quartal	4. Quartal
1. Produkt	90	50	65	85
2. Produkt	50	40	45	70
3. Produkt	25	30	40	20
4. Produkt	10	20	30	45
5. Produkt	30	25	20	10

Derartige Diagramme bieten heute die meisten Textverarbeitungspro-gramme und Tabellenkalkulations-programme. Aufgrund ihrer relativ einfachen Interpretierbarkeit stellen sie einen leichten Zugang zum „Lesen" von Darstellungen von Funktionen zweier Veränderlicher dar. Dabei zeigen sich sowohl Vorteile (Erfassen „auf einen Blick") als auch Nachteile (ungenaues Ablesen, „verdeckte" Verkaufszahlen) gegenüber Tabellenauflistungen.

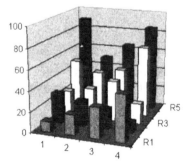

Zugang über Funktionsscharen

Bei der Darstellung parameterabhängiger Funktionen hat man die Möglichkeit, die zu verschiedenen Parametern *a* gehörenden Graphen in einem Koordinaten-

system darzustellen; es bietet sich aber auch die Möglichkeit, die Parameterab-
hängigkeit in einem 3-D-Koordinatensystem zu verdeutlichen.

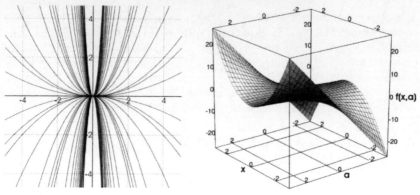

Funktionsschar mit $f(x,\ a) = a \cdot x^2$

3-D-Darstellungen stellen die Beziehung zwischen funktionalen und raumgeome-
trischen Aspekten her. Insbesondere bietet sich hier die Möglichkeit, Eigenschaften von Funktionen durch geometrische Begriffe zu verdeutlichen.

Funktionstypen untersuchen

Lineare Funktionen

- Zeichnen Sie für verschiedene a- und b-Werte die Graphen der Funktion mit
  $f(x,y) = a \cdot x + b \cdot y$.

- Zeichnen Sie den Graphen von $f(x,y) = |x - y|$. Welchen Winkel schließen die bei-
  den Hälften der „geknickten Ebene" miteinander ein?

Bereits die linearen Funktionen mit $z = f(x,y) = ax + by + c$, $(a,\ b,\ c \in \mathbb{R})$ stellen
interessante Untersuchungsobjekte dar. Es lässt sich anschaulich darlegen, dass
der Graph dieser Funktion eine Ebene E ist, es lassen sich die Schnittlinien mit
den Koordinatenebenen, Neigungswinkel und Schnittpunkte mit den Koordina-
tenachsen und Neigungswinkel mit den Koordinatenebenen bestimmen.[68] Es kann
sich also eine elementare „Flächendiskussion" in der Sekundarstufe I ergeben.
Insbesondere stehen diese Funktionen im Zusammenhang mit dem Lösen von
Gleichungssystemen mit drei Unbekannten. Dabei lassen sich Schnittgebilde linearer Funktionen darstellen.

---

[68] Eine ausführliche Diskussion dieser Funktion findet man in WEIGAND u. FLACHS-
MEYER (1998).

Beispiel: Veranschaulichung verschiedener Lösungsmengen von Gleichungssystemen.

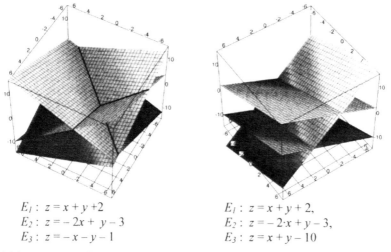

$E_1: z = x + y + 2$
$E_2: z = -2x + y - 3$
$E_3: z = -x - y - 1$

Gleichungssystem mit genau einer Lösung

$E_1: z = x + y + 2,$
$E_2: z = -2 \cdot x + y - 3,$
$E_3: z = x + y - 10$

Gleichungssystem ohne Lösung

Bei diesen Darstellungen geht es vor allem um die geometrische Veranschaulichung der verschiedenen Lösungsmöglichkeiten.

Quadratische Funktionen

Die allgemeine quadratische Funktion mit zwei Veränderlichen hat die Gleichung $z = f(x,y) = ax^2 + by^2 + cxy + dx + fy + g$, $(a, \dots g \in \mathbb{R})$.). Bei dieser Funktionsklasse lassen sich herausfordernde Fragen bereits in der Sekundarstufe I diskutieren, die sich dann in der Sekundarstufe II aufgreifen und fortführen lassen.

Die Funktion mit $z = x \cdot y$.[69]

Viele Eigenschaften dieser Funktion lassen sich unmittelbar aus den Eigenschaften der Multiplikation zweier reeller Zahlen ableiten: Die Nullstellen werden genau von den Punkten der x- und der y-Achse gebildet, im 1. und 3. Quadranten der x-y-Ebene sind die Funktionswerte positiv und im 2. und 4. Quadranten negativ, der Graph von f ist spiegelsymmetrisch bezüglich der Ebenen, die senkrecht auf diesen Winkelhalbierenden und der x-y-Ebene stehen.

In der Sekundarstufe I kann es nur um eine phänomenologische Diskussion derartiger Flächen gehen, wie etwa bei dem folgenden Beispiel.

---

[69] Eine ausführliche Diskussion dieser Funktion findet sich in WEIGAND u. FLACHS-MEYER (1998).

Beispiel: Wenn Sie den Graphen der Funktion mit $z = x \cdot y$ aus einer bestimmten Blickrichtung betrachten, so zeigt die zweidimensionale Projektion der Fläche auf den Bildschirm eine Parabel (Siehe nebenstehendes Bild). Warum? Versuchen Sie zu begründen! Lässt sich in die Fläche eine Gerade legen? Warum? Begründung!

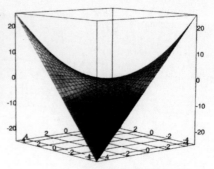

Wir teilen die Meinung von TIETZE, KLIKA u. WOLPERS (1997), dass nicht nur das Zeichnen von Schräg- und Schnittbildern für das Verständnis von Funktionen von zwei Veränderlichen wichtig ist, sondern dass auch das Arbeiten auf der enaktiven Ebene, wie etwa das Basteln dreidimensionaler Modelle eine wichtige Repräsentationsform darstellen muss. Erst dadurch wird die Grundlage dafür gelegt, Computergraphiken richtig lesen und interpretieren, also verstehen zu können. Wie diese enaktive Ebene sogar zu einer „Künstlerischen Gestaltung von Graphen reeller Funktionen" führen kann, die das gesamte Treppenhaus eines Schulgebäudes mit einbezieht, hat LUDWIG (1998) im Rahmen eines beeindruckenden Projekts gezeigt.

3.9   Mit Funktionen operieren

Beim strukturellen Begriffsverständnis des Funktionsbegriffs sollen Schüler wichtige Verknüpfungen von Funktionen kennenlernen, sie sollen mit Verknüpfungen Vorstellungen in den entsprechenden Darstellungsformen verbinden, Eigenschaften von Verknüpfungen begründen können und Verknüpfungsgebilde von Funktionen kennenlernen. Es geht also um das Operieren mit Funktionen, indem diese miteinander verkettet oder verknüpft werden, es geht um das *Operieren mit Funktionen* als Objekten. Im Folgenden unterscheiden wir das *Rechnen mit Funktionen*, indem wir ausgehend von Funktionen f und g etwa Verknüpfungen wie $2 \cdot f$, $f + g$, $f - g$, $f \cdot g$ oder f/g bilden, und das *Verketten von Funktionen*, also $f \circ f$ oder $f \circ g$.

Rechnen mit Funktionen

Beispiel: Gegeben sind die Funktionen mit $y = \sin(x)$ und $v = \cos(x)$.

a) Skizzieren Sie zunächst mit Papier und Bleistift den Graphen der Funktion mit $w(x) = \sin(x) + \cos(x)$.

b) Drücken Sie diese Summenfunktion durch die Sinusfunktion mit $u(x) = a \sin(x+b)$ aus. Hierzu können Sie den Computer verwenden.

Die Beziehung $\sin(x) + \cos(x) = \sqrt{2}\sin(x + \frac{\pi}{4})$ wird den meisten Schüler nicht (mehr) bekannt sein, so dass die Aufgabe b) zunächst experimentell gelöst werden könnte. Dabei wird eine Funktionsgleichung $z(x) = a \cdot \sin(x+b)$ durch Variieren der Parameter a und b so gesucht, dass der neue Graph mit dem Graphen der Summenfunktion u zusammenfällt. Unterschiedliche experimentell erhaltene Ergebnisse führen dann auf theoretische Überlegungen und damit auf die obige Additionsformel, die dann in der Formelsammlung nachgeschaut werden kann.

Verketten von Funktionen

Lineare Funktionen. Gegeben ist die Funktion f mit $f(x) = -2x + 1$. Wie sehen die Funktionen mit $f(|x|)$, $|f(x)|$, $f(|x-1|)$ aus?

Den Term der Verkettung zweier Funktionen f und g erhält man durch $g(f(x))$ bzw. $gf(x)$, wobei insbesondere verdeutlicht werden kann, dass die Verkettung im Allgemeinen nicht kommutativ ist. Bei DERIVE werden allerdings „nur" Terme verknüpft, da das direkte Operieren mit Funktionssymbolen, wie etwa bei „Mathematica", (noch) nicht möglich ist. Dies bedeutet aber, dass der Abstraktionsprozess des Übergangs von den Termen zur Funktion nicht vollzogen wird.

Quadratische Funktionen. Gegeben sind die Funktionen $f_1(x) = x - 3$, $f_2(x) = x^2$, $f_3(x) = 2x$ und $f_4(x) = x + 4$. Welche Funktion erhält man durch die Verkettung dieser Funktionen, also durch $f_4 \circ f_3 \circ f_2 \circ f_1(x)$? Erklären Sie dies anhand verschiedener Darstellungen der Funktionen.

Funktionen höheren Grades. Gegeben ist z. B. die Funktion f mit $f(x) = x^3$.

a) Stellen Sie f numerisch und graphisch dar.

b) Zeichnen Sie $a \cdot f(x)$, $f(a \cdot x)$, $f(x+a)$, $f(x)+a$ für beliebige a-Werte. Beschreiben Sie verbal den jeweiligen Zusammenhang!

c) Beschreiben Sie den Zusammenhang zwischen $f(x)$ und $a \cdot f(b \cdot x+c)+d$ für beliebige $a, b, c, d \in \mathbb{R}$.

Das Wichtige ist hier, dass Lernende die Bedeutung der Veränderungen von $f(x)$ zu $a \cdot f(x)$, $f(a \cdot x)$, $f(x+a)$ und $f(x) + a$ $(a \in \mathbb{R})$ mit entsprechenden Streckungen und Stauchungen bzw. Verschiebungen „nach rechts" und „nach links" in Verbindung bringen. Insbesondere ist zu verdeutlichen, warum bei positivem c der Term $f(x+c)$ eine Verschiebung in Richtung negativer x-Werte ergibt!

Trigonometrische Funktionen. Skizzieren Sie zunächst per Hand den Graphen der Funktion $f \circ f$ mit $f(x) = \sin(x)$. Zeichnen Sie die Graphen dann mit dem Computer. Begründen Sie qualitativ das erhaltene Bild.

Zeichnen Sie dann die Graphen von
$f^n (x) = f \circ f \circ ... \circ f(x)$. Was fällt
auf? Führen Sie die gleichen Über-
legungen für $f(x) = \dfrac{\pi}{2} \sin(x)$ durch.
Erklären Sie das Zustandekommen
nebenstehender Graphik. Hier sind
die Graphen von f^n mit $f(x) =$
$\dfrac{\pi}{2} \sin(x)$ für $n = 1, 2, 3, ...$ abgebildet.

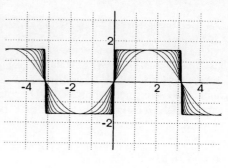

Indem Verknüpfungen von Funktionen symbolisch durch Terme, numerisch durch Tabellen als auch graphisch dargestellt werden, kann sowohl ein Beitrag zu einem *strukturellen Begriffsverständnis* geleistet als auch das *inhaltliche Begriffsver-ständnis* durch die Wechselbeziehung verschiedener Darstellungsformen ange-sprochen werden.

3.10   Auswirkungen auf Begriffsverständnis und Arbeitsweisen

Es gibt mittlerweile zahlreiche empirische Untersuchungen und Schilderungen von Unterrichtserfahrungen zum Einsatz von CAS beim Arbeiten mit Funktio-nen.[70]

* Diese zeigen *Veränderungen beim Begriffsverständnis* gegenüber dem tradi-tionellen Arbeiten mit Papier und Bleistift. Durch die größere Breite an Dar-stellungsmöglichkeiten von Funktionen, etwa in Form von Pfeildiagrammen, Tabellen und Graphen wird das inhaltliche Begriffsverständnis vielfältiger entwickelt. Dabei ist es das zentrale Ziel, prototypische Funktionen, Funktio-nenklassen und Formeln in verschiedenen Repräsentationsformen kennen zu lernen. Allerdings ist das Lesen von Darstellungen, das Argumentieren über Eigenschaften in verschiedenen Darstellungen und der Transfer zwischen den Darstellungsformen etwas, was eigens und – im Zusammenhang mit einem neuen Medium – teilweise auch neu gelernt werden muss.

* Die Untersuchungen weisen darauf hin, dass sich das Problem der Beziehung zwischen *Begriffsverständnis* einerseits und *Handlungen* oder *Arbeitsweisen* der Lernenden andererseits im computerunterstützten Unterricht in einer neu-en Weise stellt. So kann sich das verstärkte empirisch-experimentelle Arbei-ten positiv auf die Entwicklung der Fähigkeit der Schüler auswirken, Be-gründungen geben zu können und neue Problemlösestrategien zu eröffnen. Es zeigt sich aber auch die Gefahr, dass das einfache Erzeugen von Funktions-darstellungen auf Knopfdruck und „eine experimentelle Vorgehensweise immer auch gewisse Gefahren in sich birgt, dass die Lernenden damit über

[70] Etwa HEID (1988), MÜLLER-PHILIPP (1994), HENTSCHEL und PRUZINA (1995), O'CALLAGHAN (1998), HEINRICH u. WAGNER (2000).

ein intuitives Begriffsverständnis nicht hinauskommen, ja gar keine Notwendigkeit für eine gedankliche (theoretische) Weiterführung ihrer empirischen Beobachtungen sehen" (SCHNEIDER 1997, S. 449). Es bedarf zusätzlicher Impulse, um Lernende über die Stufe des experimentellen heuristischen Arbeitens hinaus auf die Stufe einer theoretischen Reflexion über ihre Aktivitäten zu bringen. Diese können vom Lehrer durch die Frage nach dem „Warum?", durch Diskussionen in der Klasse bei unterschiedlichen experimentell enthaltenen Ergebnissen, durch entsprechende Aufgaben oder Problemstellungen bewusst hervorgerufen, oder – im Idealfall – durch die vorhandene Unterrichtskultur und das mathematische Selbstverständnis der Schüler initiiert werden.

- Durch die *Einbeziehung realer Umweltbeispiele* ergibt sich ein breiteres Spektrum an Funktionsgleichungen, wie etwa ganz- und gebrochenrationaler Funktionen, die bereits in der Sekundarstufe I zumindest auf einer intuitiven Ebene behandelt werden können. Dadurch wird es möglich, *Grundvorstellungen*, also die „Verbindungsglieder zwischen Mathematik und Realität" (VOM HOFE 1996, S. 256) über funktionale Zusammenhänge zu entwickeln.

Aufgrund der Geschwindigkeit der erzeugten Computerdarstellungen kommt dem Verbalisieren des Dargestellten als einem „Verzögerer" eine entscheidende Bedeutung zu. Bei der Einzelarbeit am Rechner müssen die Problemstellungen derartige Verzögerungen beinhalten oder erzeugen, da sonst die Gefahr des blinden Aktionismus besteht. Es sind also bewusst *Problemlösebarrieren* einzubauen, damit sich der Lernende auch einmal vom unmittelbaren Arbeiten am technischen Gerät abwendet, über das Dargestellte reflektiert oder mit Papier und Bleistift arbeitet.

4 Gleichungen und Ungleichungen

4.1 Eine traditionelle Aufgabe als Einstieg

Das folgende Beispiel ist eine typische Aufgabe aus einer Klassenarbeit einer 8. Klasse eines (bayerischen) Gymnasiums.

Beispiel: Löse die Ungleichung $\dfrac{|5x-1|}{x+3} > 1$.

Der Experte sieht sofort die Schwierigkeiten dieser Aufgabe aufgrund der notwendigen Fallunterscheidungen. Der Zeitbedarf für das Lösen dieser Aufgabe mit Papier und Bleistift ist davon abhängig, welche Lösungsmethoden man akzeptiert.

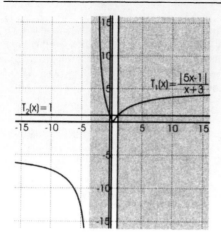

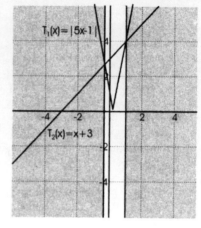

$$T_1(x) = \frac{|5x-1|}{x+3} \text{ und } T_2(x) = 1$$

$T_1(x) = |5x-1|$ und $T_2(x) = x + 3$, wobei aber zu berücksichtigen ist, dass die Umformung der Ungleichung zu $|5x-1| > x + 3$ nur für $x > -3$ gültig ist.

Wird für das Lösen der Aufgabe ein CAS verwendet, so erhält man die Lösung der Ungleichung auf Knopfdruck: "$-3 < x < -\frac{1}{3} \lor x > 1$", es wird dabei allerdings keine Einsicht in den Lösungsweg vermittelt. Dafür kann die Aufgabe jetzt in einfacher Weise graphisch gelöst werden, indem die Terme $T_1(x)$ und $T_2(x)$ dargestellt werden. Dafür gibt es verschiedene Möglichkeiten. Beim Computereinsatz stellt sich nun verstärkt die Frage, welche Lösungsmethoden akzeptiert werden und welche nicht. Wir hatten schon im Zusammenhang mit Termumformungen herausgestellt, dass die Beantwortung dieser Frage von der Situation abhängt, in die das Lösen der Aufgabe eingebettet ist und dass es auf die Ziele ankommt, die mit dem Lösen der Aufgabe verbunden sind. Das graphische Lösen von Gleichungen erlangt aber mit dem Computereinsatz eine größere Bedeutung, da dadurch insbesondere auch ein inhaltliches Verständnis der Lösungen von Gleichungen und Ungleichungen entwickelt wird und die Genauigkeit der graphischen Lösungen insbesondere für Anwendungsaufgaben (fast) immer ausreichend ist.

4.2   Gleichungen im Mathematikunterricht

Gleichungen kommen im gesamten Mathematiklehrgang vor. Bereits in der Grundschule werden Aufgaben der Art $7 + \square = 19$ gelöst, in der 6. Klasse führt die Frage nach der Lösbarkeit von Gleichungen wie $3 \cdot x = 7$ auf die Bruchzahlen, später motivieren dann Probleme wie $x^2 = 2$ oder $x^2 = -1$ die Einführung irrationaler bzw. komplexer Zahlen. Dies zeigt die enge Beziehung von Gleichungen und Zahlen. In der Sekundarstufe I werden Lösungsalgorithmen für lineare und quadratische Gleichungen behandelt, wobei insbesondere darauf geachtet wird, dass Schüler Lösungsverfahren nicht nur schematisch anwenden, sondern dass sie *inhaltliche* Vorstellungen von Gleichungen und deren Lösungsverfahren entwickeln, dass also neben den syntaktischen die *semantischen Aspekte* nicht vernachlässigt werden. Ferner sollen Schüler einen Überblick über die Anzahl der Lösungen einer Gleichung erhalten und erkennen, dass es nicht für alle Gleichungen Lösungsalgorithmen gibt, wie etwa für Polynomgleichungen höheren Grades oder Exponential- und trigonometrischen Gleichungen. Dabei ist häufig anzutreffenden Vorstellungen entgegenzuwirken, wie „Probieren ist unmathematisch", „Graphische Verfahren sind ungenau", „Exakte Lösungen sind besser als Näherungswerte" oder „Zu jedem im Unterricht behandelten Gleichungstyp muss es ein Lösungsverfahren in geschlossener Form geben"[71]. Die Diskussion über derartige Aussagen erhält durch das Arbeiten mit dem Computer neue Aktualität.

4.3   Viele Wege führen zur Lösung einer Gleichung

Beispiel: Lösen Sie die Gleichung $x^2 + 3x - 5 = 0$ auf möglichst viele verschiedene Arten. Diskutieren Sie Vor- und Nachteile der einzelnen Lösungsverfahren.

Der Sinn des Lösens von Gleichungen auf verschiedene Arten liegt zum einen im Aufzeigen der vielfältigen Aspekte des Gleichungsbegriffs und somit im Entwickeln eines integrierten Begriffsverständnisses. Zum anderen soll die Fähigkeit der Schüler angebahnt werden, im Bedarfsfall eine für ein Problem passende Lösungsmethode auswählen und anwenden zu können. Im Folgenden soll die Bedeutung verschiedener Lösungsmethoden analysiert und diskutiert werden, wenn ein *Computer beim Gleichungslösen* eingesetzt wird.

Lösen von Gleichungen mit Hilfe der Lösungsformel

Beim Verwenden eines CAS wird die Kenntnis einer Lösungsformel zwar nicht mehr explizit benötigt, den im Rechner implementierten Lösungsalgorithmen liegen aber derartige Formeln zugrunde, so dass deren Kenntnis für das *Verständnis der Arbeitsweise des Rechners* wichtig bleibt. Allerdings braucht keine Fertigkeit mehr im Anwenden dieser Formeln angestrebt zu werden. Vielmehr geht es jetzt darum, die „in" einer Formel steckenden Möglichkeiten, etwa hinsichtlich Anzahl der Lösungen oder auftretenden Sonderfälle, zu kennen oder zumindest qualitativ abschätzen zu können.

---

[71] Auf diese Problematik wird ausführlich in PROFKE (2000) eingegangen. Es geht dabei vor allem um das Kritische Hinterfragen von Begriffen wie „ungenau" oder „besser".

Lösen durch quadratische Ergänzung

Die zentrale Bedeutung dieser Lösungsmethode liegt in der *Herleitung der Lösungsformel für quadratische Gleichungen*. Dabei wird insbesondere die typisch mathematische Arbeitsweise „Rückgriff auf Bekanntes" geschult, indem auf die binomischen Formeln und das Rechnen mit Beträgen zurückgegriffen wird. Diese Möglichkeit wird deshalb auch bei einem – späteren – Computereinsatz bedeutsam bleiben.

Lösen durch systematisches Probieren

Mit Hilfe eines Taschenrechners können sukzessive einzelne x-Werte in die Gleichung eingesetzt werden, wodurch sich die Lösungen mit fortschreitender Genauigkeit – begrenzt durch die Genauigkeit des Rechners – einschachteln lassen. Derartige zunächst „per Hand" durchgeführte Einschachtelungsverfahren sind die *Grundlage für das Verständnis iterativer Verfahren* und geben zumindest einen Einblick, wie TKP, GTR oder CAS numerische Lösungen „im Prinzip" finden oder finden könnten.

Lösen mit Hilfe einer sich „aufspreizenden" Tabelle

Diese Methode teilautomatisiert das Lösen durch systematisches Probieren. Sie ist mit Hilfe eines TKP effektiv durchführbar, da sich damit „beliebig" kleine Schrittweiten einer Tabelle darstellen lassen. Dadurch können Lösungen von Gleichungen durch Tabellendarstellungen erhalten werden, indem durch sukzessive Verkleinerung der Schrittweise die numerische Genauigkeit der Lösung vergrößert wird.[72] In der folgenden Abbildung werden mit Hilfe eines TKP die Bereiche „um eine Nullstelle" auf sukzessive mehr Nachkommastellen eingeschachtelt.

$$x^3 - 3x + 3 = 0$$

x	x^3-3x+3	x	x^3-3x+3	x	x^3-3x+3	x	x^3-3x+3
-5	-107	-2,6	-6,78	-2,20	-1,05	-2,110	-0,064
-4	-49	-2,5	-5,13	-2,19	-0,93	-2,109	-0,054
-3	-15	-2,4	-3,62	-2,18	-0,82	-2,108	-0,043
-2	**1**	-2,3	-2,27	-2,17	-0,71	-2,107	-0,033
-1	5	-2,2	-1,05	-2,16	-0,60	-2,106	-0,023
0	3	**-2,1**	**0,04**	-2,15	-0,49	-2,105	-0,012
1	1	-2,0	1,00	-2,14	-0,38	-2,104	-0,002
2	5	-1,9	1,84	-2,13	-0,27	**-2,103**	**0,008**
3	21	-1,8	2,57	-2,12	-0,17	-2,102	0,019
4	55	-1,7	3,19	-2,11	-0,06	-2,101	0,029
5	113	-1,6	3,70	**-2,10**	**0,04**	-2,100	0,039

---

[72] Was bis zu den Grenzen der numerischen Genauigkeit des verwendeten Programms möglich ist.

Lösen durch Zielwertsuche mit einem TKP oder mit dem „Solver" von GTR

Das systematische Suchen oder Einschachteln lässt sich mit einem TKP oder manchem GTR automatisch durchführen. Die Anfangswerte werden dabei solange abgeändert, bis die berechneten Werte einem Zielwert in einer bestimmten Zelle möglichst nahe kommen.[73] Die folgende Abbildung zeigt eine Lösung der Gleichung $x^3 - x^2 + 1 = 0$.[74]

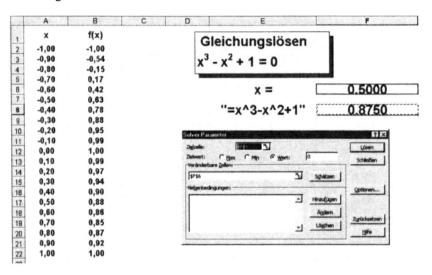

Beim Computereinsatz erlangen das *graphische Lösen von Gleichungen* und das *Lösen mit einem Iterationsverfahren* eine größere Bedeutung, weshalb diese beiden Verfahren in den folgenden Abschnitten eigens abgehandelt werden.

4.4 Graphische Verfahren des Gleichungslösens

Im Mathematikunterricht waren und sind die behandelten Aufgaben darauf ausgerichtet, die auftretenden Gleichungen so auszuwählen, dass sie von den Schülern mit den ihnen bekannten Verfahren gelöst werden können. So treten letztendlich nur lineare oder quadratische Gleichungen auf, bei Gleichungen dritten Grades muss dann schon eine Lösung erraten werden, um eine Polynomdivision durchführen zu können, was die Auswahl der zu erratenden Lösung im Allgemeinen auf -2, -1, 0, 1 oder 2 einschränkt. Aus real existierenden Problemen resultierende Gleichungen sind aber in der Regel nicht durch eine einfache Formel lösbar. Hier helfen häufig nur numerische Näherungsverfahren weiter. Eine Alternative für das Lösen derartiger Gleichungen sind graphische Verfahren.

---

[73] Von dieser im Rechner ablaufenden Prozedur merkt der Benutzer allerdings nichts.

[74] In EXCEL geschieht die Zielwertsuche mit dem Befehl „Solver". Evtl. muss dieser Befehl erst über „Extras" und den „Add-In-Manager" geladen werden.

Beispiel: $x^3 - 3x + 1 = 0$. Für das graphische Lösen kann der Graph von f gezeichnet werden,[75] oder die Gleichung $f(x) = 0$ wird zu $f_1(x) = f_2(x)$ umgeformt und es werden die beiden Funktionen f_1 und f_2 gezeichnet.[76] Im ersten Fall haben wir ein *Nullstellenproblem*, im zweiten Fall ein *Schnittpunktproblem*.

Nullstellen oder Schnittpunkte lassen sich durch Bildauswahlvergrößerung oder „Zoomen" genauer eingrenzen. Die graphische Lösung liefert eine Genauigkeit des Wertes, die für (fast) alle Anwendungsaufgaben ausreichend ist, so dass diese Art des Lösens von Gleichungen unter praktischen Gesichtspunkten ein effektives und hinreichend genaues Verfahren ist.

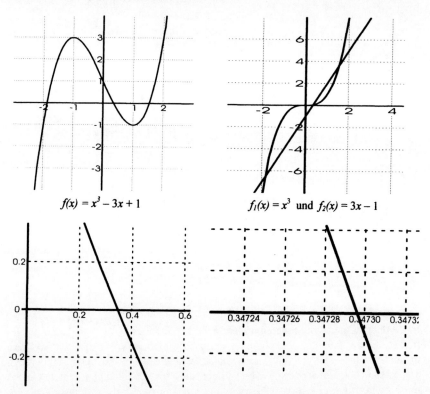

$$f(x) = x^3 - 3x + 1 \qquad\qquad f_1(x) = x^3 \text{ und } f_2(x) = 3x - 1$$

Vergrößerte Teilausschnitte einer „Nullstellenumgebung" des Graphen von f

Vergleicht man Nullstellen- und Schnittpunktverfahren, so hat das erste Verfahren praktische Vorteile, da eine Nullstelle aufgrund des dortigen Vorzeichenwechsel besser einzugrenzen ist, das zweite Verfahren besitzt aber – manchmal – Vorteile,

---

[75] Mit $f(x) = x^3 - 3x + 1$.
[76] Etwa $f_1(x) = x^3$ und $f_2(x) = 3x - 1$.

da mit den Funktionen $f_1(x) = x^3$ und $f_2(x) = 3x - 1$ einfacher argumentiert werden kann, etwa dass die Steigung des Graphen von f_1 für „große x" größer als die von f_2 ist und es folglich „rechts von $x = 2$" keinen weiteren Schnittpunkt der Graphen geben kann. Es lässt sich also die Anzahl der Lösungen einer Gleichung argumentativ begründen. Natürlich geht es beim graphischen Lösungsverfahren um die *Berechnung* von Nullstellen und *nicht* um den *Nachweis der Existenz*. Eine Problematisierung des Stetigkeits- und Monotoniebegriffs erfolgt erst in der Sekundarstufe II.

Eine weitere wichtige Bedeutung des graphischen Verfahrens werden wir bei den iterativen Lösungen kennen lernen, denn hierbei benötigt man sinnvolle Intervalle für die Wahl von Startwerten. Diese Intervalle lassen sich gut mit Hilfe graphischer Darstellungen abschätzen.

4.5   Visualisierung von Gleichungsumformungen

Unter dem funktionalen Gesichtspunkt bedeutet das „Umformen einer Gleichung" $T_1(x) = T_2(x)$ den Übergang zu einer Gleichung mit anderen Funktionstermen $T_3(x) = T_4(x)$. In den folgenden Abbildungen sind die Umformungen für die Gleichung $2x + 4 = -\frac{1}{2}x - 5$ schrittweise visualisiert.

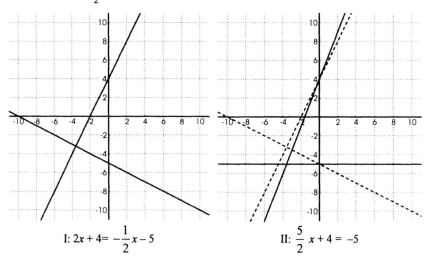

$$\text{I: } 2x + 4 = -\frac{1}{2}x - 5 \qquad\qquad \text{II: } \frac{5}{2}x + 4 = -5$$

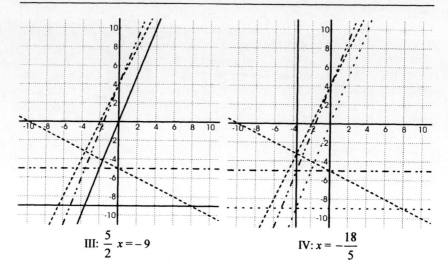

III: $\dfrac{5}{2}x = -9$ IV: $x = -\dfrac{18}{5}$

Bei diesen Darstellungen zeigt sich, dass sich wohl die Graphen zu den Funktionstermen aufgrund der entsprechenden Termumformungen ändern, dass aber der Schnittpunkt der jeweiligen Graphen – und damit die Lösung der Gleichung – dieselbe x-Koordinate hat.

Die folgende Abbildung visualisiert die Lösungen einer Gleichung, wenn es sich bei den Termumformungen nicht um Äquivalenzumformungen handelt. Der neu hinzukommende Schnittpunkt zeigt eine zusätzliche Lösung der umgeformten Gleichung.

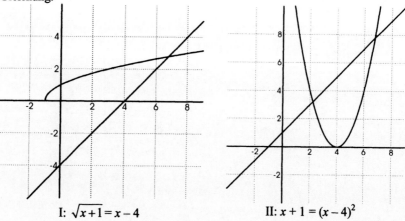

I: $\sqrt{x+1} = x - 4$ II: $x + 1 = (x - 4)^2$

4.6   Geschlossene Lösungsformeln

Wenn sich mit Hilfe des graphischen Lösungsverfahrens alle im Mathematikunterricht relevanten Gleichungen mit hinreichender Genauigkeit lösen lassen, so ergibt sich natürlich die Frage nach dem Sinn geschlossener Lösungsformeln. Wir werden im Folgenden zwei Aspekte oder Gründe für die Verwendung geschlossener Lösungsverfahren angeben und diese dann hinsichtlich ihrer Bedeutung beim Rechnereinsatz diskutieren.

Theoretische Aspekte

Zum Verständnis von Gleichungen gehört es, Eigenschaften von Gleichungen zu kennen. *Eine* Eigenschaft ist die Existenz einer geschlossenen Lösungsformel. Mit ihrer Hilfe lässt sich begründen, unter welchen Bedingungen es keine, genau eine bzw. genau zwei, ... Lösungen einer Gleichung gibt. Die Lösungsformel für quadratische Gleichungen ist eine Grundlage für den Nachweis der Existenz von Lösungen und das wird auch weiterhin bedeutsam bleiben. Dagegen wird ihre Bedeutung als Werkzeug zum tatsächlichen Lösen von Gleichungen aufgrund des Rechnereinsatzes abnehmen (vgl. hierzu auch PROFKE 2000).

Die Lösungsformel für quadratische Gleichungen leistet weiterhin einen Beitrag zum Begriffsverständnis, indem sie Eigenschaften einer Gleichung charakterisiert. Betrachten wir etwa $x^2 + 3x - 5 = 0$, dann lässt sich aus den Lösungen

$$x_{1,2} = \frac{-3 \pm \sqrt{29}}{2}$$

die Symmetrie der beiden Nullstellen zum Wert $x = -\frac{3}{2}$ unmittelbar ablesen, was bei den numerischen Lösungen $x_1 = -4.19$ und $x_2 = 1.19$ nicht der Fall ist. Dies zeigt wiederum, dass sich aus der Kenntnis der Nullstellen der Parabel die Lage des Scheitelpunktes berechnen lässt.

Kulturelle Aspekte

In der Geschichte der Algebra hat die Suche nach Lösungen von Gleichungen immer wieder zur Bildung neuer Ideen und Begriffe geführt, wie etwa die Begriffe „komplexe Zahlen" oder „Gruppen" zeigen. Mathematik ist eine zentrale Errungenschaft unserer Kultur, und der Gleichungsbegriff bietet fruchtbare Ansätze, um diese Kultur konstruktiv in den modernen Unterricht zu integrieren. Unter diesem Gesichtspunkt haben die Herleitung der Lösungsformel für quadratische Gleichungen nach AL KWARIZMI oder die geometrischen Überlegungen CARDANOS zum Lösen von Polynomgleichungen dritten Grades im Mathematikunterricht durchaus auch heute noch ihre Berechtigung. CARDANO (1501–1576) gab für eine Lösung der Gleichung $x^3 + px = q$ die Formel an:[75]

$$x = \sqrt[3]{\frac{q}{2} + \sqrt{\left(\frac{q}{2}\right)^2 + \left(\frac{p}{3}\right)^3}} + \sqrt[3]{\frac{q}{2} - \sqrt{\left(\frac{q}{2}\right)^2 + \left(\frac{p}{3}\right)^3}}.$$

Löst man mit DERIVE etwa die Gleichung $x^3 - x + 1 = 0$, so erhält man die reelle Lösung

$$x = -\left(\frac{1}{2} - \frac{\sqrt{69}}{18}\right)^{\frac{1}{3}} - \left(\frac{\sqrt{69}}{18} + \frac{1}{2}\right)^{\frac{1}{3}},$$

deren Analogie zu der CARDANOschen Formel offensichtlich ist. Nun gibt es für Polynome vierten Grades noch geschlossene Lösungsformeln, für Polynome ab fünften Grad gilt das aber nicht mehr in allgemeiner Weise. Ein CAS liefert etwa für $x^4 - 3 \cdot x - 1 = 0$ noch eine symbolische Lösung, für $x^5 - 3 \cdot x - 1 = 0$ ist dies aber nicht mehr der Fall. Die mit dem Rechner erhaltenen Ergebnisse können somit Anlass zu einer Diskussion über die Existenz geschlossener Lösungsformeln sein, auch wenn das in der Schule natürlich nur auf einer informativen Ebene seitens des Lehrers erfolgen kann.

4.7   Gleichungssysteme

Um das *inhaltliche Verständnis* beim Lösen von Gleichungssystemen zu schulen, lassen sich diese graphisch darstellen. Dabei lässt sich das graphische Lösen von Gleichungen in einen stufenförmigen Aufbau integrieren.

1. Stufe: Lineare Systeme mit zwei Unbekannten

Die Darstellung linearer Gleichungssysteme mit zwei Veränderlichen durch sich schneidende Geraden in der Ebene liefert eine wichtige Grundvorstellungen beim Lösen von Gleichungssystemen. Aufgrund der einfachen Möglichkeit der Erzeugung dieser Darstellungen mit einem Computer wird das graphische Lösen von Systemen zukünftig eine größere Bedeutung erlangen.

---

[75] Vgl. etwa KAISER u. NÖBAUER (1998) oder
http://scienceworld.wolfram.com/biography/Cardano.html.

2. Stufe: Systeme höherer Ordnung

Beispiel: Lösen Sie die folgenden Gleichungssysteme algebraisch, numerisch und graphisch.

a) $y - x^2 - 1 = 0$ und $2y + x^2 - 4 = 0$.

b) $y - \dfrac{1}{2}x^3 = 3$ und $y - x^2 = 2$.

(Siehe nebenstehende Abbildung).

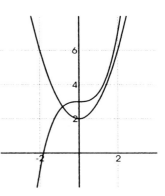

Der Computereinsatz eröffnet neue Möglichkeiten des Arbeitens mit Gleichungssystemen, indem die Beschränkung auf lineare Systeme entfällt. Bedeutung und Beziehung von Funktions- und Kurvenbegriff beim Arbeiten mit Gleichungssystemen werden dadurch herausgestellt. Beispielsweise lässt sich mit Hilfe der Funktionsgraphen und des Steigungsverhaltens der Funktionen mit $y = cx^3$ und $y = bx^2$ die Existenz von nur einer Lösung bei Aufgabe b) begründen.

3. Stufe: Systeme mit transzendenten Funktionen

Beispiele: Lösen Sie die folgenden Gleichungssysteme:

$y - e^x = 1$ und $x + y = 1$; $x^2 \cdot \sin(x) + y = 0$ und $y = x^2$; $x^y = y^x$ und $x + y = 1$.

Derartige Gleichungssysteme lassen sich nicht mehr algebraisch lösen, dadurch erlangen numerische und graphische Lösungen an Bedeutung.

4. Stufe: Gleichungssysteme mit Parametern

Beispiel: A: $3x - 4y = 6$ und $ax + 2y = 5, a \in \mathbb{R}$.

B : $x - 2y = 4$ und $2a + y - 2a \cdot x = 3, a \in \mathbb{R}$.

Das Lösen von Gleichungssystemen mit Parametern lässt sich graphisch veranschaulichen, es bedarf aber theoretischer Kenntnisse, um diese Darstellungen auch interpretieren zu können (vgl. LEHMANN 1997). Die folgenden Abbildungen stellen das Lösen von Gleichungssystemen als Schnittpunktprobleme von Geradenscharen dar.

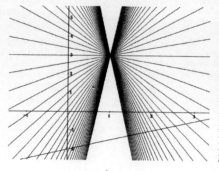

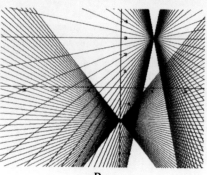

A
$x - 2y = 4$ und
$2 \cdot a + y - 2a \cdot x = 3$

B
$a \cdot x - 2 \cdot y = 4$ und
$2 \cdot a + y - 2a \cdot x = 3$

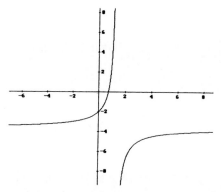

Wenn der Parameter a im Fall B eliminiert wird, erhält man eine Darstellung der Lösungsgesamtheit als Ortslinie oder Graph mit der Gleichung

$$y = -\frac{20}{9x - 12} - \frac{11}{3}.$$

Daraus erkennt man insbesondere, dass für $x = \frac{4}{3}$ keine Lösung existiert.

5. Stufe: Gleichungssysteme mit drei Unbekannten

Gleichungen der Art $f(x, y, z) = 0$ bzw. $z = f(x, y)$ lassen sich als Flächen im Raum darstellen. Für die linearen Funktionen mit $z = f(x, y) = a \cdot x + b \cdot y + c$, $(a, b, c \in \mathbb{R})$ erhalten wir Ebenen. Das Lösen von linearen Gleichungssystemen mit drei Unbekannten lässt sich dann als Schnitt von Ebenen darstellen.

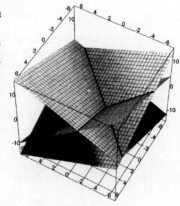

Beispiel: Veranschaulichung der Lösungsmenge des Gleichungssystems von:

I : $z = x + y + 2$

II: $z = -2x + y - 3$

III: $z = -x - y - 1$

Die graphische Darstellung vermittelt einen visuellen Eindruck von der Existenz eines gemeinsamen Punktes der drei Ebenen.

4.8 Ungleichungen

Beispiele: Lösen Sie die Ungleichungen:

a) $3x^2 - 4x - 5 < 0$;

b) $x^3 - 3x^2 < 10x - 24$.

Mit einem CAS lassen sich Ungleichungen auf Knopfdruck symbolisch, numerisch oder graphisch lösen. So erhält man mit DERIVE für

$x^3 - 3x^2 < 10x - 24$ die numerische Lösung „$2 < x < 4 \lor x < -3$" bzw. die graphische Lösung als farblich unterlegte Streifen in der x-y-Ebene. In der nebenstehenden Abbildung ist zusätzlich noch der Graph der entsprechenden Funktion eingezeichnet.

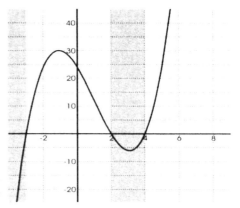

Lösungsbereiche der Ungleichung $x^3 - 3x^2 - 10x + 24 < 0$ mit eingezeichnetem Graphen von $f(x) = x^3 - 3x^2 - 10x + 24$.

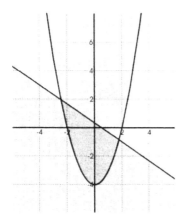

Lösungsmengen von $2x + 3y < 1$ und $y - x^2 + 4 > 0$

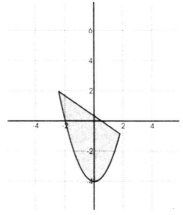

Darstellung der Schnittmenge der beiden Lösungsmengen.

Das *Ungleichungssystem* (I) $2x + 3y < 1$ und (II) $y - x^2 + 4 > 0$ lässt sich mit DERIVE nur noch graphisch lösen. In der obigen linken Abbildung sind zunächst die Gebiete der x-y-Ebene gezeichnet, die die Ungleichungen I bzw. II erfüllen, die rechte Abbildung zeigt dann den Durchschnitt der beiden Lösungsmengen und damit die Lösungsmenge des Ungleichungssystems.

4.9   Lineares Optimieren

Beispiel: Für ein Fest liefert ein Händler x Flaschen der Sektmarke I zu je 4 € und y Flaschen der Sektmarke II zu 6 € je Flasche. Insgesamt sollen es nicht mehr als 10 Flaschen sein. Der Gesamtpreis soll 48 € nicht übersteigen. Für den Händler beträgt der Gewinn 2,50 € für Sektmarke I und 3 € für Sektmarke II. Wann ist der Gewinn für den Händler am größten?

Beim Computereinsatz erlangt die graphische Methode beim Lösen von Ungleichungen und Gleichungssystemen eine große Bedeutung, da die Graphen einfach erzeugt und mit ihnen inhaltliche Vorstellungen über Lösungsgesamtheiten vermittelt werden können. Beide Themenbereiche fließen in Ungleichungssystemen zusammen, die in der Sekundarstufe I vor allem beim Linearen Optimieren vorkommen.

Beim Linearen Optimieren mit zwei Variablen kommt es darauf an, den Extremwert einer linearen Funktion (Zielfunktion) f mit $z = f(x, y)$ zu ermitteln, deren Definitionsbereich ein konvexes Vieleck in der x-y-Ebene ist. Betrachten wir beispielsweise die Zielfunktion mit $f(x, y) = 2,5x + 3y$ und den Nebenbedingungen $x + y \leq 10$ und $4x + 6y \leq 48$, so kann man sich der Lösung zunächst diskret numerisch nähern. In einem TKP wird eine Tabelle angelegt, so dass in den Zellen B1, C1 usw. die ganzzahligen x-Werte und in den Zellen A2, A3, usw. die ganzzahligen y-Werte stehen. Die dunklen Zellen genügen den beiden Bedingungen $x + y \leq$ 10 und $4x + 6y \leq 48$.

	A	B	C	D	E	F	G	H	I	J	K
1		1	2	3	4	5	6	7	8	9	10
2	1	5,50	8,00	10,50	13,00	15,50	18,00	20,50	23,00	25,50	28,00
3	2	8,50	11,00	13,50	16,00	18,50	21,00	23,50	26,00	28,50	31,00
4	3	11,50	14,00	16,50	19,00	21,50	24,00	26,50	29,00	31,50	34,00
5	4	14,50	17,00	19,50	22,00	24,50	27,00	29,50	32,00	34,50	37,00
6	5	17,50	20,00	22,50	25,00	27,50	30,00	32,50	35,00	37,50	40,00
7	6	20,50	23,00	25,50	28,00	30,50	33,00	35,50	38,00	40,50	43,00
8	7	23,50	26,00	28,50	31,00	33,50	36,00	38,50	41,00	43,50	46,00
9	8	26,50	29,00	31,50	34,00	36,50	39,00	41,50	44,00	46,50	49,00
10	9	29,50	32,00	34,50	37,00	39,50	42,00	44,50	47,00	49,50	52,00
11											
12											
13				f(x,y)= 2,5x + 3y							
14											

Hieraus lässt sich der größte Wert 27,0 für $x = 6$ und $y = 4$ ablesen.

Dies lässt sich auch graphisch veranschaulichen. Nehmen wir als Grundmenge die reellen Zahlen, dann ist der Definitionsbereich ein konvexes Vieleck.

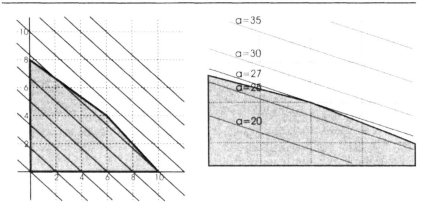

Das grau unterlegte Gebiet im linken Bild genügt den Bedingungen $x + y \leq 10$ und $4x + 6y \leq 48$ für $x,\ y \geq 0$. Die Zielfunktion mit $f(x,\ y) = 2{,}5x + 3y$ ist als Geradenschar und $2{,}5x + 3y = a$ mit a zwischen 10 und 40 im 5er Abstand dargestellt. Das rechte Bild ist ein vergrößerter Ausschnitt mit der Geraden $2{,}5x + 3y = 27$. Für $a = 27$ erhält man eine Gerade, die das Vieleck offensichtlich gerade noch berührt.

Dieser Sachverhalt lässt sich auch räumlich darstellen. Das nebenstehende Bild ist mit dem Programm MATHEMATICA erstellt. Der Graph der Zielfunktion ist eine Ebene bzw. für den eingeschränkten Definitionsbereich ein Ebenenausschnitt. Dieser hat für $x = 6$ und $y = 4$ ein Maximum.

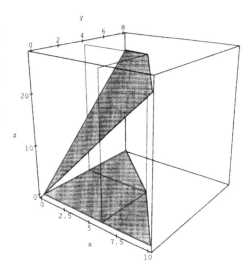

4.10   Näherungsverfahren

Beispiel: Lösen Sie die folgenden Gleichungen so genau wie möglich:

a) $x^3 - x^2 + x - 2 = 0$

b) $\cos x = x$

Experimentelle Verfahren

Iterative Verfahren sind wichtige Hilfsmittel beim numerischen Lösen von Gleichungen und Gleichungssystemen. Mit Hilfe des Taschenrechners und vor allem mit TKP lassen sich diese Verfahren effizient durchführen. Nebenstehende Abbildung zeigt die Beziehung zwischen den

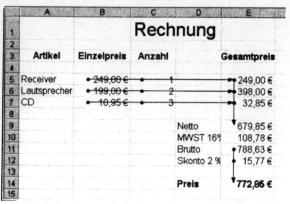

Zellen bzw. den Geldbeträgen bei einer Rechnung mit Hilfe von "Zuordnungspfeilen".[76] Fragt man etwa bei dieser Einkaufsrechnung, wie hoch der Preis des Receivers höchstens sein darf, damit der Endpreis 1000 € nicht überschreitet, so kann dieses Problem zunächst durch sukzessives Verändern der Eingabe, also durch ein experimentelles Such- oder Einschachtelungsverfahren, gelöst werden. Anschließend lässt sich die Lösung automatisch mit dem „Solver" (EXCEL) lösen. Derartige Verfahren sind typisch für das automatische Lösen von Gleichungen, für die keine Lösungsformel zur Verfügung steht. Das schrittweise per Hand durchgeführte Einschachteln bildet somit die intuitive Grundlage für das automatische iterative Lösen von Gleichungen.

Gleichungslösen mit Iterationsfolgen

Grundlegend für das Verständnis von Näherungsverfahren beim Gleichungslösen ist der Begriff der Iterationsfolge. Dabei wird von einer Funktion f und einem Startwert x_0 ausgegangen und die Iterationsfolge nach der Rekursionsgleichung $x_{k+1} = f(x_k); k \in \mathbb{N}_o$ gebildet:

Beispiel: Wir betrachten als Beispiel die Folge $x_{n+1} = -0,4 x_n + 2$ also $x_{n+1} = f(x_n)$ mit $f(x) = -0,4x+2$ und dem Startwert x_0. Für $x_0 = 4$ erhält man die Folge:[77] 4; 0,4; 1,84; 1,264; 1,4944; 1,40224; 1,439104; 1,4243584; 1,43025664; 1,427897344; 1,428841062; ... . Die Werte nähern sich einem Wert in der Nähe von 1,4285... an.

---

[76] Die Zuordnungspfeile zeigen die Zellen an, aus deren Werten sich der Wert einer bestimmten Zelle berechnet. In obigem Beispiel wird der Wert der Zelle E5 aus den Werten der Zellen B5 und C5 berechnet. In EXCEL werden die Zuordnungspfeile mit den Befehlen "Extras – Detektiv" eingefügt.

[77] In DERIVE durch den Befehl: iterates($f(x)$, x, Startwert, Anzahl der Schritte).

Stellen wir die Folge in einem x-y-Koordinatensystem dar, so erhalten wir das „Spinnwebendiagramm":

Wir beginnen mit dem Startwert x_0 und berechnen $x_1 =$
$f(x_0)$. Das erneute Anwenden
von f auf x_1 bedeutet, dass der
„y-Wert" x_1 aus der ersten Iteration nun der „x-Wert" für die
zweite Iteration wird. Geometrisch entspricht dies einer
Spiegelung an der Winkel-
halbierenden. Werden entsprechende Punkte auf dem Graphen von f und der Winkelhalbierenden verbunden, dann
erhält man das „Spinnwebendiagramm".

$$f(x) := -0.4\,x + 2$$

$$y = x$$

$$\text{Folge}(a) := \text{ITERATES}(f(x), x, a, 20)$$

$$\text{Start}(a) := \begin{bmatrix} (Folge(a))_1 & 0 \\ (Folge(a))_1 & (Folge(a))_2 \end{bmatrix}$$

$$\text{Haken}(a, k) := \begin{bmatrix} \begin{bmatrix} (Folge(a))_k & (Folge(a))_{k+1} \\ (Folge(a))_{k+1} & (Folge(a))_{k+1} \end{bmatrix} \\ \begin{bmatrix} (Folge(a))_{k+1} & (Folge(a))_{k+1} \\ (Folge(a))_{k+1} & (Folge(a))_{k+2} \end{bmatrix} \end{bmatrix}$$

$$\text{Spinweb}(a) := \text{VECTOR}(\text{Haken}(a, k), k, 1, 18)$$

DERIVE-Befehle mit dem Startwert $x_0 = a$.

Hier lässt sich geometrisch veranschaulichen, dass der Streckenzug gegen den Schnittpunkt des Graphen mit der Winkelhalbierenden des 1. Quadranten konvergiert. Dieser Punkt heißt Fixpunkt, da die Folge konstant (also fest oder fix) bleibt, wenn dieser Punkt als Startwert gewählt wird. Man spricht hier auch von einem „anziehenden Fixpunkt". In der Mittelstufe kann experimentell, in der Oberstufe dann formal bewiesen werden, dass die Iterationsfolgen mit der Iterationsfunktion $f(x) = a \cdot x + b$ für $|a| < 1$ für alle Startwerte konvergieren. Bei differenzierbaren Iterationsfunktionen konvergiert die Iterationsfolge, wenn in einer Umgebung des Fixpunktes $|f'(x)| \le k < 1$ gilt und der Startwert aus dieser Umgebung gewählt wird. Der Beweis dieses Konvergenzsatzes erfordert allerdings Kenntnisse aus der Analysis (vgl. WEIGAND 1992).

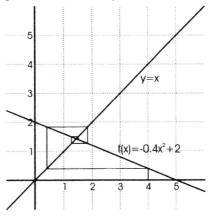

Beispiel: Wählen wir beispielsweise die quadratische Funktion mit $f(x) = -0{,}2x^2 + 2$, so erhält man mit $x_0 = 1$ das Spinnwebendiagramm in der untenstehenden Abbildung.

Der Grenzwert der Iterationsfolge ist
die Lösung der Gleichung

$$0,2x^2 + 2 = x$$

oder

$$0,2x^2 - x + 2 = 0.$$

Dieses Verfahren lässt sich auch bei
Gleichungen höheren Grades anwenden.

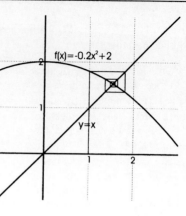

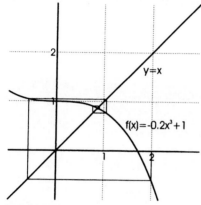

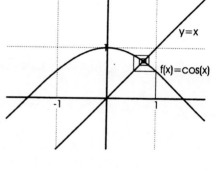

Die Folge $x_{n+1} = f(x_n)$ mit
$f(x) = -0,2x^3 + 1$ konvergiert gegen
den Schnittpunkt von $f(x) = -0,2x^3 + 1$
und $g(x) = x$.

Die Folge $x_{n+1} = f(x_n)$ mit $f(x) = \cos(x)$ konvergiert gegen den Schnittpunkt von $f(x) = \cos(x)$ und $g(x) = x$.

Für das Lösen von Gleichungen mit Hilfe von Iterationsverfahren muss die Gleichung $f(x) = 0$ zunächst in die „Fixpunktform" $g(x) = x$ übergeführt werden.[82]

In der Sekundarstufe I geht es um ein intuitives und ein inhaltliches Verständnis von Iterationsverfahren. Schüler sollen die Bedeutung derartiger Verfahren
erkennen und exemplarisch durchführen können, es geht also um die *Berechnung*
von Lösungen mit Hilfe von Taschenrechnern und Computern. Die Schüler sollen
weiterhin erfahren, dass zur Begründung von Näherungsverfahren theoretische
Überlegungen und insbesondere analytische Verfahren notwendig sind.[83]

---

[82] Eine ausführliche Darstellung findet sich in WEIGAND (1992).
[83] Vgl. hierzu LEHMANN (1996) und GROBLER u. PRUZINA (1995).

4.11 Auswirkungen auf die Begriffsbildung

Das explizite numerische oder algebraische Lösen von Gleichungen in Problemlösesituationen erfolgt heute in der Mathematik, den Naturwissenschaft oder der Technik verstärkt mit Hilfe des Rechners. Deshalb hat es im Unterricht als eine praktisch zu erwerbende Fähigkeit in Form von Berechnungen mit Papier und Bleistift an Bedeutung verloren. Fragen nach der Anzahl der Lösungen einer Gleichung in Abhängigkeit eines Parameters, nach der Bedeutung von doppelten Nullstellen, nach der Interpretation graphischer Veranschaulichungen der Lösungsmenge, nach dem Zusammenspiel verschiedener Variablen und dem Erkennen von Zusammenhängen „auf einen Blick" werden dagegen immer wichtiger werden. Gerade das Gleichungslösen ist in besonderer Weise dazu geeignet, die Grenzen des Werkzeugs zu verdeutlichen, aber auch auf Grenzen mathematischer Berechnungen, etwa hinsichtlich der Existenz geschlossener Lösungsformeln, hinzuweisen.

Beim Gleichungslösen hat der Computer eine Doppelfunktion. Zum einen ist er ein *Werkzeug* zum schnellen Ermitteln symbolischer und numerischer Lösungen, zum anderen sollen durch seine Verwendung *Grundvorstellungen* über Lösungen und Operationen beim Gleichungslösen aufgebaut werden. Das Zusammenspiel der verschiedenen Darstellungsformen, die Möglichkeit des Darstellens von Lösungen auf der symbolischen, numerischen und graphischen Ebene kann und sollte zu einem umfassenderen Bild von Gleichungen, zu *inhaltlichen Vorstellungen* über den Lösungs- und Gleichungsbegriff führen. Dabei wird das Begriffsverständnis vor allem durch die *funktionale Sichtweise von Gleichungen* (weiter)entwickelt.

Der Computereinsatz beim Gleichungslösen wird somit zu einer Verschiebung der Schwerpunkte führen, von syntaktischen oder kalkülhaften formalen Berechnungen hin zu inhaltlichen Überlegungen und zu einem stärker *semantisch orientierten Begriffsverständnis* von Gleichungen.

4.12 Konsequenzen für den Mathematikunterricht

Die Verschiebung der Schwerpunkte bei der Begriffsentwicklung wird Konsequenzen für den Mathematikunterricht haben. Probierverfahren und das Lösen mit Hilfe von Tabellen bilden die Grundlage für eine intuitive Begriffsentwicklung. Mit Hilfe des Rechners lassen sie sich effektiv und schließlich sogar automatisch durchführen. Aufgrund einer stärkeren funktionalen Orientierung im Rahmen der Gleichungslehre werden graphische Verfahren von Beginn an stärker betont werden. Dadurch wird die Klassifizierung nach linearen, quadratischen, ... Gleichungen und der weitgehend eindeutigen Zuordnung zu einzelnen Jahrgangsstufen zurückgehen und zu einer hinsichtlich der Gleichungsterme offeneren Sichtweise von Gleichungen führen. Geschlossene Lösungen sind dann weniger unter dem praktischen Gesichtspunkt der tatsächlichen Berechnung von Lösungen zu sehen, sondern es geht vielmehr um *theoretische Aspekte des Begründens und Beweisens* von Lösungen, es geht um *Einsicht in Anzahl und Art der Lösungen.*

Wenn man zukünftig „nur" an der expliziten Lösung einer Gleichung interessiert ist, etwa bei realen Anwendungsproblemen, dann wird der Schüler zu entscheiden haben, welche Methode des Gleichungslösens er anwendet, ob die Genauigkeit graphischer Verfahren ausreicht, ob er die Gleichung automatisch lösen lässt oder ein Iterationsverfahren verwendet. Es wird sich dann verstärkt die Frage stellen, wie die erhaltenen Lösungen kontrolliert werden können, es stellt sich die Frage nach der *Fähigkeit des Testens und Überprüfens* und damit ist wieder das Arbeiten auf verschiedenen Darstellungsebenen angesprochen. Schließlich ist es wichtig, dass neben dem kalkülmäßigen Arbeiten das *Aufstellen von Gleichungen* aus Problemsituationen als eine zentrale Fähigkeit im Umgang mit Gleichungen angesehen wird. Gleichungen fallen nicht vom Himmel, Lösungen mit Hilfe eines CAS manchmal schon.

5   Folgen – Grundlage diskreter Mathematik

5.1   Bedeutung im Mathematikunterricht

Mit dem Begriff „Folge" sind im Mathematikunterricht äußerst vielfältige Vorstellungen verbunden. Da gibt es Zahlenfolgen, Streckenfolgen, Rechteckfolgen, Folgen von aneinander gereihten oder ineinander geschachtelten geometrischen Figuren, Einmaleinsreihen oder Folgen von Anweisungen. Folgen sind zum einen *Hilfsmittel* beim Berechnen, Definieren, Modellbilden und beim Aufbau von Begriffsvorstellungen. So werden etwa bei der schrittweisen numerischen Approximation irrationaler Zahlen oder der Flächenberechnung des Kreises intuitive Vorstellungen über „das Unendliche" entwickelt oder Anwendungssituationen (Darlehen, Zinseszins, ...) und innermathematische Zusammenhänge lassen sich mit Hilfe diskreter Funktionen modellieren bzw. darstellen.[84]

Zum Zweiten sind Folgen *eigenständige Objekte* mit zahlreichen interessanten Eigenschaften; man denke etwa an konvergente, alternierende, arithmetische, geometrische oder quadratische Folgen. Dabei lassen sich auch viele historische Anknüpfungspunkte finden, da Folgen eine zentrale Bedeutung in der Entwicklungsgeschichte der Mathematik haben.[85]

Zum Dritten entwickelt die Beschäftigung mit Folgen wichtige *Arbeits- und Denkweisen* im Mathematikunterricht, wie etwa das schrittweise, algorithmische, iterative und rekursive Denken[86] und Arbeiten. Gerade das schrittweise diskrete

---

[84] Es ist hier an Wachstumsprozesse wie etwa „Jahr → Weltbevölkerungszahl", „Alter (in Jahren) → Körpergröße" oder innermathematische Beispiele wie „natürliche Zahl → Anzahl der Teiler dieser Zahl" gedacht.

[85] Beispiele sind figurierte Zahlen bei den Pythagoräern, die Entwicklung des Unendlichkeits- und Grenzwertbegriffs oder die Flächen- und Volumenberechnung.

[86] Iterative und rekursive Denk- und Arbeitsweisen stellen eine Beziehung zwischen aufeinanderfolgenden Gliedern einer Folge her. Dabei wird häufig unterschieden: „rekursiv" bedeutet das Berechnen des n-ten Folgenglied durch Rückführung auf das (n-1)-

Arbeiten ist handelnd nachvollziehbar und dadurch im Allgemeinen einfacher zugänglich als der Umgang mit kontinuierlichen Objekten. Folgen sollten deshalb auch im Hinblick auf die Entwicklung des Verständnisses kontinuierlicher Begriffe gesehen werden.

Schließlich und zum Vierten stellen Folgen in einem *problemlösenden Unterricht* ein breites Spektrum an Beispielen für die Entwicklung *kreativer Fähigkeiten* bereit. Es sei hier an Beispiele aus dem „Umfeld der Zählprobleme", etwa bei figurierten Zahlen, aus der Kombinatorik, der Graphentheorie oder der Kryptographie erinnert.

Folgen sind grundlegende Elemente der „Diskreten Mathematik", die aufgrund des Computereinsatzes erheblich an Bedeutung gewonnen hat, da nun eine effektive Verarbeitung umfangreicher Datenmengen möglich wurde (vgl. etwa AIGNER 1996). Im heutigen Mathematikunterricht hat der Rechner beim Umgang mit diskreten Problemen und Folgen vor allem drei Funktionen. Erstens lassen sich Algorithmen, iterative Verfahren und diskrete Wachstumsprozesse in einfacher Weise schrittweise durchführen und berechnen, der Computer ist hier „lediglich" ein *„Rechenknecht"*, der die stets gleichen iterativen Berechnungen durchführt. Zum Zweiten lassen sich *Folgen adäquat visualisieren*, indem auf Knopfdruck unterschiedliche Darstellungsformen wie Tabelle, Graph oder Pfeildiagramme erzeugt werden können. Schließlich und zum Dritten ist der Rechner ein *Werkzeug zum Experimentieren*, indem Ausgangswerte variiert werden, um Gesetzmäßigkeiten und deren Ausprägungen zu erkunden. Dabei gewinnen vor allem rekursiv definierte Folgen an Bedeutung.[87]

5.2   Berechnen und Darstellen von Folgen

Beispiel: Stellen Sie Folgen mit $x_{n+1} = a \cdot x_n$, $a \in \mathbb{R}$, $n \in \mathbb{N}_0$, für unterschiedliche „Wachstumsfaktoren" a und Startwerte x_0 dar.

Beim Arbeiten mit Iterationsfolgen ist der Computer ein Hilfsmittel und Werkzeug zum sukzessiven Berechnen der Folgenwerte, zum Darstellen einer größeren Anzahl von Folgen mit verschiedenen Anfangswerten und beim Entdecken von daraus resultierenden Eigenschaften. So ergeben sich für die im Beispiel definierten „Wachstumsfolgen" in Abhängigkeit von Parameter und Startwert die unterschiedlichsten Eigenschaften wie Konvergenz, Divergenz, Monotonie, Konstanz oder oszillierendes Verhalten. Die folgenden Abbildungen zeigen zwei Beispiele.

---

te, ...2-te, 1-te Folgenglied; „iterativ" bedeutet Ausgehen von den Startwerten oder den ersten Folgengliedern und das sukzessive Berechnen des n-ten Folgengliedes. Für eine genauere Unterscheidung vgl. WEIGAND (1993).

[87] Für eine umfassende Analyse der Bedeutung der Diskreten Mathematik im Mathematikunterricht vgl. THIES (2002). Die Behandlung graphentheoretischer Probleme werden in SCHUSTER (2002) beschrieben.

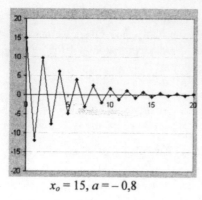

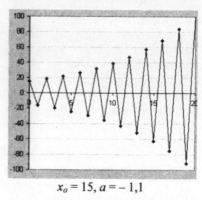

$$x_0 = 15, a = -0,8 \qquad\qquad x_0 = 15, a = -1,1$$

Für die Iterationsfolge aus obigem Beispiel lässt sich die explizite Formeldarstellung $x_n = x_0 \cdot a^n$ gewinnen, womit sich Eigenschaften der Folge auch begründen lassen. Darauf aufbauend können dann Iterationsfolgen mit $x_{n+1} = a \cdot x_n + b$, $a, b \in \mathbb{R}$, $n \in \mathbb{N}_0$, betrachtet werden.[88]

5.3   Differenzenfolgen und Tabellenkalkulation

Beispiel: Die Fibonaccifolge ist durch

$f_{n+2} = f_{n+1} + f_n$ mit $f_0 = 1$ und $f_1 = 1$, $n \in \mathbb{N}_0$, definiert.

a) Stellen Sie diese Folge einschließlich der Differenzenfolge $\Delta f_n = f_{n+1} - f_n$ mit einem TKP dar.

b) Können Sie – näherungsweise – eine Zahl $a \in \mathbb{R}$ angeben, so dass die Funktion $K(n) = a^n$, $n \in \mathbb{N}_0$, die Fibonacci-Folge „möglichst gut" beschreibt.

Ein Tabellenkalkulationsprogramm ist unter verschiedenen Gesichtspunkten ein adäquates Programm für das Arbeiten mit Iterationsfolgen. So spiegelt das Zuordnen oder Inbeziehungsetzen von Variablen (Zellen) die Iterationsvorschrift unmittelbar wider.[89] Die „Anfangsgleichung" C8: = C7 + C6 kann automatisch fortgesetzt werden, indem entsprechende Zellen kopiert werden. Jetzt lassen

	A	B	C
1			
2	**Die Fibonacci-Folge**		
3			
4			
5	n	f_n	$f_{n+1} - f_n$
6	1	1	"=B7-B6"
7	2	1	
8	3	"=B6+B7"	
9	4		

	A	B	C
1			
2	**Die Fibonacci-Folge**		
3			
4			
5	n	f_n	$f_{n+1} - f_n$
6	1	1	0
7	2	1	1
8	3	2	1
9	4	3	2
10	5	5	3
11	6	8	5
12	7	13	8
13	8	21	13
14	9	34	21
15	10	55	34
16	11	89	55
17	12	144	89
18	13	233	144
19	14	377	

---

[88] Eine ausführliche Erklärung findet sich in WEIGAND (1992).

[89] So wird etwa $f_2 = f_1 + f_0$ in einem TKP etwa durch „C8: = C6 + C7 " ausgedrückt, wobei in den Zellen C6 und C7 die Werte von f_0 und f_1 stehen.

sich auch die Startwerte f_o und f_1 verändern und die Auswirkungen auf Folge und Differenzenfolge analysieren.[90]

Folge und Differenzenfolge stehen in einer ähnlichen Beziehung zueinander wie Funktion und Ableitungsfunktion. So beschäftigte sich bereits LEIBNIZ mit Differenzenfolgen, wodurch er die entscheidenden Anregungen für die Entwicklung der Infinitesimalrechnung erhielt (vgl. VOLKERT 1987, S. 94).

Beispiel: Stellen Sie die quadratische „Z-Funktion" mit $Q(z) = a \cdot z^2 + b \cdot z + c$, $z \in \mathbb{Z}$, a, b, $c \in \mathbb{R}$ und deren Differenzenfolge $\Delta Q(z) = Q(z+1) - Q(z)$ in zwei verschiedenen Diagrammen dar. Variieren Sie die Parameter. Was fällt Ihnen auf?

Das Arbeiten mit derartigen diskreten Funktionen kann die Begriffsbildung der Ableitung bei kontinuierlichen Funktionen vorbereiten.[91] Durch das Variieren der Parameter lässt sich bei obiger quadratischer „Z-Funktion" der Einfluss der Parameter auf den Graphen der Differenzenfunktion numerisch und graphisch veranschaulichen und formal begründen.[92]

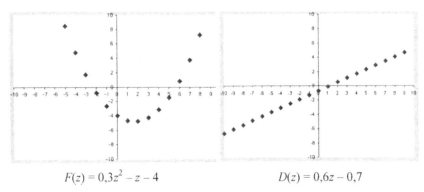

$$F(z) = 0{,}3z^2 - z - 4 \qquad\qquad D(z) = 0{,}6z - 0{,}7$$

Allgemein gilt, dass die Differenzenfolge einer quadratischen Folge eine lineare, also eine arithmetischen Folge ist.[93] Die Dreieckszahlen im folgenden Abschnitt sind ein Beispiel für eine solche quadratische Folge.

---

[90] So ist etwa auffällig, dass sich als Differenzenfolge wieder ein FIBONACCI-Folge ergibt.

[91] Dies ist ausführlich erläutert in THIES 2002.

[92] Wegen $\Delta Q(z) = 2 \cdot a \cdot z + a + b$ ist die Differenzenfolge insbesondere unabhängig von c.

[93] Es gilt auch umgekehrt: Wenn die Differenzenfolge eine arithmetische Folge ist, dann ist die Ausgangsfolge eine quadratische Folge.

5.4   Dreieckszahlen

Beispiel: Wir betrachten die folgende Münzenfolge.

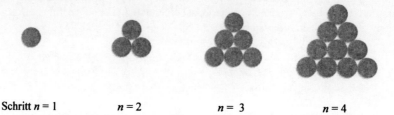

Schritt $n = 1$ $n = 2$ $n = 3$ $n = 4$

Die Frage nach der Anzahl der Münzen beim n-ten Schritt lässt sich auf verschiedene Weisen beantworten. Sie lässt sich geometrisch veranschaulichen, indem nochmals die gleiche Anzahl an Münzen „auf dem Kopf stehend" hinzugelegt wird (siehe untenstehendes linkes Bild). Daraus ergibt sich $D_4 = \dfrac{4 \cdot 5}{2}$, woraus sich die allgemeine Formel $D_n = \dfrac{n(n+1)}{2}$ ableiten lässt.[94]

Für $n = 4$ erhält man: $2 \cdot D(4) = 4 \cdot 5$

	n	D_n	$D_{n+1} - D_n$
1	n	D_n	$D_{n+1} - D_n$
2	1	1	2
3	2	3	3
4	3	6	4
5	4	10	5
6	5	15	6
7	6	21	7
8	7	28	8
9	8	36	9
10	9	45	10
11	10	55	11
12	11	66	12
13	12	78	13
14	13	91	14

Erzeugen der Folge mit $D_n = D_{n-1} + n$

Mit einem TKP lässt sich die Münzenfolge erzeugen, indem die Iterations- oder Rekursionsformel $D_n = D_{n-1} + n$ schrittweise angewandt wird. Ausgehend von „$B3 := B2 + A3$" werden die restlichen Zellen mit Hilfe der Kopierfunktion automatisch berechnet. Daraus erkennt man unmittelbar, dass die Differenzenfolge eine lineare Folge ist und somit ist die Dreiecksfolge eine quadratische Folge. Mit

---

[94] Dies lässt sich auf der formalen Ebene mit Hilfe des Beweisverfahrens der vollständigen Induktion begründen.

dem Ansatz $D_n = a \cdot n^2 + b \cdot n + c$ und $a, b, c \in \mathbb{R}$, $a \neq 0$, lassen sich die Parameter einfach berechnen: Es ergibt sich $a = \dfrac{1}{2}$, $b = \dfrac{1}{2}$ und $c = 0$, also ist

$$D_n = \frac{1}{2} n^2 + \frac{1}{2} n = \frac{n(n+1)}{2}.$$

Die explizite Gleichung der Münzenfolge lässt sich aber auch experimentell gewinnen, indem eine quadratische Folge mit $f_n = a \cdot n^2 + b \cdot n + c$ und $a, b, c \in \mathbb{R}$, $a \neq 0$, mit dem TKP dargestellt wird. Die Parameter lassen sich dabei mit Hilfe von „Rollbalken" so variieren, dass die Graphen von D (Münzenfolge) und f (Experimentierfolge) graphisch und numerisch übereinstimmen.

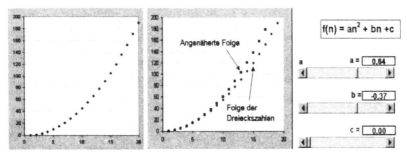

Graphische Darstellung der   Annäherung der Folge mit $f(n) = an^2 + bn + c$ an die Folge
Folge der Dreieckszahlen   der Dreieckszahlen

Schließlich lässt sich die explizite Formel für die Dreieckszahlen, also für $D_n = 1 + 2 + 3 + ... + n$, mit einem CAS auch unmittelbar berechnen [95] Das CAS ersetzt hier eine Formelsammlung, in der die Summenformel „nachgeschaut" werden kann.

5.5   Tetraederzahlen

Übertragen wir das Münzproblem in den Raum, dann kommen wir zur Tennisballpyramide (vgl. SCHMIDT 1997).

     Wir bezeichnen die Anzahl der Tennisbälle der n-ten Stufe mit T_n. $(T_n)_{n \in \mathbb{N}}$ heißt die Folge der Tetraederzahlen. Die Anzahl der Bälle lässt sich bei den ersten Stufen noch abzählen. Bei iterativen und rekursiven Denkweise werden benachbarte Stufen in Beziehung zu setzen. Man erkennt, dass zu T_n die Dreieckszahl D_{n+1} hinzugefügt werden muss, um die nächste Tetraederzahl zu erhalten: $T_{n+1} = T_n + D_{n+1}$.

---

[95] In DERIVE wird $\displaystyle\sum_{i=1}^{n} i$ durch den Befehl sum $(i, i, 1, n)$ berechnet.

Eine explizite Formel für T_n ist allerdings nicht so leicht herzuleiten (vgl. etwa CONWAY u. GUY 1997). Wir versuchen es mit der Funktion $T_n = a \cdot n^3 + b \cdot n^2 + c \cdot n$ (da die Extrapolation $f(0) = 0$ sinnvoll erscheint) und dem Ansatz $T_1 = 1$, $T_2 = 4$ und $T_3 = 10$. Daraus lassen sich $a = \frac{1}{6}$, $b = \frac{1}{2}$ und $c = \frac{1}{3}$ berechnen, also

$$T_n = \frac{1}{6} n^3 + \frac{1}{2} n^2 + \frac{1}{3} n = \frac{n(n+1)(n+2)}{6}.$$

Dieser Formel kann man sich auch wieder experimentell nähern.

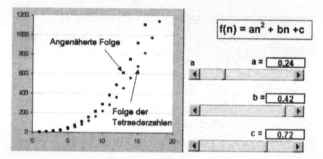

Experimentelle Annäherung der Folge mit $f(n) = an^2 + bn + c$ an die Folge der Tetraederzahlen

Eine weitere Möglichkeit, die explizite Formel für die Tetraederzahlen zu erhalten, ist das *automatische* Berechnen einer Annäherungskurve.[98] Die erhaltene Formel für die Tetraederzahlen können wir kontrollieren und überprüfen, indem wir die Differenzenfolge bilden, wobei sich ja wieder die Dreieckzahlen ergeben müssen. Die Differenzenfolge der Differenzenfolge von T_n, also die Differenzenfolge 2. Ordnung, ist die Folge der natürlichen Zahlen, und deren Differenzenfolge ist konstant. Allgemein lassen sich *arithmetische Folgen n-ter Ordnung* als die Folgen erklären, deren Differenzenfolgen n-ter Ordnung konstant sind. Dies sind genau die Polynomfolgen n-ten Grades, was sich hier exemplarisch anhand der Polynomfolgen 3. Grades veranschaulichen lässt. Die folgende Erläuterung illustriert die allgemeinen Überlegungen nochmals durch die Beziehung zu den Tetraederzahlen.

---

[98] In DERIVE sind dies die Befehle: Werte:=[[1,1], [2,4] , [3,10], [4,20]] und Fit([n,f(n)],Werte). Eine ausführliche Darstellung findet man in SCHMIDT (1997).

Ausgangspunkt: *Tetraederzahlen*

$$T_n = \frac{1}{6}\cdot n^3 + \frac{1}{2}\cdot n^2 + \frac{1}{3}\cdot n$$

Ausgangspunkt: *Polynome 3. Grades*

$$P_n = a\cdot n^3 + b\cdot n^2 + c\cdot n$$

Dreieckszahlen

$$D_n = T_{n+1} - T_n$$
$$= \frac{n^2 + 3\cdot n + 2}{2}$$

Natürliche Zahlen

$$N_n = D_{n+1} - D_n = n + 1$$

Konstante Folge

$$C_n = N_{n+1} - N_n = 1$$

1. Differenzenfolge

$$D1_n = P_{n+1} - P_n$$
$$= a\cdot(3\cdot n^2 + 3\cdot n + 1) + b\cdot(2\cdot n + 1) + c$$

2. Differenzenfolge

$$D2_n = D1_{n+1} - D1_n = a\cdot(6\cdot n + 6) + 2\cdot b$$

3. Differenzenfolge

$$D3_n = D2_{n+1} - D2_n = 6\cdot a$$

Insbesondere wird hier wieder die enge Beziehung zwischen Differenzenfolgen und den Ableitungen der Funktion mit $f(x) = a\cdot x^3 + b\cdot x^2 + c\cdot x$ deutlich.

5.6   Das PASCALsche Dreieck

Beispiel: Erzeugen Sie mit einem TKP das „PASCALsche Dreieck".

Es gibt verschiedene Zugänge zum PASCALschen Dreieck, etwa über Wegeprobleme oder die Binomischen Formeln (vgl. etwa BERG 1986). Da wir im Folgenden an Entdeckungen im Umfeld der Zahlenfolgen interessiert sind, gehen wir von dem „fertigen" PASCALschen Dreieck und der Erzeugungsidee aus, dass sich die Zahlen im Dreieck durch die Summe der darüber liegenden Zahlen berechnen lassen.[100]

Im PASCALschen Dreieck treten viele „bekannte" Zahlenfolgen auf, wie die Folge der natürlichen Zahlen, die Folge der Dreieckszahlen oder die Folge der Tetraederzahlen.

---

[100] Die „Randeinsen" werden per Hand eingetragen. Dann wird in Zelle L3 die Formel „= K2 + M2" geschrieben. Diese Formel wird dann in alle anderen Zellen „im Innern" des Dreiecks kopiert. Die auftretenden Nullen sind in der Darstellung gelöscht. Eine ausführliche Darstellung findet sich in NEUWIRTH (2001).

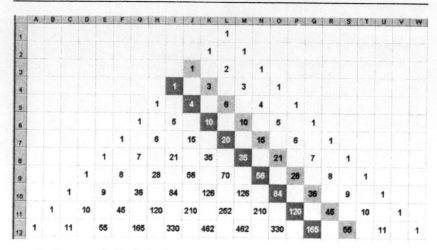

Das PASCALsche Dreieck mit hervorgehobenen Dreiecks- und Tetraederzahlen

Aufgrund der Erzeugungsweise des PASCALschen Dreiecks tritt der Zusammenhang zwischen den Dreieckszahlen D_n und den Tetraederzahlen T_n deutlich hervor. Man erkennt, dass sich eine Tetraederzahl als Summe der „schräg links darüber stehenden" Tetraederzahl und „rechts darüber stehenden" Dreieckszahl ergibt, also $T_{n+1} = T_n + D_{n+1}$.

5.7   Zusammenfassung

Die Beschäftigung mit Folgen zeigt die diskreten Aspekte mathematischer Begriffe, Verfahren und Modellbildungen. Iterative oder rekursive Beziehungen aufeinander folgender Glieder sind dabei – jedenfalls im Mathematikunterricht – von einfacher Struktur, was hier proportionale, lineare oder quadratische Zusammenhänge bedeutet. Der Übergang von dieser *lokalen Sichtweise* der Beziehung einzelner Folgenglieder zur *globalen Sichtweise* der Folge in Form der Gesamtheit oder zumindest einer größeren Anzahl von Gliedern erfolgt mit Hilfe des Rechners, indem Tabellen, Graphen und explizite Formeln der Folgen „auf Knopfdruck" erhalten werden können (vgl. etwa ASPETSBERGER 2000). Der Rechner ist ein Werkzeug, das es erlaubt, diese elementaren Operationen „beliebig" oft auszuführen und dadurch zur Darstellung globaler Zusammenhänge zu kommen, er ist das Werkzeug für den Übergang von der lokalen zur globalen Sichtweise der Folge.

Neben diesen fachlichen Zielen des Arbeitens mit Folgen eröffnet die Möglichkeit des schrittweisen Nachvollziehens von Handlungen beim Umgang mit diskreten Objekten[102] das Anstreben *prozessorientierter Ziele*, insbesondere die Entwicklung eines *problemlösenden* und *heuristischen Arbeitens* und *Denkens* in

---

[102] Auf der enaktiven, ikonischen und symbolischen Ebene.

Form iterativer und rekursiver Arbeits- und Denkweisen. Der Rechner liefert die
aus den lokalen Sichtweisen hervorgegangenen globalen Darstellungen von Zusammenhängen und ermöglicht über das Experimentieren mit den Ausgangspara-
metern die Entwicklung inhaltlicher Vorstellungen. *Darstellen* und *Interpretieren*
sind dabei zentrale und im Allgemeinen häufig unterschätzte mathematische Aktivitäten (vgl. G. WITTMANN 2001). Das Arbeiten vollzieht sich hier im Wechselspiel zwischen regelhaftem Operieren auf der symbolischen Ebene und dem Darstellen und Interpretieren von Repräsentationen auf verschiedenen Darstellungsebenen. Diese Art des Arbeitens kann deshalb auch dazu beitragen, dass das häufig
vorzufindende Bild von Mathematik als „lediglich" kalkülhafte Tätigkeit erweitert
wird, indem das Arbeiten mit Darstellungen als eine Grundlage jeglichen regel-
haften Operierens herausgestellt wird. „Mathematik vollzieht sich gewissermaßen
im Wechselspiel zwischen Darstellen, Interpretieren und Operieren " (FISCHER u.
MALLE 1985, S. 221).

6 Anwendungen

6.1 Eine traditionelle Aufgabe als Einstieg

Die folgende Aufgabe wird üblicherweise im Zusammenhang mit Extremwertaufgaben im Analysisunterricht gestellt.

Beispiel: Basteln Sie aus einem rechtek-
kigen Bogen Pappkarton der Länge $L = 30$
cm und Breite $M = 18$ cm eine möglichst
große oben offene Schachtel, indem Sie
an den Ecken Quadrate abschneiden bzw.
umklappen (Siehe Skizze).

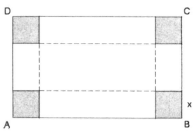

Wir wollen im Folgenden diskutieren, welche neuen Möglichkeiten der Rechnereinsatz beim Behandeln dieser Aufgabe eröffnet. Dabei wird sich u. a. zeigen,
dass diese Aufgabenstellung bereits in der Sekundarstufe I mit Unterstützung eines DGS und CAS[104] behandelt werden kann. Dabei lassen sich durch verschiedene Überlegungen und Vorgehensweisen – beginnend mit numerischen, nähe-
rungsweisen Lösungen bis hin zu einer infinitesimalen Behandlung – unterschiedliche mathematische Aspekte mit dieser Aufgabenstellung verbinden.

Dynamisches Visualisieren
So lässt sich beispielsweise mit einem DGS die Volumenveränderung in Abhängigkeit der Quadratlänge x dynamisch visualisieren.

---

[104] Es reicht auch ein Funktionsplotter oder ein GTR.

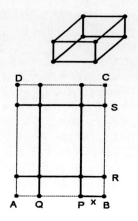

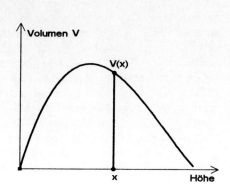

Das Volumen V der Schachtel wird dynamisch in Abhängigkeit von der
Höhe x dargestellt.[105]

Der Graph zeigt den Zusammenhang zwischen der Seitenlänge des abgeschnitte-
nen Quadrats und dem Volumen der
Schachtel.

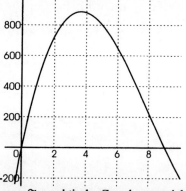

Graphische Extremwertbestimmung

Das Maximum des Volumens für eine
feste Blattgröße lässt sich graphisch bestimmen. Mit einem CAS kann der Graph
der Volumenabhängigkeit $V(x) = x(L -
2x)(M - 2x)$ bei gegebenem $L = |AB|$ und
$M = |BC|$ dargestellt werden. Durch
„Zoomen" auf die Umgebung des Maximums, lässt sich der Extremwert auf ei-
nige Nachkommastellen genau bestimmen, was für praktische Zwecke ausreicht,
wenn man an das tatsächliche Herstellen der Schachtel denkt. Nun wäre es allerdings unredlich, diese Aufgabe vor allem unter dem Anwendungsaspekt sehen zu
wollen. Die reale Situation ist hier lediglich ein Aufhänger für mathematisches
Arbeiten, für das Finden eines Lösungsansatzes, das Darstellen der Funktion und
das Interpretieren des Dargestellten.

---

[105] $V(x) = |PQ| \cdot |RS| \cdot x$, wobei $x = |PB|$. Das Produkt kann mit DYNAGEO über "Ter-
mobjekt erstellen" ummittelbar berechnet werden.

Variieren der Parameter

Variieren wir nun noch die Seitenlänge L und betrachten die Funktion mit
$$V(x, L) = x(L - 2x)(18 - 2x),$$
so erhalten wir eine Funktionsschar (siehe nebenstehende Graphik). Daraus ergeben sich zahlreiche weitere Fragen:
Auf welcher Ortslinie „wandert" das
Maximum? Wie erklärt sich die Lage
der Nullstellen? usw. Die Funktionsschar $V(x, L)$ lässt sich insbesondere
mit einem Funktionsplotter auch dynamisch darstellen.[106]
Der Einsatz neuer Technologien
erlaubt somit Lösungen des Problems
auf verschiedenen Darstellungsebenen, die Aufgabe kann variations-
reich entwickelt werden, und es ergeben sich Fragen, die über das ur-
sprünglich in der Aufgabe gestellte
Berechnungsproblem hinausgehen.

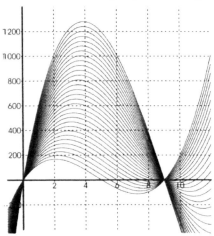

6.2 Bedeutung von Anwendungen im Mathematikunterricht

Mit „Anwendungsorientierung" werden im Mathematikunterricht verschiedene
Ziele angestrebt. So kann aufgezeigt werden, wie Mathematik in der Welt einge-
setzt werden kann, etwa in Form von Gleichungen, Diagrammen, Tabellen oder
Graphen. Dann sollen aufgrund der mathematischen Durchdringung außermathematischer Situationen neue Aspekte der betrachteten Situation deutlich werden.
Die Welt kann unter einem anderen Blickwinkel gesehen werden, ganz in dem
Sinne, dass Mathematik auch dazu da ist, die Welt mit anderen Augen zu sehen.
Darüber hinaus werden mit der Behandlung von Anwendungen eine ganze Reihe
didaktischer Ziele verfolgt, wie Aufbau von Grundvorstellungen über mathematische Begriffe, Aufzeigen des Sinns mathematischer Begriffsbildungen, Festigen
und Üben mathematischer Verfahren, Motivation, Schulung von Problemlöse-
vermögen usw.[107] Damit ist die Möglichkeit gegeben, *universelle* oder *fundamentale Ideen* im Unterricht zu verwirklichen, wie Modelle bilden, Näherungsverfahren kennen lernen, optimieren, algorithmisch arbeiten.

Diesen im Rahmen der didaktischen Diskussion immer wieder proklamierten
Chancen und Möglichkeiten scheint aber eine „reale" Unterrichtspraxis gegenüber

---

[106] Etwa mit dem Funktionsplotter von U. WÜRFEL: http://www.didaktik.mathematik.uni-
wuerzburg.de/cimu.

[107] Für eine ausführliche Diskussion der didaktischen Funktionen von Anwendungsaufgaben vgl. PROFKE (1991), KAISER (1995) oder HUMENBERGER u. REICHEL (1995).

zu stehen, in der Realitäts- und Umweltbezüge – wenn man darunter mehr versteht, als das ledigliche Üben in Form von „eingekleideten" Aufgaben – häufig nur eine untergeordnete Rolle spielen.[108]

Bereits mit dem Aufkommen der elektronischen Taschenrechner in den 1970er Jahren war die Hoffnung verbunden, „richtige" Anwendungen stärker in den Unterricht zu integrieren. Mit dem Computereinsatz ergeben sich jetzt nochmals neue Möglichkeiten, auch solche Umweltsituationen im Mathematikunterricht zu modellieren, die auf komplexe, im Unterricht sonst nicht handhabbare Formeln und Gleichungen führen.

Im Folgenden gehen wir von dem Problemlösezyklus *„Problem – Mathematisches Modell – Mathematische Lösung"* mit den drei Phasen *„Modellbilden – Operieren – Interpretieren"* aus.

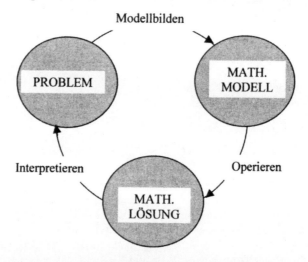

Diese Phasen lassen sich weiter untergliedern und spezifizieren. Beim **Modellbilden** geht es um das *Analysieren* der Problemstellung, um das *Erkennen* oder *Konstruieren* von Abhängigkeiten und funktionalen Zusammenhängen sowie um das *Vereinfachen* und das *Quantifizieren,* also das Darstellen durch Formeln, Diagramme, Tabellen oder zeichnerische Darstellungen. Beim **Operieren** geht es um den *kalkülmäßigen Umgang* mit Termen und Gleichungen, den *Transfer* zwischen verschiedenen Darstellungsebenen, das *Verändern* von numerischen oder graphischen Darstellungen, das gezielte *Experimentieren* mit Ausgangsdaten und damit

---

[108] Dafür lassen sich zahlreiche Gründe anführen, wie Komplexität der Welt, zu geringes Wissen über die Anwendungssituation, Unkalkulierbarkeit des Unterrichts usw. (vgl. etwa TIETZE u. FÖRSTER 1996).

das Erkunden von Veränderungen bei abgeänderten Ausgangsgrößen. Beim **Interpretieren** werden die vom Rechner gelieferten Ergebnisse im Hinblick auf die reale Situation diskutiert und Zusammenhänge oder Phänomene *erklärt* und dadurch – hoffentlich – besser *verstanden*.

Der Rechnereinsatz hat Auswirkungen auf alle diese drei Phasen. So muss beim *Modellbilden* zusätzlich die Umsetzung oder Übertragung in die Sprache des Rechners erfolgen. Beim *Operieren* kann dafür das Umformen und Ausrechnen stärker an den Rechner übertragen werden. Das *Interpretieren* der erhaltenen Ergebnisse bezieht sich dann allerdings u. U. auf Ergebnisse, die der Schüler selbst nicht produziert und die er evtl. aufgrund seines Wissensstandes auch gar nicht hatte erhalten können. Zudem stellt der Rechner die Ergebnisse evtl. in einer Notation dar, die von der Papier-und-Bleistift-Schreibweise abweicht. Es besteht die Gefahr, dass diese veränderten Anforderungen des Unterrichts zu einer Überforderung der leistungsschwachen Schüler führen und es somit zu einem weiteren Öffnen der Schere zwischen leistungsstarken und -schwachen Schülern kommen kann. Andererseits bietet der Rechnereinsatz die Chance, dass sich der Schüler auf das Wesentliche der Aufgabe, wie das Finden und Formulieren des Ansatzes einer Lösung und das Interpretieren der Ergebnisse konzentrieren kann (vgl. hierzu auch SCHUMANN 1995).

Bei den folgenden Beispielen sollen typische Aktivitäten beim Anwenden von Mathematik deutlich werden, wie etwa die Auswahl von Modellen, die Diskussion der Vereinfachung und Einschränkung der zugrundeliegenden Annahmen, die Darstellung auf dem Rechner, der Vergleich der erhaltenen Ergebnisse mit der realen Situation und die Diskussion der Bedeutung der Modellrechnung für die reale Situation.[109]

6.3 Prüfziffern

Zur Kennzeichnung von Büchern und Waren werden Codenummern verwendet. So ist etwa der ISBN-Code (International Standard Book Number) eine zehnstellige Zahl, die jedes Buch eindeutig kennzeichnet. Beim Notieren oder Übertragen dieser Nummern entstehen Fehler, wie etwa das falsche Eintippen einer Ziffer oder das Vertauschen zweier (i. a. benachbarter) Ziffern. Die Frage, wie derartige Fehler erkannt werden können, bildet den Ausgangspunkt für die folgenden Überlegungen.[110]

Eine einfache platzsparende Idee der Fehlererkennung besteht darin, lediglich eine zusätzliche Ziffer, eine sog. Prüfziffer, an die eigentliche Artikel- oder Buchnummer anzuhängen. So ist beim ISBN-Code die letzte Ziffer die Prüfziffer, also etwa die Zahl 2 bei „ISBN 3-7643-5244-2".

Den folgenden Überlegungen liegt die Idee zugrunde, dass das eigenständige Darstellen der Algorithmen zur Berechnung von Prüfziffern mit verschiedenen

---

[109] Zahlreiche weitere Beispiele finden sich in FÖRSTER u. a. (2000).
[110] Für eine ausführliche Darstellung sei auf BEUTELSPACHER u. a. (2001⁴) oder MEYER (2000) verwiesen.

Zielen verbunden ist. Zum einen wird dadurch das inhaltliche Verständnis der Prüfzifferidee unterstützt, zum Zweiten wird die Bedeutung einer maschinellen bzw. algorithmischen Berechnung der Prüfziffer verdeutlicht und zum Dritten lassen sich Artikelnummern dahingehend analysieren, *welche* Fehler von dem verwendeten Code entdeckt werden bzw. *wann* verschiedene Nummern zur selben Prüfzahl führen.

Gewichtete 3er-Quersumme

Bei der gewichteten 3er-Quersumme werden die Ziffern der Codenummer abwechselnd mit 1 und 3 multipliziert. Dann wird die Summe der so erhaltenen Zahlen gebildet. Die Prüfziffer ergänzt diese Zahl zur nächstgrößeren Zehnerzahl (vgl. PADBERG 2001, 153ff).

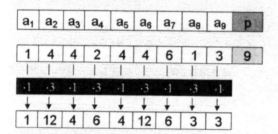

Nach Eingabe der Codenummer $a_1...a_9$ wird die gewichtete Quersumme QS – hier von EXCEL – automatisch berechnet (hier 51) und durch die Prüfziffer (hier 9) zur nächsten Zehnerzahl (hier 60) ergänzt.[111]

Der Code mit gewichteten 3er-Quersummen wird bei der Auszeichnung von Artikeln mit der EAN (Europäische Artikel Nummer) verwendet. Die Nummerlängen betragen i. a. 13 Stellen, gelegentlich auch nur 8 Stellen.

Der Strichcode über dieser Nummer stellt die Ziffernfolge in maschinenlesbarer Form dar.[112]

---

[111] Die Zehnerzahl lässt sich durch „10*RUNDEN(SZ/10+0,49;0)" berechnen, wenn in der Zelle „SZ" die gewichtete Quersumme QS steht.

[112] Zur genauere Beschreibung vgl. HERGET (1989).

Beispiel:

a) Begründen Sie, warum bei diesem Prüfverfahren einzelne Tippfehler bei der Codenummer durch die Prüfziffer stets erkannt werden.

b) Ein häufiger Fehler ist das Vertauschen zweier benachbarter Ziffern. Bei welchen Ziffernpaaren werden Vertauschungen erkannt bzw. nicht erkannt?

Der ISBN-Code

Die bei diesem Code verwendete Ziffernfolge besteht aus vier Gruppen. Bei der Nummer 3-7643-5244-2 besagt die erste „3", dass es sich um ein deutschsprachiges Buch handelt, der zweite Teil „7643" gibt den Verlag an, die dritte Teil „5244" ist dann die eigentliche Buchnummer und die letzte Ziffer ist die Prüfziffer.

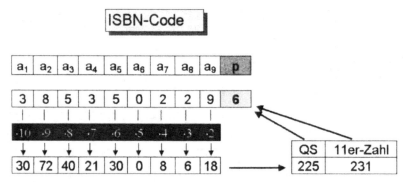

Nach Eingabe der Codenummer $a_1...a_9$ wird die gewichtete Quersumme QS – hier von EXCEL – automatisch berechnet (hier 225) und durch die Prüfziffer (hier 6) zur nächsten 11er-Zahl (hier 231) ergänzt. [113]

Diese Prüfziffer wird errechnet, indem die Ziffern der einzelnen Stellen sukzessive mit 10, 9, ..., 2 multipliziert werden und diese gewichtete Quersumme dann zur nächsten 11er-Zahl ergänzt wird. Ist diese Differenz 10, so wird als Prüfziffer ein „X" verwendet, wie etwa bei ISBN 3-608-93037-X.
  Die mathematischen Grundlagen für das Verständnis dieser Fehlercodes werden in der 6. oder 7. Klasse behandelt, die Befehle im Programm EXCEL sind einfache Übertragungen der mathematischen Notation.

Beispiel: Zeigen Sie, dass der ISBN-Code alle Einzelfehler und alle Vertauschungsfehler zweier benachbarter Ziffern erkennt (vgl. PADBERG 2001, 145ff).

---

[113] Das Erzeugen der jeweiligen 11er-Zahl kann in EXCEL auf zwei Arten erfolgen. Man listet die Vielfachen V_{11} von 11 in einer Spalte auf und berechnet die absolute Differenz zwischen der gewichteten Quersumme und V_{11}. Mit dem Befehl „Min(Zelle_1:Zelle_n)" kann das Minimum dieser Differenzen gefunden werden. Die Prüfzimmer „X" erhält man durch den Befehl *wenn (prüfziffer=10; "X";prüfziffer)*.

6.4   Der Hubkolbenmotor[114]

Bewegungsablauf des Hubkolbenmotors

Um die Bewegungsabläufe beim Hubkolbenmotor nachvollziehen zu können, sollte zunächst ein Modell dieses Motors – etwa aus der Physiksammlung – studiert werden. Die Lage des Kolbens lässt sich in Abhängigkeit vom Drehwinkel der Kurbelwelle beschreiben (der Kolben ist über den Pleuel mit der Kurbelwelle verbunden).

Eine Konstruktionszeichnung verdeutlicht das Funktionsprinzip und liefert Maßzahlen für auftretende Längen. Die funktionalen Abhängigkeiten zwischen den Auslenkungen und dem Drehwinkel lassen sich graphisch mit Hilfe eines DGS darstellen (vgl. auch SCHUMANN 1991, S. 217).

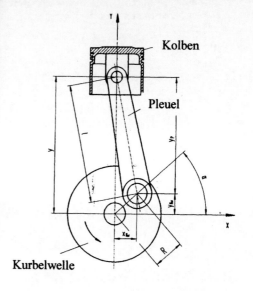

Konstruktionszeichnung eines Hubkolbenmotors

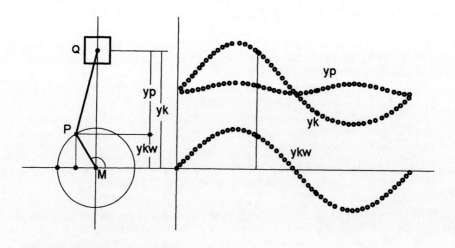

---

[114] Vgl. WEIGAND u. WELLER (1997).

Mit einem DGS dynamisch erzeugte Graphen

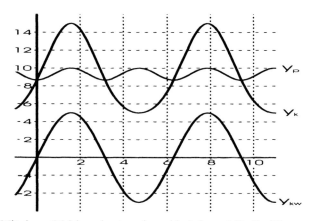

Mit einem CAS berechnete und graphisch dargestellte Funktionen.

Die vertikale Auslenkung des Kolbens y_k ist eine Überlagerung der vertikalen Auslenkung der Kurbelwelle y_{kw} und der Auslenkung der Pleuelhöhe y_p: $y_k = y_{kw} + y_p$. Die Graphen der Funktionen: $\alpha \to y_k$, $\alpha \to y_{kw}$ und $\alpha \to y_p$ lassen sich darstellen und interpretieren.[115]

Interpretation der Graphen

Bereits die graphische Darstellung lässt vermuten, dass die Gesamtauslenkung des Hubkolbens wohl keine Sinuskurve darstellt und dass – bezogen auf die Mittellage der Kurbelwelle – die Auslenkung des Kolbens nach oben stärker ist als nach unten. Der Grund hierfür liegt darin, dass $\alpha \to y_p$ die doppelte Frequenz der Drehungsfrequenz der Kurbelwelle besitzt, d. h. bei einer vollen Umdrehung der Kurbelwelle hat die Pleuelhöhe y_P je zwei Minima und Maxima. Dadurch werden zu den Maxima des Graphen von $\alpha \to y_{kw}$ stets größere Werte addiert als zu den Minima dieses Graphen. Die Überlagerung bewirkt, dass die „Berge" der Sinuskurve spitzer und schmaler, die „Täler" flacher und breiter werden." (Vgl. auch KIRSCH 1994).

Die Analyse der Hubkolbenbewegung ist somit ein Beispiel dafür, wie das Zusammenspiel der gegenständlichen Ebene, d. h. das Studieren des realen Modells,

---

[115] Für die Auslenkung des Kolbens erhält man die Gleichung:

$$y_k(\alpha) = r \cdot \sin(\alpha) + \sqrt{l^2 - r^2} \cos(\alpha) \, .$$

der symbolischen und graphischen Ebene zu einem besseren quantitativen Verständnis der Bewegungsvorgänge beim Hubkolbenmotor führen kann.

6.5   Mittlere Lufttemperatur in München

Beispiel: Die Lufttemperatur schwankt täglich und ist von zahlreichen Einflüssen abhängig. Wenn man die langjährige mittlere Lufttemperatur eines Monats berechnet, dann erhält man für München die folgenden Werte (vgl. SCHMIDT 1984, S. 74):

Monat	April	Mai	Juni	Juli	Aug.	Sept.	Okt.	Nov.	Dez.	Jan.	Febr.	März	April
°C	8,0	12,5	15,8	17,5	16,6	13,4	7,9	3,0	−0,7	−2,1	−0,9	3,3	8,0

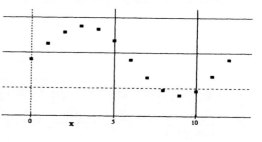

Ausgehend von dieser Tabelle können sich im Unterricht Fragen ergeben, wie etwa nach dem Monatsübergang mit der größten Temperaturänderung, wie man die monatlichen Durchschnittswerte überhaupt berechnet[116] oder ob diesen Werten eine Gesetzmäßigkeit zugrunde liegt. Zur Beantwortung der letzten Frage ist eine graphische Darstellung hilfreich.

Die Vermutung liegt nahe, dass sich die Lufttemperatur in Abhängigkeit von der Zeit näherungsweise durch eine Sinusfunktion $y = a \sin(bt) + c$, $a, b, c, \in \mathbb{R}$ beschreiben lässt.[117] Die weitere Behandlung dieser Aufgabe kann in verschiedenen Stufen oder Schwierigkeitsgraden erfolgen.

---

[116] Für die Berechnung der durchschnittlichen Tagestemperatur wird heute die Temperatur stündlich gemessen und daraus wird dann der Mittelwert berechnet. Früher wurde eine andere Methode angewandt. Da wurde die Temperatur zu drei Zeitpunkten gemessen, um 7 Uhr, um 14 Uhr und um 21 Uhr. Der Wert um 21 Uhr wurde verdoppelt und aus den vier Werten der Durchschnitt gebildet. Diese Methode wird heute ebenfalls noch angewandt, um die aktuellen Werte mit früheren Werten vergleichen zu können.

[117] Der Grund für diesen Zusammenhang liegt in der Neigung der Erdachse gegen die Ekliptik, die Ebene der Umlaufbahn der Erde um die Sonne. Der Beginn der Tabellenwerte mit dem Monat April wurde deshalb gewählt, damit die Gleichung der Annäherungsfunktion – in erster Näherung – einfacher ist, da keine Verschiebung der Sinusfunktion in x-Richtung auftritt.

Experimentelles Arbeiten

Um die Parameter a, b und c der Sinusfunktion zu bestimmen, können diese experimentell sukzessive variiert werden. Dies setzt allerdings eine grundlegende Kenntnis der Bedeutung der Parameter für den Graphen der Funktion voraus.

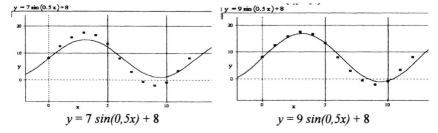

$$y = 7\ sin(0,5x) + 8 \qquad\qquad y = 9\ sin(0,5x) + 8$$

Ein derartiges experimentelles Arbeiten halten wir in vielfacher Hinsicht für wichtig im Mathematikunterricht. Es vertieft zum einen das Verständnis der einzelnen Parameter für Lage und Gestalt des Graphen und trägt dazu bei, die Beziehung zwischen Termdarstellungen und graphischen Darstellungen zu entwickeln oder zu vertiefen. Zum Zweiten ist es eine Schulung der Denkweisen, die bei Intervallschachtelungsverfahren benötigt werden. Schließlich und zum Dritten bereitet es die Idee einer „optimalen" Annäherung einer Kurve an gegebene Werte vor.

Theoretische Überlegungen

Das experimentelle Vorgehen lässt sich effektiver gestalten, wenn es auf theoretischen Überlegungen aufbaut. Aufgrund der 2π-Periode der Sinusfunktion führt der Zwölfmonats-Rhythmus auf $b = \dfrac{2\pi}{12}$, aus den Tabellenwerten lassen sich Amplitude und vertikale Verschiebung der Sinuskurve unmittelbar bestimmen. Es lässt sich jetzt aber weiter fragen, ob die mit diesen Parametern erhaltene Kurve tatsächlich die „beste" Näherungskurve ist oder ob durch Parametervariation nicht eine bessere Übereinstimmung erreicht werden kann. Damit ergibt sich die Frage, was überhaupt unter einer „guten" oder gar „besten" Annäherungskurve verstanden wird. Dies zeigt wieder einmal, dass experimentelle Vorgehensweisen nur dann für die Mathematik fruchtbar werden, wenn sie mit theoretischen Überlegungen einhergehen. Die Frage nach der „besten Näherungskurve" kann im Unterricht zu der „Methode der kleinsten quadratischen Abweichungen" führen.[118] Dies kann auch wieder in verschiedenen Stufen erfolgen.

---

[118] Hier wird die Summe der quadratischen Differenzen der gegebenen Werte und der angenäherten Werte als Maß für die Güte der Annäherung verwendet.

So kann zunächst – etwa mit einem TKP – die kleinste Summe der Abwei-
chungsquadrate experimentell ermittelt werden (siehe nebenstehende Abbildung).
Dann kann die optimale Näherungsfunktion auch automatisch bestimmt werden.[119]

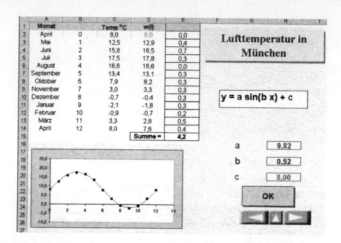

Realitätsbezüge herstellen

Welche Bedeutung hat eine geschlossene mathematische Darstellung des Tempe-
raturverlaufs für das Verständnis der Umweltsituation? Ausgehend von der Interpretation der Konstanten *a, b* und *c* für den Temperaturverlauf in München kann
die Frage diskutiert werden, welche Informationen man allein aus der Kenntnis
der „Lufttemperaturfunktion" für den Temperaturverlauf in anderen Städten der
Welt gewinnen kann?[120] Ein Vorteil liegt darin, dass sich „auf einen Blick" Fragen nach Unterschieden und Gemeinsamkeiten hinsichtlich der Lufttemperatur in
verschiedenen Städten beantworten lassen.

6.6   Wachstumsmodelle

Zeitabhängige Wachstumsprozesse sind Beispiele für dynamische Vorgänge, die
häufig diskret ablaufen oder sich zumindest näherungsweise diskret beschreiben

---

[119] In EXCEL ist dies allerdings nur für Polynom- und Exponentialfunktionen möglich. In
DERIVE erfolgt dies mit der „FIT-Funktion". Mit $F(x,a,c) := a \; sin(\frac{2\pi}{12}x) + c$ und
$FIT([x, F(x,a,c)], Daten)$, wobei in „Daten" die Ausgangswerte in Tabellenform $[x_i,$
$Y(x_i)]$ gespeichert sind. Es ergibt sich als Ergebnis $y = 9,81 \; sin(\frac{2\pi}{12}x) + 7,87$.

[120] So gilt etwa für Alma-Ata in Kasachstan: $y = 15 \; sin(\frac{2\pi}{12}x) + 8,3$.

lassen. Das Wort „Wachstum" schließt hier auch *negatives* „Wachstum", also eine Verringerung eines betrachteten Bestandes ein. Zeitungen, Zeitschriften und Internet sind eine Quelle und Fundgrube für aktuelle Wachstumsdaten (vgl. auch HERGET u. SCHOLZ 1998).

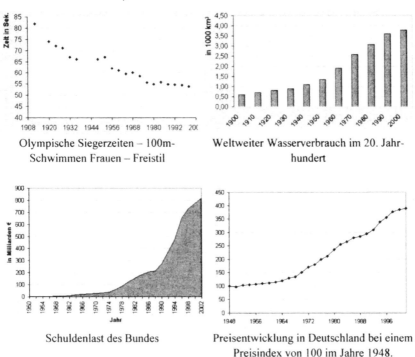

Olympische Siegerzeiten – 100m-Schwimmen Frauen – Freistil

Weltweiter Wasserverbrauch im 20. Jahrhundert

Schuldenlast des Bundes

Preisentwicklung in Deutschland bei einem Preisindex von 100 im Jahre 1948.

Um aus derartigen Daten Prognosen für zukünftige Entwicklungen ableiten zu können, ist es sinnvoll, nach Gesetzmäßigkeiten zu fragen, mit denen die gegebenen Daten beschrieben werden können. Daraus lassen sich dann Trends für zukünftige Entwicklungen ableiten, *wenn(!)* die erkannten Gesetzmäßigkeiten weiterhin als gültig angesehen werden. Dies führt auf die Frage nach „guten" Anpassungskurven oder Anpassungsfolgen für die gegebenen Daten.

Exponentielles Wachstum

Beispiel: Die Kundenentwicklung im Mobilfunk in Deutschland spiegelt die folgende Tabelle wider (Angabe in Millionen).

1992	93	94	95	96	97	98	99	00	01
0,972	1,775	2,490	3,760	5,512	9,170	13,500	21,02	38,60	54,5

Wir versuchen dieses Wachstum mit einem konstanten jährlichen Wachstums-faktor A zu modellieren. Dies führt auf die Rekursionsgleichung $a_{n+1} = A \cdot a_n$ mit dem Anfangswert a_o. Die Näherungsfolge wird experimentell nach der „Methode der kleinsten Quadrate" bestimmt. Dabei wird insbesondere deutlich, wie die Ver-änderung des Anfangswertes a_o die Kurvenform beeinflusst und nicht „nur" – wie beim linearen Wachstum mit $a_{n+1} = a_n + B$ – eine Verschiebung des Graphen be-wirkt. Dies lässt sich dann auch auf der symbolischen Ebene begründen. Wegen $a_n = a_o \cdot A^n$ wirkt sich eine Veränderung von a_o als eine multiplikative Veränderung auf jeden „y-Wert" aus.

Schließlich werden die Grenzen des Modells hinsichtlich der Extrapolation deutlich, wenn die Zahl der Kunden im Jahr 2003 die Zahl der Bewohner Deutschlands bereits überschreitet.

Logistisches Wachstum

Die Tabelle gibt den weltweiten Wasserverbrauch (in Tsd. km^3/Jahr) im letzten Jahrhundert wieder (vgl. BARATTA 1997).

1900	1910	1920	1930	1940	1950	1960	1970	1980	1990	2000
0,6	0,7	0,8	0,9	1,1	1,4	1,9	2,6	3,1	3,6	3,8

Die Form der Wachstumskurve weist Ähnlichkeiten mit dem logistischen Wachstum auf.[121] Dabei gilt, dass die Änderung $\Delta a_n = a_{n+1} - a_n$ proportional zu a_n und zu $C - a_n$ ist, wenn C der zur Verfügung stehende Wachstumsbereich (Grenz-bereich) ist. Es gilt also

$$\Delta a_n = a_{n+1} - a_n \sim a_n \cdot (C - a_n)$$
$$\text{oder} \quad a_{n+1} = a_n + D \cdot a_n \cdot (C - a_n)$$

mit einem Proportionalitätsfaktor $D \in \mathbb{R}$.

Ausgehend von der letzten Gleichung wird die logistische Wachstumsfolge durch Variation der Parameter der gegebenen Folge möglichst gut angepasst.

---

[121] vgl. etwa DÜRR u. ZIEGENBALG (1989).

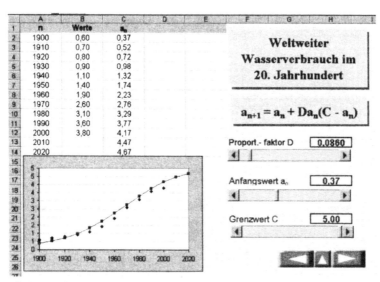

Die Werte des weltweiten Wasserverbrauchs werden mit Hilfe der Parameter
a_0, D und C und der Gleichung $a_{n+1} = a_n + D \cdot a_n \cdot (C - a_n)$ angenähert.

Wiederum kann die „Methode der kleinsten Quadrate" als Kriterium für die Güte
der Anpassung herangezogen werden. Dabei zeigt sich, dass die Anpassung des
logistischen Wachstums an die gegebenen Daten nur bedingt möglich ist, was insbesondere auf die Grenzen dieses Modells hinweist. Und in der Tat wird der Wasserverbrauch auch nicht nur von der Anzahl der Weltbevölkerung und einer Gren-
ze des Wasserreservoirs abhängen, sondern durch gesellschaftliche, wirtschaftli-
che und geographische Besonderheiten beeinflusst. Dies zeigt deutlich, dass es für
die Interpretation gegebener Daten notwendig ist, die dargestellte Situation in einem größeren auch außermathematischen Wirkungszusammenhang zu sehen.

Bedeutung des Rechnereinsatzes

Das Ziel des in den letzten Bespielen dargestellten heuristisch experimentellen
Zugangs zu den Problemstellungen ist es, das *intuitive Begriffsverständnis* oder
Grundvorstellungen (vgl. v. HOFE 1996) über verschiedene gesetzmäßige Zusammenhänge diskreter Wachstumsprozesse aufzubauen. Dabei soll das Simulieren der realen Situation und das Variieren von Ausgangswerten zum einen das
Verständnis der Eigenschaften der zugrundegelegten mathematischen Gesetzmäßigkeiten entwickeln, zum Zweiten soll der Umweltbezug der verwendeten Variablen den Sinn mathematischer Formeln aufzeigen und zum Dritten soll ein besseres Verständnis der Umweltsituation erreicht werden.
    Beim Verwenden eines TKP als Werkzeug zur Darstellung der mathemati-
schen Zusammenhänge wird vom Lernenden die explizite Eingabe der verwende-

ten Algorithmen und das Erzeugen der Darstellungen auf der numerischen und graphischen Ebene verlangt. Gegenüber der Verwendung vorstrukturierter Entwicklungsumgebungen dynamischer Simulationsprogramme – wie etwa DYNA-SYS[122] – sehen wir darin den Vorteil, dass durch den operativen Umgang mit den Darstellungen ein tieferer Einblick in die dargestellte Gesetzmäßigkeiten erreicht werden kann. Dabei wird weitgehend parallel auf der symbolischen, numerischen und graphischen Ebene gearbeitet und es wird die interaktive Verknüpfung dieser Darstellungsebenen ausgenutzt. Das Arbeiten mit dynamischen Simulationsprogrammen sehen wir dann als einen zweiten Schritt im Umgang mit Wachstumsfolgen an.

6.7   Der Flug eines Basketballs

Seit Menschengedenken ist der Ball der faszinierendste Gegenstand des spielenden Menschen. Meist ist der Ball rund, doch kennen wir auch den eiförmigen amerikanischen Football oder den mit Gänsefedern bestückten Federball. Form, Größe und Gewicht beeinflussen die Art und Weise, wie der Ball durch die Luft fliegt. Kenntnisse über diese Flugkurven sind für jeden Sportler wichtig. Mathematik kann helfen, Flugkurven genauer zu beschreiben, zu analysieren und zu interpretieren ... und bessere sportliche Leistungen zu erzielen.

Simulation der Flugkurve mit einem TKP

Beim Basketball erfolgt der Freiwurf von der 4,60-m-Linie, die Korbhöhe beträgt 3,05 m, der Korbdurchmesser ist 46 cm, der Balldurchmesser 24 cm.

Für die Simulation des Freiwurfs bieten sich wieder verschiedene Werkzeuge an. Bei der Verwendung eines CAS werden die Gleichungen der Bahnkurven benötigt, bei der Verwendung eines TKP lässt sich die Bahnkurve zwar nur schrittweise berechnen, hierfür werden aber nur die beiden grundlegenden Gleichungen für Geschwindigkeit und Beschleunigung benötigt werden: $\Delta v = a \cdot \Delta t$ und $\Delta s = v \cdot \Delta t$. Die gesamten numerischen Werte der Flugkurve können durch Kopieren dieser Formeln erhalten werden. Für eine vorgegebene Zeitdifferenz Δt, etwa $\Delta t = 0,05\ s$, berechnen wir die x- und y-Koordinaten der Wurfparabel schrittweise aus den Ausgangswerten $x_o = 0$ m und $y_o = 2$ m sowie $v_{xo} = v_o \cdot cos(\alpha)$ und $v_{yo} = v_o \cdot sin(\alpha)$ (v_o ist der Betrag der Abwurfgeschwindigkeit):

$$x_2 = x_1 + v_{xo}\,\Delta t \qquad \text{wobei} \quad v_{xo} = \text{const}$$

$$y_2 = y_1 + v_{y1}\,\Delta t \qquad \text{mit} \quad v_{y1} = v_{yo} + a\,\Delta t \quad \text{und} \quad a = -9,81\ \frac{m}{s^2}.$$

---

[122] http://www.modsim.de/.

Diese Gleichungen werden dann fortlaufend iteriert. Mit $v_o = 7,75$ m/s und $\alpha = 60°$ erhält man den folgenden Graph der Bahnkurve.

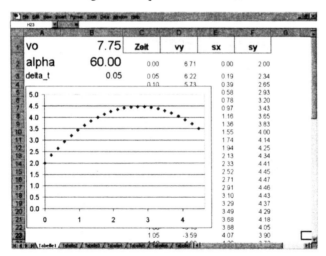

Simulation eines Korbwurfs mit EXCEL

Um die Kurve für einen erfolgreichen Korbwurf zu finden, muss man nun allerdings die Parameter v_o und α so variieren, dass die Kurve durch den Punkt (4,60; 3,05) verläuft. Es gibt viele Möglichkeiten, diese Bedingung zu erfüllen. Ob diese

Flugkurve tatsächlich der realen Flugkurve im Basketball entspricht, kann der Vergleich dieser Kurve mit den Daten einer Videoaufnahme zeigen.

Videoaufnahme vom Basketballwurf

Die Daten von einer tatsächlichen Flugkurve lassen sich mit Hilfe einer Videoaufnahme von Freiwürfen erhalten und in ein Koordinatensystem übertragen.[123]

Für einen speziell ausgewählten Wurf erhielten wir die folgenden Werte:[124]

X	0	0.25	0.5	0.75	1	1.25	1.5	1.75	2	2.25	2.5
Y	2	2.45	2.75	3	3.2	3.4	3.6	3.75	3.9	4.0	4.05

2.75	3	3.25	3.5	2.75	3.75	4.0	4.25	4.5	4.75
4.05	4.1	4.0	3.9	4.05	3.8	3.75	3.5	3.35	3.05

Mit diesen Werten lässt sich die reale Flugkurve graphisch darstellen. Die folgende Abbildung zeigt die empirisch ermittelten Daten (links) und die Werte, die bei der Computersimulation durch Veränderung von Abwurfwinkel und Anfangsgeschwindigkeit erhalten wurden, um der empirisch ermittelten Kurve möglichst nahe zu kommen. Dieses Modell erlaubt es nun, mit den Abflugwinkeln und Abfluggeschwindigkeiten zu experimentieren und Veränderungen der Flugkurve qualitativ und quantitativ zu beurteilen.

---

[123] Der Basketballwurf sollte von den Schülern selbst gefilmt werden. Der Videofilm kann dann auf einem Fernseher oder digitalisiert auf einem Computerschirm abgespielt werden. Die Flugkurve muss maßstabsgetreu in ein Koordinatensystem übertragen werden. Hierbei ist der auftretende Fehler zumindest qualitativ zu diskutieren, der dadurch zustande kommt, dass die Videoaufnahme keine Parallelprojektion ist.

[124] Vgl. WEIGAND (1999).

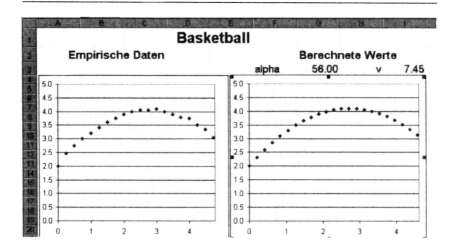

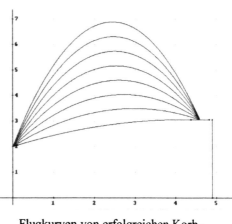

Gleichungen der Flugkurven

Natürlich lassen sich die Flugkurven auch mit einem CAS
herleiten und darstellen. Gehen
wir davon aus, dass die Flugkurven Parabeln sind,[125] legen
den Ursprung des Koordinatensystems an „die Füße" des Wer-
fers, gehen von einer Ab-
wurfhöhe von 2 m aus und lassen den Ballmittelpunkt durch
die Korbringmitte gehen, so erhalten wir Parabelscharen durch
die Punkte (0;2) und (4,60;
3,05).[126]

Flugkurven von erfolgreichen Korb-
würfen

Damit der Ball durch den Korbring fliegt, müssen die Flugkurven eine Min-
destflughöhe haben. Eine Abschätzung für die „niedrigste Parabel", bei der der
Ball gerade noch ohne Berührung des Ringes in den Korb fliegt, liefert die folgende Überlegung.

---

[125] Dies lässt sich aus den physikalischen Gleichungen des schrägen Wurfs herleiten.
[126] Mit dem Ansatz $y = ax^2 + bx + c$ erhält man als Gleichung $y = (0.049 - 0{,}21 \cdot b)x^2 + b \cdot x + 2$.

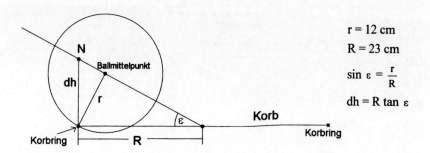

Berechnung des minimalen Einfallswinkel eines Korbwurfes. Der Ball (Radius r) fliegt längs der als geradlinig angenommenen Wurfbahn in den Korb (Radius R) und berührt dabei „gerade noch" (oder auch „gerade nicht mehr)" den Korbring.

Hieraus errechnet sich ein Einfallswinkel ε von ca. 32 Grad. Weiterhin lässt sich die Gleichung der „niedrigsten Flugkurve" aufstellen, da der Ballmittelpunkt durch den Punkt N (obige Zeichnung) gehen muss. Man erhält hierfür die Gleichung $y = -0,192x^2 + 1,11 \cdot x + 2$. Der Abwurfwinkel – also die Steigung der Parabel im Punkt (0;2) – ergibt sich hieraus zu etwa 48 Grad.

Es können sich viele weitere interessante Fragestellungen anschließen. So kann etwa nach dem Zusammenhang zwischen Abwurfwinkel und Abwurfgeschwindigkeit für erfolgreiche Würfe gefragt werden oder es lässt sich schließlich auch nach dem Einfluss der Reibung auf die Flugkurve fragen (vgl. WEIGAND 1999).

6.8   Zusammenfassung

Der computerunterstützte anwendungs- oder realitätsorientierte Unterricht ist im Rahmen der Ziele des traditionellen anwendungsorientierten Unterrichts zu sehen, wobei die zentralen Phasen des Anwendens: *Modellieren*, *Operieren* und *Interpretieren* eine neue Gewichtung erhalten. Beim *Modellieren* ergibt sich eine größere Vielfalt an Darstellungsmöglichkeiten der mathematischen Modelle auf der numerischen, graphischen und symbolischen Ebene bzw. als diskrete oder kontinuierliche Darstellung. Beim *Operieren* können algorithmische Anteile an den Rechner ausgelagert werden, wodurch das modulare Prinzip (oder das Black-Box-Prinzip) im Sinne des „Input-Output"-Verhaltens eine größere Bedeutung erlangt. Das *Interpretieren* bezieht sich auf die vom Rechner gelieferten Ergebnisse, die unter Umständen von den Darstellungen abweichen, die man üblicherweise bei Papier und Bleistift Berechnungen erhalten würde.

Der Rechner wird zu einem Hilfsmittel und Werkzeug, um Umweltsituationen modellieren und simulieren zu können. Indem man mit den Ausgangsdaten experimentieren kann, wird er zu einem *Werkzeug für einen handlungsorientierten Unterricht*, indem auf der Bildschirmebene mit den dargestellten mathematischen Objekten (Konstruktionen, Termen, Gleichungen, Funktionen) operiert oder gehandelt werden kann. Dieses Handeln mit den Bildschirmobjekten ist dabei stets in Bezug zu den realen Objekten und deren Veränderungen zu sehen. Dadurch wird der Computer zu einem Hilfsmittel für ein tieferes und kritisches Verständnis der dargestellten oder simulierten Situationen.

Ein derartiges rechnerunterstütztes Arbeiten stellt neue Anforderungen an die Schüler, aber auch an die Lehrer. Dies betrifft zum einen eine ausführlichere Analyse des Modellbildens und Interpretierens im Klassengespräch, zum Zweiten das Berücksichtigen der Möglichkeiten, dass die erhaltenen Ergebnisse neue weitergehende Fragen generieren und zum Dritten den organisatorischen Rahmen, indem verstärkt Einzel- und Partnerarbeit, Gruppen- und Projektarbeit in Beziehung zum Arbeiten mit der ganzen Klasse geplant und durchgeführt werden müssen.

V Geometrie

1 Computer im Geometrieunterricht

Der mögliche Einfluss des Computers auf den Geometrieunterricht unterscheidet sich aus unserer Sicht zum Teil wesentlich von seiner Auswirkung auf den Algebra- und Analysisunterricht. Wie in Kap. IV diskutiert, stellen CAS Teile der bisherigen Inhalte in Frage, indem sie Termumformungen übernehmen, Gleichungen selbstständig lösen, Formeln umformen und damit auch Herleitungen und Beweise liefern können. Auch die „algorithmisierbaren Kurvendiskussionen" lassen sich vom Computer durchführen. Damit erzwingt der Computer, grundsätzlich über seit langem etablierte Unterrichtsinhalte in der Algebra nachzudenken.

Die Auswirkungen des Computers im Bereich der Geometrie erscheinen dagegen weniger tiefgehend. Auch wenn das neue Werkzeug neuartige Zugänge, Verfahren und Denkweisen mit sich bringen wird, erweisen sich Dynamische Geometrie-Systeme (DGS) eher als *unterstützendes* Medium bei der Behandlung herkömmlicher Inhalte; in den wenigsten Fällen werden grundlegende geometrische Tätigkeiten wie das Darstellen, Konstruieren und Beweisen vom Computer „selbstständig" übernommen,[1] wie dies in der Algebra durch ein CAS möglich ist. Im Folgenden sollen Möglichkeiten, welche durch ein DGS eröffnet werden, an typischen Situationen und Beispielen dargestellt werden.

1.1 Inhaltsziele und Prozessziele

Die folgenden beiden Aufgaben stehen exemplarisch für zwei wesentliche Zielrichtungen im Geometrieunterricht.

Beispiel: „Zeichne [ein] Dreieck *ABC*. Konstruiere durch *C* eine Gerade, die *AB* unter dem Winkel γ schneidet" (Anschauliche Geometrie 1: S. 57).

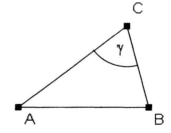

---

[1] ... sieht man einmal von dem rein handwerklichen Zeichnen ab (das vom Computer durch eine Zeichnung am Bildschirm ersetzt wird) und von Programmen aus dem Bereich der künstlichen Intelligenz (wie z.B. GEOLOGWIN).

Die Aufgabe fordert den Schüler auf, eine geometrische Problemstellung mit Zirkel und Lineal zu lösen. Hierbei soll der Schüler sein *Wissen* anwenden, erweitern und vertiefen.[2]
Damit zielt die Aufgabe auf *Inhaltsziele* des Geometrieunterrichts ab, d.h. auf die Kenntnis einschlägiger Sätze, Definitionen oder Konstruktionen. Die Kenntnisse, auf welche sich die Inhaltsziele beziehen (vgl. HOLLAND 1996, S. 4ff), lassen sich unterscheiden in:

- Kenntnis von Begriffen und Definitionen,
- Kenntnis von Sätzen und Beweisen (bzw. Beweisideen),
- Kenntnis von Verfahren und Konstruktionen.

Die folgende zweite Aufgabe hat einen prinzipiell anderen Charakter und verfolgt eine andere Intention.

Beispiel: Welche Vielecke können entstehen, wenn du von einem Viereck eine Ecke abschneidest? Zeichne für jeden möglichen Fall eine Figur (Anschauliche Geometrie 1, S. 32).

Hier sollen die Schüler mit geometrischen Objekten experimentieren und Fallunterscheidungen durchführen. Sie benötigen bestimmte *Fähigkeiten*. Der Schwerpunkt derartiger Aufgaben liegt also weniger auf den inhaltlichen Zielen, sondern auf den *Prozesszielen*, auf dem Erlernen mathematischer Arbeits- und Denkweisen. Bei den Prozesszielen, die typischerweise nicht in kurzfristigen Unterrichtseinheiten erlernt werden können, lassen sich unterscheiden:

- Fähigkeit zum Entdecken geometrischer Phänomene,
- Fähigkeit zum Verbalisieren und Formalisieren geometrischer Sachverhalte und Beziehungen,
- Fähigkeit zum Definieren und Beweisen,
- Fähigkeit zum Problemlösen.

Im Folgenden soll untersucht werden, welchen Einfluss der Computer beim Erreichen von Inhalts- und Prozesszielen haben kann. Hierzu soll zunächst grob geklärt werden, was „Geometrie mit dem Computer" von der herkömmlichen Geometrie unterscheidet. Im Anschluss an die Darstellung der typischen Neuerungen wird dann auf den Einfluss des Computereinsatzes auf die oben genannten Ziele einzeln eingegangen.

1.2   „Computergeometrie" und herkömmliche Geometrie

Die Grundphilosophie aller DGS[3] entspricht der griechischen Tradition der Zirkel- und Linealgeometrie, dass außer einem *Zirkel* (zum Zeichnen von Kreisen

---

[2] Im vorliegenden Beispiel müsste etwa eine beliebige Gerade konstruiert werden, welche *AB* unter dem Winkel γ schneidet. Die Parallele zu dieser Geraden durch *C* ist die gesuchte Lösung.

und zum Übertragen von Strecken) und einem *Lineal* ohne Maßeinteilung (zum Zeichnen von Geraden) keine weiteren Instrumente (wie Winkelmesser, „Rechte Winkel", Zeichendreiecke, Parabelschablonen, Ellipsenzirkel, ...) verwendet werden (dürfen). In der Schulgeometrie hat man diese sehr strengen Vorgaben allerdings seit längerem gelockert, indem man z.b. Strecken- und Winkelübertragungen mit Lineal, Winkelmesser oder dem Geodreieck zulässt.

DGS stellen dementsprechend alle Zirkel- und Linealoperationen zur Verfügung. Sie können also Punkte, Geraden, Halbgeraden, Strecken, Dreiecke und Kreise sowie Schnittpunkte dieser Objekte zeichnen.

Darüber hinaus werden auch „Geodreiecksoperationen" wie das Abtragen von Winkeln vorgegebener Größe oder das Einzeichnen von Strecken bestimmter Länge angeboten. Meist findet sich in den Konstruktionsmenüs auch noch eine Auswahl von häufig benötigten Grundkonstruktionen wie das Zeichnen von Parallelen, Mittelsenkrechten oder Winkelhalbierenden. Schließlich finden sich „Messfunktionen" wie das Messen von Streckenlängen und Winkelgrößen.

Das Konstruktionsmenü von DYNAGEO

So stellen die Programme zunächst *Zeichenprogramme* dar, die über einen beschränkten Vorrat an Zeichenwerkzeugen verfügen und gegenüber Zirkel und Lineal den Vorteil besitzen, dass Konstruktionen schneller, sauberer und präziser erstellt, leichter korrigiert und Messungen präziser durchgeführt werden können, als dies mit Papier und Bleistift üblicherweise der Fall ist.

Der entscheidende Vorzug der DGS gegenüber den herkömmlichen Zeichenwerkzeugen besteht aber darüber hinaus in den Möglichkeiten,

- einmal erstellte Konstruktionen variieren (*Zugmodus*),
- Ortslinien von Punkten bei der Variation von Konstruktionen erstellen *(Ortslinienfunktion)* und
- auf bereits erstellte Konstruktionen zurückgreifen (*modulares Konstruieren*) zu können.

Im Folgenden sollen diese Möglichkeiten von DGS näher beschrieben werden. Dabei soll zugleich deutlich werden, welche neuen Möglichkeiten sich für den Geometrieunterricht eröffnen.

---

[3] Die zur Drucklegung des Buches bekanntesten und am meisten benutzten DGS sind unserer Einschätzung nach: CABRI-GEOMETRE, CINDERELLA, DYNAGEO, GEOLOGWIN, GEOMETER'S SKETCHPAD, GEONET und GEONEXT, THALES und Z.U.L.

Zugmodus

Man stelle sich eine komplexe geometrische Papierzeichnung vor, bei der sich augenscheinlich drei Kreise in genau einem Punkt schneiden. Bevor man sich auf die Suche nach einer Begründung des Phänomens macht, ist der ökonomische Weg üblicherweise, zunächst an einem weiteren Beispiel zu überprüfen, ob sich die Beobachtung verifizieren lässt. Schneiden sich die beobachteten Kreise wieder in einem gemeinsamen Punkt, ist man evtl. einem interessanten Phänomen auf der Spur. Falls sich bei einer weiteren Zeichnung kein gemeinsamer Schnittpunkt ergibt, kann man im allgemeinen davon ausgehen, dass die erste Zeichnung nur zufällig eine Inzidenz ergab. In jedem Fall ist es notwendig, die gleiche Konstruktion erneut (und zeitaufwendig) durchzuführen.

Bedingt durch die hohe Rechenleistung von PCs ist es bei Verwendung eines DGS möglich, die gleiche Konstruktion wiederholt sehr schnell hintereinander mit veränderten Eingangsparametern am Bildschirm durchzuführen. Hierzu kann man (durch „Ziehen" mit der Maus) die Lage eines Punktes auf dem Bildschirm verändern, vom DGS werden sofort die Koordinaten aller von diesem Punkt abhängigen Objekte (andere Punkte, Geraden, Winkel, Kreise, ...) berechnet und am Bildschirm neu dargestellt. Wesentlich dabei ist, dass hierbei die ursprünglichen geometrischen Relationen einer Konstruktion vollständig erhalten bleiben.

Die folgenden Abbildungen zeigen den Anfang und das Ende einer Bewegung des Punktes P. Die Gerade PS war in der Konstruktion als „Gerade durch P und S" gezeichnet worden, die Gerade RQ dagegen als Senkrechte zur Strecke [PR] im Punkt R.

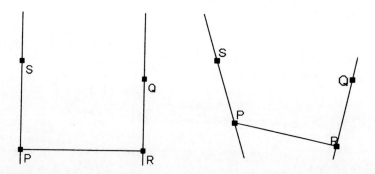

Und genau diese beim Konstruieren beabsichtigten und vorgegebenen Relationen (Gerade durch S und Senkrechte auf [PR]) bleiben beim Bewegen von P erhalten: PS ist immer eine Gerade durch P und S – und nicht etwa eine Senkrechte zur Strecke [PR] wie in der Anfangskonstellation. Dagegen bleibt der rechte Winkel bei R beim Bewegen von P erhalten.

Jede geometrische Konstruktionszeichnung kann man als einen Vertreter einer ganzen Menge von Konstruktionszeichnungen auffassen, die nach derselben Konstruktionsvorschrift entstanden sind – man denke etwa an die Konstruktion dreier

Mittelsenkrechten in einem beliebigen Dreieck. Dabei zerfällt die Menge aller Konstruktionen in Klassen (bzgl. der Äquivalenzrelation „Konstruktion X und Konstruktion Y können durch dieselbe Konstruktionsvorschrift entstanden sein")[4]. Und im Zugmodus eines DGS ist sichergestellt, dass man beim Ändern des Aussehens einer Konstruktionszeichnung keine strukturellen Änderungen an den geometrischen Relationen vornimmt.[5] „Variiert man im Zugmodus einen Repräsentanten (Zeichnung), so führt das nicht aus der Klasse (Figur) hinaus, die er vertritt." (HÖLZL 1994, S. 68) Im konkreten Beispiel heißt das, dass sich in allen Fällen unabhängig vom konkreten Aussehen des Dreiecks die Mittelsenkrechten immer in einem gemeinsamen Punkt treffen werden. Damit ist der Zugmodus ein geeignetes Werkzeug, um Beobachtungen über spezielle Lagebeziehungen zu überprüfen und geometrische Phänomene zu entdecken.

Das beschriebene Verbleiben innerhalb einer bestimmten Klasse von Konstruktionen trotz Änderungen im Aussehen einer Figur wird durch eine „Strenge" beim Erstellen einer Konstruktion erkauft, die beim Arbeiten mit dem Geodreieck nicht so offen zu Tage tritt. Dies soll an einem Beispiel verdeutlicht werden:

Zeichnet man mit dem Geodreieck eine Höhe in ein gegebenes Dreieck, so kann man sich der angebotenen, eingezeichneten Hilfslinien bedienen. So wird die (in folgender Zeichnung gestrichelte) Lotlinie des Geodreiecks mit einer Dreiecksseite zur Deckung gebracht und das Geodreieck so lange verschoben, bis die Zeichenkante durch den entsprechenden Eckpunkt verläuft.

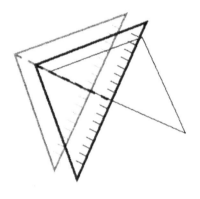

Wenn diese „Geodreieck-Strategie" nun bei einem DGS angewandt wird, führt dies zu Problemen: Analog der Zeichnung mit dem Geodreieck kann man mit einem DGS durch einen Punkt *F* der Strecke *AB* das Lot auf *AB* zeichnen. Den Punkt *F* verschiebt man nun solange, bis das Lot durch den Punkt *C* verläuft. Man hat den Eindruck, die beiden Konstruktionen seien identisch. Das ist jedoch nicht der Fall, denn in der Zeichnung mit dem DGS ist die Figur ein Vertreter derjenigen Konstruktionsklasse, bei welcher die letzte gezeichnete Linie ein „Lot auf *AB*" ist. Damit gehört die gezeichnete Figur aber nicht zur Klasse „Lot auf *AB* durch *C*".

---

[4] Eine theoretische Auseinandersetzung mit den „Grundlagen dynamischer Geometrie" findet sich in KORTENKAMP/ RICHTER-GEBERT (2001).

[5] Eine Analyse über „Stetigkeit" und „Determinismus" eines DGS gibt GAWLIK (2001).

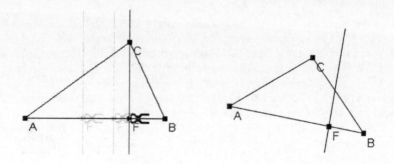

Variiert man also die Konstruktion, indem man etwa die Lage des Eckpunkts A verändert, bleibt die Lotlinie senkrecht zu AB, verläuft aber im allgemeinen nicht mehr durch C; sie hatte von Anfang an nicht der Klasse angehört, welche zusätzlich den Verlauf durch C gefordert hätte.

Die Diskrepanz zwischen den beiden Lösungen bei der obigen Höhenkonstruktion liegt nun nicht in einer „Unzulänglichkeit" des einen oder anderen Werkzeugs, sondern darin, dass das „Verschieben" bzw. „Einpassen" von Geraden mit dem Geodreieck keine Konstruktion im strengen Sinne der Zirkel- und Linealgeometrie darstellt. Im üblichen Unterricht ist das Geodreieck aber als Zeichenwerkzeug anerkannt und etabliert, so dass in diesem Sinn die Konstruktion korrekt ist. Damit zeigt das Beispiel, dass die Einbeziehung von DGS in den Unterricht eine strengere Auffassung geometrischer Konstruktionen mit sich bringt: Anders als bei Geodreiecks-Konstruktionen sind bei den DGS-Konstruktionen im Sinne der Zugmodusinvarianz nur „reine" Zirkel- und Linealkonstruktionen korrekt.

Im Unterricht erweist sich der Einsatz des Zugmodus als eine schnelle, einfach zu handhabende und relativ sichere Methode, um die Richtigkeit von Konstruktionen zu überprüfen. Man stelle sich vor, ein Schüler habe ein Quadrat zu konstruieren. Einer bloßen Darstellung der Figur (auf Papier oder am Bildschirm) kann man auf den ersten Blick nicht unbedingt ansehen, ob ihrer Entstehung eine richtige Lösungsidee zugrunde liegt; eine Zeichnung „nach Augenmass" würde denselben optischen Eindruck ergeben wie eine Konstruktion, bei der die rechten Winkel und die gleich langen Strecken konstruiert wurden. Bewegt man aber einen Eckpunkt des Quadrats, so „zerfällt" eine Scheinkonstruktion zu einem allgemeineren Viereck, während eine „wirkliche" Quadratkonstruktion auch beim Verziehen weiterhin Quadrate liefert.

Als ein Kriterium für die Richtigkeit einer Konstruktion kann damit die *Zugmodusinvarianz* angesehen werden: Eine DGS-Konstruktion gilt dann als korrekt, wenn die geforderten geometrischen Relationen auch bei Variation der Ausgangskonfiguration mit dem Zugmodus erhalten bleiben.

Ortslinien

Eng mit dem Zugmodus verbunden ist die Möglichkeit, mit einem DGS geometrische Ortslinien grafisch darzustellen. Prinzipiell geht es um die Frage: Welche Kurve durchläuft ein irgendwie konstruierter Punkt, wenn ein anderer Punkt (auf einer Geraden, einem Kreis oder völlig frei) bewegt wird? Das wird mit einer „Markierung" des fraglichen Punktes über einen Befehl „Ortslinie zeichnen" erreicht. Derartige Problemstellungen spielen bei der Definition von Kegelschnitten eine zentrale Rolle (siehe Kap. 5.2.2).

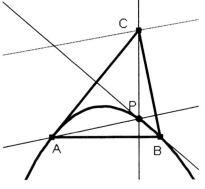

Typisch ist etwa die folgende Situation: Mit einem DGS wurde ein Dreieck mit seinen Höhen gezeichnet. Der Eckpunkt C des Dreiecks ABC wird auf einer Geraden bewegt. Auf welcher Ortslinie bewegt sich der Höhenschnittpunkt P des Dreiecks?
Zur Erstellung der Ortslinie markiert man den interessierenden, abhängigen Punkt – hier also den Höhenschnittpunkt P – und zieht den unabhängigen Punkt – hier den Eckpunkt C – mit der Maus. Dabei entsteht die parabelförmige Ortslinie.[6]

Die folgenden Abbildungen zeigen zwei weitere typische Anwendungen von Ortslinien: Bei der Konstruktion auf der linken Seite wird die Summe der Kreisradien $a + b$ konstant gehalten. Variiert man einen Kreisradius, so durchlaufen die Schnittpunkte der beiden gestrichelten Kreise eine Ellipse.

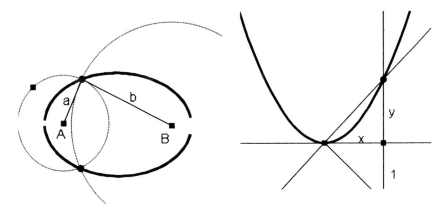

---

[6] Natürlich ist noch – etwa algebraisch – zu zeigen, dass es sich bei dieser Ortslinie tatsächlich um eine Parabel handelt.

In der rechten Figur ist mit der gegebenen Höhe x und dem Hypotenusenabschnitt 1 ein rechtwinkliges Dreieck konstruiert. Nach dem Höhensatz gilt für den zweiten Hypotenusenabschnitt y: $1 \cdot y = x^2$. Und wie sich beim (geeigneten) Variieren der Höhe zeigt, ergibt die Ortslinie des konstruierten Hypotenusenendpunkts eine Parabel. Auf die unterrichtlichen Konsequenzen und Anwendungen von Ortslinien wird in den folgenden Kapiteln detaillierter eingegangen.

Modulares Konstruieren

Eine klassische Konstruktionsaufgabe im Geometrieunterricht ist die Konstruktion der Tangenten von einem gegebenen Punkt P an einen gegebenen Kreis $k(M,r)$. Die Konstruktionsidee führt über die Berührpunkte $T1$ und $T2$ der Tangenten und besteht darin, den (Thales-) Kreis über dem Durchmesser $[PM]$ mit dem gegebenen Kreis k zu schneiden. Die Verwendung des Thaleskreises baut auf dem Wissen auf, dass eine Tangente senkrecht zum Berührpunktradius ist.

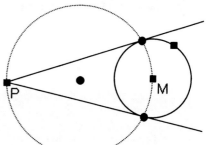

In analoger Weise „speichert" man im traditionellen Algebraunterricht die in einer langwierigen Herleitung entwickelte Lösungsformel:

$$x_{1/2} = \frac{1}{2a}\left(-b \pm \sqrt{b^2 - 4ac}\right)$$

einer gemischt-quadratischen Gleichung im Gedächtnis. Während man allerdings in der Algebra bei der konkreten Lösung eines Problems diese einmal entwickelte Formel auch wirklich als „Werkzeug" verwenden kann, muss beim üblichen Konstruieren etwa einer Mittelsenkrechten stets auf elementare Zirkel- und Lineal-Operationen zurückgegriffen werden. Zwar lässt sich das Geodreieck als Werkzeug zum unmittelbaren Zeichnen einer Mittelsenkrechten verwenden, ein Werkzeug (etwa in Form einer Schablone) zum Zeichnen eines Thaleskreises über einer gegebenen Strecke existiert jedoch nicht.

Im Gegensatz zum Arbeiten in Algebra und Analysis kann der Schüler also sein geistiges Konzept bei geometrischen Konstruktionen auf der operativen Ebene nicht aufrechterhalten, sondern muss sich auf das Niveau geometrischen Arbeitens mit elementaren Konstruktionen (das Zeichnen und Schneiden von Geraden und Kreisen) begeben – und das erneut bei jeder Konstruktionsaufgabe: „Mentale Großschritte zerfallen in viele manuelle Kleinschritte" (SCHUMANN 1990).

Ein Werkzeug, welches die Realisierung mentaler Großschritte ermöglicht, bezeichnet man als *Modul*. In diesem Sinne kann das Geodreieck als Sammlung von Modulen aufgefasst werden, welche das Zeichnen von Senkrechten, Winkeln oder Winkelhalbierenden ermöglicht. Damit wird das Erstellen von Konstruktionen im Unterricht erleichtert; das Geodreieck erspart bei Senkrechten, Parallelen, Winkelhalbierenden usw. dem Schüler das Einzeichnen und Berücksichtigen tieferliegender Elementarkonstruktionen. Der Schüler kann sich besser auf die wesentlichen Gedanken einer Konstruktionsidee konzentrieren, wenn nicht jeder „Mikroschritt" bedacht werden muss, sondern von einem geeigneten Werkzeug übernommen wird. Trotz dieses Vorteils gegenüber Zirkel und Lineal urteilt SCHUMANN (1990, S. 230): „Die herkömmlichen zeichnerisch-konstruktiven Werkzeuge weisen als Mittel zur Erforschung und Rekonstruktionen der synthetischen Elementargeometrie durch den Schüler erhebliche Defizite auf."

Man sollte deshalb beim Zeichnen in der Geometrie jeden „Dogmatismus" vermeiden. So empfiehlt VOLLRATH: „In Verbindung mit Konstruktionsaufgaben sollten auch Skizzen zugelassen werden. ... Entsprechend sollten für Konstruktionen nicht nur Zirkel und Lineal zugelassen sein. ... Bei der Erarbeitung von Konstruktionen sollten Module verwendet werden, um die neuen Ideen möglichst deutlich hervortreten zu lassen und die Schüler davor zu bewahren sich in Einzelheiten zu verlieren." (VOLLRATH 1991). Und an anderer Stelle: „Indem man den algorithmischen Aspekt hervorhebt, schafft man zugleich Ansatzpunkte für das Arbeiten mit dem Computer".

Obwohl also die Tragfähigkeit der Modulsammlung beim Geodreieck sehr beschränkt ist (und bei den klassischen Zeichenwerkzeugen Zirkel und Lineal völlig fehlt), wird trotzdem bei der Beschreibung von Konstruktionen seit alters her (sinnvollerweise) eine modulare Struktur gewählt. So findet sich im dritten Buch, §17 (A.2.) der Elemente des EUKLID die Konstruktionsaufgabe: „Von einem gegebenen Punkte aus an einen gegebenen Kreis eine Tangente zu ziehen." Die „Konstruktionsbeschreibung" lautet dort: „Der gegebene Punkt sei A, der gegebene Kreis BCD. Man soll vom Punkte A an den Kreis BCD eine Tangente ziehen. Man verschaffe sich den Kreismittelpunkt E (III,1), ziehe AE und zeichne mit E als Mittelpunkt,..." (EUKLID, S. 59).

Bemerkenswert ist, dass hier auf zwei bereits gelöste Aufgaben zurückgegriffen wird: Das Konstruieren des Mittelpunkts einer gegebenen Kreislinie und die Konstruktion des Mittelpunkts einer Strecke; im folgenden wird dann noch eine dritte gelöste Aufgabe verwendet: die Konstruktion einer Senkrechten auf eine Strecke. „Betrachtet man Konstruktionsbeschreibungen als Algorithmen, dann benutzt EUKLID also bereits Module." (VOLLRATH 1991).

Sogar die in den Schulbüchern gebräuchliche Verwendung von Konstruktionsmodulen gestattet es, eine „natürliche" und in allen Büchern ähnliche Hierarchie der Konstruktionen abzulesen.

1. Niveau von Konstruktionen

Auf der untersten Stufe der Hierarchie finden sich sog. Grundaufgaben oder Grund- (auch Fundamental-) Konstruktionen, deren „Lösungen" allein mit Hilfe von Zirkel- und Lineal-Operationen angegeben werden: Konstruktion der Verbindungsgeraden zweier Punkte, Konstruktion eines Kreises um den Mittelpunkt M mit Radius r, Konstruktionen zur Strecken- und Winkelübertragung, Konstruktionen zur Achsen- und Punktspiegelung, Konstruktion eines 60°-Winkels.

2. Niveau von Konstruktionen

Die Konstruktionen dieses Niveaus lassen sich dadurch kennzeichnen, dass sie neben „Elementaroperationen" auch auf Konstruktionen des ersten Niveaus zurückgreifen: Halbieren von Strecken und Winkeln, Errichten und Fällen von Loten, Parallelenkonstruktionen, Dreieckskonstruktionen (SSS, SWS, ...).

3. Niveau von Konstruktionen

Auf der dritten Stufe der Konstruktionshierarchie wird zur Beschreibung je nach Bedarf auf Konstruktionen der 1. oder 2. Stufe zurückgegriffen. Hier finden sich unter anderen: Zerlegung einer Strecke in n gleiche Teile, Tangentenkonstruktionen an Kreisen, Konstruktion des Thaleskreises, Konstruktion des Fasskreisbogenpaares, Konstruktion merkwürdiger Punkte und Linien eines Dreiecks (Höhen, Mittelsenkrechten, ...).

Der im traditionellen Geometrieunterricht herrschende Mangel an geeigneten modularen Zeichenwerkzeugen wird durch den Computer behoben: Mit einem DGS kann eine einmal erstellte Konstruktion gespeichert und bei Bedarf auf eine andere Ausgangskonstellation angewendet werden. Damit lassen sich für alle oben genannten Konstruktionen „Schablonen", Zeichenwerkzeuge, Module erstellen, die es ermöglichen, die Konstruktionsideen ohne Rückgriff auf Elementaroperationen zu realisieren.

Die folgende Gegenüberstellung macht deutlich, wie die Konstruktion der eingangs erwähnten Tangentenkonstruktion „klassisch" und modular aussieht. Dabei ist vor allem in der Konstruktionsbeschreibung klar zu sehen, dass sich beim Einbeziehen von Modulen in eine Konstruktion die mentalen Großschritte auch wirklich realisieren lassen.

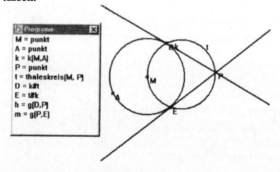

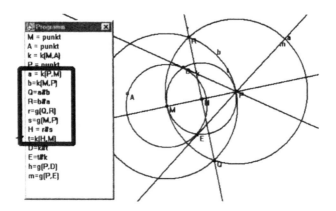

Der stark umrahmte Teil der Konstruktionsbeschreibung wird in der oberen Konstruktion durch den Modul „*thaleskreis*" ersetzt. Der Vergleich der beiden Konstruktionen zeigt zudem anschaulich, wie beim Einbeziehen von Modulen in eine Konstruktion die Übersicht und der Blick auf die zentralen Elemente der Konstruktion geschärft werden kann.

Mit dem Zugmodus und dem modularen Konstruieren sind (neben der Möglichkeit des schnellen, präzisen Konstruierens und dem Erstellen von Ortslinien) die neuen Möglichkeiten von DGS kurz skizziert. Im Folgenden soll dargestellt werden, wie diese Funktionen den Geometrieunterricht bereichern können.

1.3   Der Einfluss des Computers auf das Verbalisieren

Die Lehrpläne fast aller Unterrichtsfächer formulieren für alle Schularten und Klassenstufen das Verbalisieren als wesentliches Lernziel. So sollen im Deutschunterricht Vorgangsbeschreibungen, in Physik Versuchsbeschreibungen, in Geschichte, Sozialkunde usw. kurze Zusammenfassungen erstellt werden. Eine Analyse zeigt, dass mit dem Begriff „Verbalisieren" etwa folgendes erfasst werden soll:

- die sprachliche Korrektheit und Verwendung der jeweiligen Fachsprache,
- die korrekte Reihenfolge von Argumentationsschritten,
- eine sinnvolle Schrittweite von Argumentationsschritten sowie
- die Vollständigkeit der Angaben.

Konstruktionsbeschreibungen

Im Mathematikunterricht können *Konstruktionsbeschreibungen* einen Beitrag zum Erwerb dieser Qualifikationen leisten. Aus verschiedenen Gründen stehen allerdings sowohl Lehrer als auch Schüler den verbalen Beschreibungen von geometrischen Konstruktionen sehr reserviert gegenüber. So sind Konstruktionsbeschreibungen mit einem Stigma behaftet: Sie werden immer wieder – speziell von erfahrenen Kollegen – in enger Beziehung zu Dreieckskonstruktionen gesehen, die als „Konstruktion von Dreiecken aus möglichst unpassenden Stücken" (etwa der Summe aller Höhen und einem Winkel oder ähnliches, vgl. HERTERICH 1986) bezeichnet werden. Schon Felix KLEIN charakterisierte derartige Aufgaben als „unnötige Quälerei" der Schüler – meinte allerdings nicht die Konstruktionsbeschreibungen an sich, sondern kritisierte vielmehr die zugrundeliegenden trickreichen Konstruktionsaufgaben.

Aus unterschiedlichen Gründen können Schüler Abneigungen gegen Konstruktionsbeschreibungen haben. Sie werden als unnötiger Aufwand bei Konstruktionsaufgaben angesehen, da nach Schülermeinung das Wesentliche einer Konstruktionsaufgabe mit der Erstellung einer grafischen Darstellung erledigt ist und alles andere dann als zusätzlicher Ballast angesehen wird. Des weiteren sind Konstruktionsbeschreibungen unbeliebt, weil Schülern ein „Standard" zu deren Erstellung fehlt. Sie sind es nicht gewohnt, im Mathematikunterricht eigene Formulierungen mit einem relativ großen Spielraum zu erstellen, die dennoch bestimmte Exaktheitskriterien erfüllen müssen.

Typische Fehler bei Konstruktionsbeschreibungen

Diese generelle Unsicherheit beim Formulieren schlägt sich in typischen Fehlermustern nieder. Die wesentlichen seien im Folgenden kurz charakterisiert: Viele Konstruktionsbeschreibungen (vgl. LUTZ/ WETH 1994 und WETH 1994) lesen sich wie „Erlebnisberichte". Typisch ist etwa: „Zuerst nehme ich den Zirkel in die Hand. Dann steche ich mit der Spitze in A ein. ..."

- Eine weitere Fehlerquelle sind fehlende Konstruktionsparameter. So trifft man immer wieder auf Beschreibungen, in denen Kreise ohne Angabe von Mittelpunkt und/oder Radius, Geraden ohne Angabe der sie definierenden Punkte usw. verwendet werden.

Die generelle Unsicherheit beim Formulieren schlägt sich unter anderem schließlich auch darin nieder, dass Schüler „sicherheitshalber" ihre Konstruktionsbeschreibungen sehr kleinschrittig anfertigen. Statt etwa zur Beschreibung des Umkreismittelpunkts eines Dreiecks zwei Mittelsenkrechten zu verwenden, wird die Konstruktion jeder Mittelsenkrechten durch die entsprechenden Hilfskreise und Schnittpunkte detailliert beschrieben; eben so, wie die Konstruktion mit Zirkel und Lineal durchgeführt wurde. In der Sprechweise von Kapitel V.1.2 kann man sagen, dass in Konstruktionsbeschreibungen keine Module verwendet werden.

Konstruktionsbeschreibungen am Computer

Eine drastische Verbesserung beim Beschreiben von Konstruktionen ergibt sich allerdings, wenn man die bisherige Reihenfolge „Erst die Konstruktion, dann die Beschreibung" umkehrt und eine Konstruktionsbeschreibung zur *Grundlage* von

Konstruktionen macht. Genau die Umkehrung – „Erst die Verbalisierung, dann die Konstruktion" – lässt sich mit dem Computer realisieren.

Einen Prototyp für ein derartiges DGS stellt GEOLOG dar, ein Teilprogramm von GEOLOGWIN (vgl. HOLLAND 1996). Hier werden in einem Eingabefenster die einzelnen Konstruktionsbefehle schrittweise über die Tastatur eingegeben. Die verwendete Syntax ist an die mengentheoretische Formalsprache angelehnt und wird – wie sich in Unterrichtsversu-

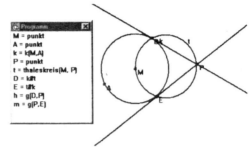

chen zeigte – von den Schülern problemlos akzeptiert und innerhalb einer Unterrichtsstunde im Wesentlichen beherrscht. Erst wenn eine Konstruktionszeile fehlerfrei und mit allen notwendigen Parametern eingegeben und vom System akzeptiert ist, erfolgt neben dem Text in einem Zeichenfenster die grafische Darstellung des Objekts.

Bei einem Unterrichtsversuch zum Konstruieren mit GEOLOG (vgl. LUTZ/ WETH 1994) ergaben sich folgende Ergebnisse:

- Die GEOLOG-Syntax wurde von den Schülern sofort akzeptiert. Wurden Verbesserungs- und Korrekturvorschläge durch den Lehrer vorher als „Nörgelei" empfunden (der Lehrer wisse doch, was mit den Beschreibungen ausgedrückt werden solle), wurden die Weigerungen des Systems bei fehlerhaften Eingaben als Normalität akzeptiert („Klar, dass der Computer das nicht kann"). Unter anderem brachte dieses Schülerverhalten den Lehrer aus der sonstigen Rolle des unerwünschten und besserwisserischen Kritikers in die Rolle eines willkommenen Helfers, wenn der Computer auch nach mehreren vergeblichen Versuchen eine Befehlszeile wegen eines Parameterfehlers verweigerte.

- Der Unterrichtsversuch war so angelegt gewesen, dass Konstruktionsbeschreibungen an keiner Stelle thematisiert, besprochen oder verlangt worden waren. Erst *nach* der vierstündigen Sequenz, die sich ausschließlich mit modularem Konstruieren beschäftigte, wurde von den Schülern im Verlauf des „normalen" Folgeunterrichts eine Konstruktionsbeschreibung verlangt. Hier zeigte sich, dass die Schüler von sich aus auf Beschreibungen zurückgriffen, die im GEOLOG-Stil angefertigt waren. Fast alle Schüler der Klasse hatten durch Konstruieren mit dem Programm also *implizit* das Erstellen von Konstruktionsbeschreibungen erlernt.

- Die genannte Orientierung an der GEOLOG-Syntax spiegelte sich auch in der selbstverständlichen Verwendung von Modulen wider. Kaum eine der Beschreibungen fiel in der vorher beobachteten Kleinschrittigkeit aus.

- Zusätzlich waren deutliche Verbesserungen hinsichtlich der Vollständigkeit der Konstruktionsparameter zu beobachten. Die Schüler betrachteten die Konstruktionsbeschreibungen nun nämlich nicht mehr als Nachtrag zu einer bereits erstellten Zeichnung, sondern ganz im Sinne des Programmautors als Programm, das man einem Computer eingeben muss, damit dieser dann problemlos eine Zeichnung erstellen kann. Und diese Vorstellung erzwang in „natürlicher Weise", dass auch alle nötigen Parameter zu einem Konstruktionsbefehl angegeben werden mussten, da ansonsten die Konstruktion nicht ausgeführt werden konnte.

Als eine der wenigen negativen Begleiterscheinungen beim Einsatz von GEOLOG war zu beobachten, dass einige Schüler überflüssige Programmzeilen in ihren verbalen Beschreibungen verwendeten. Typisch war etwa die Zeile „Verbinde die Eckpunkte des Dreiecks (A, B, C)", denn GEOLOG verlangt zum Zeichnen eines Dreiecks einen ähnlich lautenden expliziten Befehl.

2 Der Computer als heuristisches Werkzeug

Der Mathematikunterricht sollte – zumindest gelegentlich – eigene Entdeckungen ermöglichen. Im Geometrieunterricht lassen sich etwa neue Figuren erzeugen, an denen besondere Eigenschaften entdeckt werden können. Die Schüler lernen immer neue Abbildungsarten kennen, die auf die bekannten Figuren angewendet werden und dabei die Frage aufwerfen, welche Eigenschaften der Figur erhalten bleiben und welche Eigenschaften sich ändern. Das kann dann auch umgekehrt zur Suche nach Abbildungen mit bestimmten Eigenschaften führen.

Das Entdecken von Neuem wird als *Heuristik* bezeichnet. Im Folgenden soll deutlich werden, dass der Computer im Geometrieunterricht in vielen Bereichen eine heuristische Funktion übernehmen kann. Einige dieser Bereiche werden im Folgenden näher betrachtet.

2.1 Heuristik der Abbildungen mit dem Computer

Über Jahrhunderte wurde ebene Geometrie im wesentlichen als Figurenlehre betrieben. Untersucht wurden Dreiecke, Vierecke und Vielecke sowie Kreise und Kegelschnitte. Unter dem Einfluss der Analytischen Geometrie wurden seit dem 17. Jahrhundert viele neue Kurventypen als neue geometrische Objekte entdeckt. Gegen Ende des 19. Jahrhunderts begann man sich für Fragen der Abbildungsgeometrie zu interessieren. Sie eroberte im 20. Jahrhundert auch den Geometrieunterricht. Seither gelten Abbildungen und die zugehörigen Symmetrien als *fundamentale* Idee des Geometrieunterrichts. WINTER (1976, S. 14) begründet dies durch ihren hohen Aspektreichtum, der in die Algebra (Gruppentheoretische Betrachtungen, Deckabbildungen, ...), Arithmetik („Pascalsches Dreieck", ...), Physik und Technik (Architektur, Grundrisse, Stahlkonstruktionen, ...) oder in künstlerische Bereiche (Bildkonstruktionen, Plastiken, ..) hineinreicht.

Bereits Schulanfänger verfügen aus ihrer Alltagserfahrung über umfangreiche Erfahrungen zur Funktionalität und Zweckmäßigkeit symmetrischer Figuren (FRANKE, 2000 S. 200 ff), und es ist Aufgabe des Geometrieunterrichts, aufbauend auf diesen Vorstellungen eine mathematische Präzisierung des Symmetriebegriffs zu bewirken.

Grundlegend für „Symmetrie" oder „symmetrische Figuren" ist der Begriff der Abbildung: Symmetrie ist die Eigenschaft einer Figur, durch eine nichttriviale Abbildung auf sich selbst abgebildet zu werden. Symmetrien und Abbildungen sind demnach eng miteinander verbunden. Zu den Achsenspiegelungen gehört die Achsensymmetrie, zu den Drehungen die Drehsymmetrie, zu den Ähnlichkeitsabbildungen die „Selbstähnlichkeit".

Bei den Symmetriebetrachtungen im Unterricht tritt der Abbildungsbegriff in ganz unterschiedlichen Ausprägungen auf. Auf der intuitiven Ebene geht er von Spiegelungen und Bewegungen in der Umwelt aus, oder er ist ganz in dem Begriff der Eigenschaft einer Figur (achsen-, drehsymmetrisch) versteckt und wird nur in handlungsorientierten Sprechweisen wie „klappen", „drehen", „zur Deckung bringen" verwendet.

An diese intuitiven Vorstellungen wird im weiteren Unterrichtsverlauf angeknüpft und sie werden zunehmend präzisiert und formalisiert. Zum Erlernen des Abbildungs- (und damit des Symmetrie-)Begriffs durchlaufen die Schüler deshalb einen Lehrgang, der in etwa folgende Stufen des Begriffsverständnisses beinhaltet.

1. Inhaltliche, nichtformale Kenntnis des Abbildungs- bzw. Symmetriebegriffs

Die Schüler lernen symmetrische Figuren kennen; sie können symmetrische Figuren „handwerklich" (durch Falten, Zeichnen in Gitternetzen, mit Gummis am Geobrett, ...) erzeugen. Sie können zwischen drehsymmetrischen, achsensymmetrischen, punktsymmetrischen Figuren unterscheiden. Sie können Gegenbeispiele erkennen und erzeugen.

2. Formale Kenntnis des Abbildungs- bzw. Symmetriebegriffs

Die Schüler beherrschen Zirkel- und Linealkonstruktionen von Achsenspiegelung, Drehung, Punktspiegelung und Verschiebung. Sie können Konstruktionsbeschreibungen angeben und können symmetrische Figuren konstruieren. Die Schüler lernen die zentrische Streckung als Gegenbeispiel einer Kongruenzabbildung kennen.

3. Integrierte Kenntnis des Abbildungs- bzw. Symmetriebegriffs

Die Schüler kennen die Zusammenhänge zwischen den Kongruenzabbildungen (Dreispiegelungssatz). Bei den Verkettungen dieser Abbildungen wird die Schubspiegelung (und damit die entsprechende Symmetrie) entdeckt. Die Menge der Ähnlichkeitsabbildungen wird erschlossen.

4. Kritische Kenntnis des Abbildungs- bzw. Symmetriebegriffs

Geometrische Abbildungen werden als besondere Typen von Abbildungen gesehen. Insbesondere ist den Schülern der Zusammenhang bzw. die Parallelität zum

Funktionsbegriff bewusst. Indem geometrische Abbildungen mit Hilfe vektorieller Darstellungen und Matrizen beschrieben werden können, verfügen die Schüler über sehr leistungsfähige Werkzeuge im Umgang mit Abbildungen, die ihnen auch vertiefte Einsichten erschließen.

In diesem langfristigen Lernprozess lernen die Schüler immer neue Abbildungen kennen, sie eignen sich bestimmte Frage- und Handlungsmuster an, wobei sich ihre Methoden weiter entwickeln. Dies vollzieht sich in einzelnen Schritten, zu denen der Computer wichtige Beiträge leisten kann.

Entdecken von Kontrastbeispielen

Bei den in der Schule untersuchten geometrischen Abbildungen stehen Kongruenz- und Ähnlichkeitsabbildungen im Vordergrund. Den Schülern wird so der Eindruck vermittelt, die Geometrie beschäftige sich hauptsächlich mit Abbildungen, welche Geraden auf Geraden und Kreise auf Kreise abbilden. Bereits das einfache Beispiel einer Abbildung, die jeden Punkt der Ebene auf einen festen ausgezeichneten Punkt abbildet („schwarzes Loch"), könnte dazu beitragen, diese Fehlvorstellung zu korrigieren.

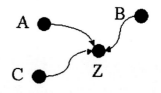

Mit Hilfe dynamischer Geometriesysteme lassen sich aber – anders als mit Zirkel und Lineal – auch weniger „pathologische" Abbildungen finden und untersuchen, die ein wesentlich auffälligeres Verhalten zeigen, als die unterrichtsüblichen Abbildungen. Der Computer ermöglicht es, Kontrastbeispiele zu geraden- und kreistreuen Abbildungen zu behandeln.

Im Folgenden soll zunächst dargestellt werden, wie dynamische Geometriesysteme das Studium der konventionellen Abbildungen unterstützen und bereichern können. In einem weiteren Teil sollen exemplarisch Abbildungen behandelt werden, die unter Verwendung von DGS bereits im Unterricht als Kontrastbeispiele zu kreistreuen Abbildungen untersucht werden (vgl. BINNINGER 1996).

Entdecken von Eigenschaften

Eine *präformale* Auseinandersetzung mit den Phänomenen geometrischer Abbildungen kann über die übliche Vorgehensweisen mit Karopapier, Geobrett, Klecksbildern, aber auch mit dem Computer geschehen. Ziel der folgenden Aufgabenbeispiele ist es, die Schüler Phänomene und Abbildungseigenschaften erfahren und vor allem verbal beschreiben zu lassen. Hierzu könnte eine Aufgabensequenz dienen, welche auf vorbereitete Makrokonstruktionen zurückgreift (oder gleich die von den DGS zur Verfügung gestellten Abbildungen nutzt) und mittels

geeigneter Fragen das Augenmerk der Schüler auf typisch mathematische Fragestellungen richtet.

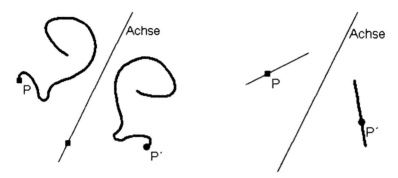

Aufgabe: Beschreiben Sie die Lage von Urpunkt und Bildpunkt! Wie werden Strek-
ken, Geraden, Kreise abgebildet? Gibt es besondere Geraden, Kreise, Strecken, welche auf sich selbst abgebildet werden?

Entdecken durch Dynamisierung

In Ergänzung zum herkömmlichen Vorgehen bei der Untersuchung von Phänomenen unterstützt und fördert der Computer durch den Zugmodus funktionale Zusammenhänge und provoziert *dynamische Beschreibungen*. Die bisher „üblichen"
statischen Beschreibungen wie etwa „Urpunkt und Bildpunkt haben von der Achse denselben Abstand" werden durch den Computer zu eher handlungsorientierten
Formulierungen wie „Bewegt man den Urpunkt auf die Achse zu, so folgt ihm der
Bildpunkt immer in gleicher Entfernung von der Achse auf der anderen Seite"
oder „Wenn man einen Urpunkt auf einer Strecke bewegt, dann bewegt sich der
Bildpunkt auf einer gleichlangen Strecke."
    Diese noch ziemlich vagen und vergleichsweise unpräzisen Formulierungen
verstehen sich als Vorstufe und Hilfsmittel auf dem Weg zu formalen statischen
Beschreibungen. Der Computer bietet hier neben der Möglichkeit des selbststän-
digen Experimentierens (was auch bei den herkömmlichen Materialien gegeben
wäre) eine einheitliche Arbeitsumgebung, mit welcher alle Abbildungstypen
(Achsenspiegelungen, Drehungen, Verschiebungen, Schubspiegelungen) gleich-
artig untersucht werden können. Damit wird u. a. das Klassifizieren und Ordnen
von Eigenschaften erleichtert und ein wesentlicher Schritt in Richtung mathematischen Denkens und Handelns bereits auf intuitivem Niveau getan.

Beschreiben des Entdeckten

Die Frage, was „hinter" den „Abbildungsmakros" eines DGS steckt, welche zu
den gefundenen Phänomenen führten, zielt in Richtung präziser Beschreibungen
von Abbildungsvorschriften. Generell erfordern die dynamischen Geometriesysteme das mathematisch präzise Verbalisieren und fördern es damit zugleich.

Konstruktionsbeschreibungen für Abbildungen werden vom Computer „verstanden" und schrittweise – und simultan zur Eingabe kontrollier- und korrigierbar – in entsprechenden Konstruktionen dargestellt (vgl. die Beispiele in Kap. V.1.2).[7]

Neu Entdecktes erkunden

Im Mathematikunterricht sollten die Schüler – wo immer möglich – Inhalte selbstständig erarbeiten. Bei der Behandlung der Kongruenzabbildungen lernen sie verschiedene Untersuchungsmethoden kennen, die sie an Objekten erproben können. Im Folgenden soll an einem Beispiel dargestellt werden, wie das Erkunden eines neuen Abbildungstyp vor sich gehen kann. Hierbei ist das Beispiel so gewählt, dass sich der Leser – als ein Experte hinsichtlich des Wissens über Kongruenzabbildungen – in die Rolle eines Lernenden versetzen kann, der erstmals mit einem für ihn neuen Abbildungstyp konfrontiert wird.

Man stelle sich also vor, man stünde vor dem Problem, Aussagen über die Eigenschaften folgender Abbildung zu machen, sie möglichst genau zu beschreiben und charakteristische Aussagen und Phänomene zu formulieren:

Aufgabe: Gegeben sei eine Gerade g und ein Punkt $A \in g$. Ein Punkt P werde nach folgender Vorschrift abgebildet:

* P wird an g gespiegelt und liefert den Punkt Q.
* Sodann wird P ein zweites Mal an der Geraden $h = AQ$ gespiegelt. Das ergibt den Bildpunkt P'.

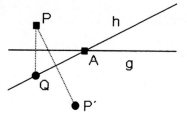

Im Unterschied zur Hintereinanderausführung zweier Achsenspiegelungen an zwei gegebenen festen Geraden, bei welcher die Spiegelung an der ersten Geraden einen Bildpunkt liefert, welcher dann seinerseits an der zweiten Geraden gespiegelt wird, dient bei dieser neuen Abbildung der Bildpunkt Q dazu, die Lage der zweiten Spiegelachse in Abhängigkeit von der Lage des Urpunktes P festzulegen. Anders als bei der üblichen Verkettung von Achsenspiegelungen wird dann hier nicht der Bildpunkt Q gespiegelt, sondern im zweiten Schritt wirkt die Abbildung wieder auf den Urpunkt P. Damit kann die gegebene Abbildung nicht als eine Hintereinanderausführung zweier Achsenspiegelungen bezeichnet werden, ob-

---

[7] Zum Zeitpunkt der Drucklegung dieses Buches wurde eine Version von CINDERELLA programmiert, die umgangssprachliche Konstruktionsbeschreibungen in geometrische Konstruktionen übersetzen kann. Aktuelles hierzu unter www.cinderella.de.

Unter http://mathsrv.ku-eichstaett.de/MGF/homes/grothmann/java/zirkel/ findet sich eine Java-Version des Programms „Z. U. L.", bei der Konstruktionsbeschreibungen mittels einer normierten Sprache eingegeben und in eine Konstruktion umgesetzt werden können.

wohl dieser Eindruck bei oberflächlicher Betrachtung durch die beiden verwendeten Geraden entstehen könnte.

Im Folgenden soll nun gezeigt werden, wie man die Eigenschaften dieser Abbildung im Unterricht erfahrbar machen kann. Um sich zunächst einen Überblick zu verschaffen, wird man zuerst Punkte abbilden, um dann schrittweise überzugehen zu komplexeren Figuren, also dem didaktischen Prinzip der Steigerung des Schwierigkeitsgrads folgen.

In den meisten Schulbüchern wird dementsprechend im allgemeinen nach einem festen Muster verfahren: Beim ersten Schritt, also beim Abbilden einzelner Punkte, werden Phänomene gesammelt und beschrieben wie: Punkt und Bildpunkt haben gleiche Entfernung zu einem festen Punkt (etwa bei der Punktspiegelung oder einer allgemeinen Drehung), Punkte in bestimmten Lagen fallen mit ihren Bildpunkten zusammen, sind also Fixpunkte (Achsenpunkte bei der Achsenspiegelung, Drehzentrum bei Drehungen). Diese Phase des ersten Kennenlernens einer Abbildung dient im Wesentlichen dazu, Vermutungen aufzustellen, die in einer späteren Phase dann näher untersucht werden können.

Bei der hier zu untersuchenden Abbildung lassen sich durch Experimentieren mit dem Computer etwa die folgenden Beobachtungen machen:
- dass sich der Bildpunkt an die feste Achse g annähert, wenn sich der Urpunkt der festen Achse g nähert,
- dass sich der Bildpunkt der Senkrechten in A zur festen Achse g nähert, wenn sich der Urpunkt dieser Senkrechten nähert, und
- dass Punkt und Bildpunkt zusammenfallen, wenn der Urpunkt auf der festen Achse g oder auf der Senkrechten zu g in A liegt.

Die Bilder von Strecken und Geraden

Im nächsten Schritt erhält man die Bilder von Strecken oder Geraden, indem der Urpunkt an eine Strecke oder an eine Gerade gebunden und mit der Ortslinien-Funktion die „Bahn" des Bildpunktes gezeichnet wird. Die Experimente zeigen, dass sich mit der Lage der abzubildenden Geraden das Aussehen des jeweiligen Bildes ändern kann. Besonders deutlich wird dies, wenn man die Urgerade in die Nähe von

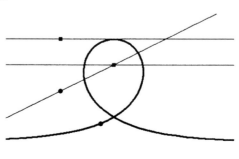

A bringt. Liegt *A* auf der Urgeraden, so wird die Gerade auf eine Gerade abgebildet. Ansonsten werden Geraden auf schleifenförmige Kurven abgebildet.

Die Bilder von Kreisen

Nach der Untersuchung von Geradenbildern bieten sich die Bilder von Kreisen als die nächsten einfachen Untersuchungsobjekte an. Nun wird der Urpunkt an eine Kreislinie „gefesselt" und das Bild des Kreises gezeichnet.

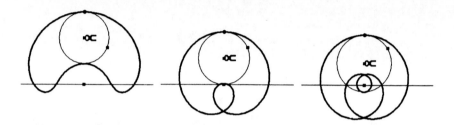

Wie sich zeigt, hängen die Bilder von Kreisen von der Lage des Urkreises zur festen Spiegelachse ab. Berührt oder schneidet der Urkreis die Gerade *g* nicht, so ist das Bild eine „bananenförmige" Kurve. Im Berührfall ist das Bild eines Kreises eine nichteinfache, geschlossene Kurve mit einem Doppelpunkt (wie sich zeigen lässt, eine *Pascalsche Schnecke*). Eine geschlossene Kurve mit zwei Doppelpunkten erhält man, wenn der Urkreis die feste Achse schneidet. Fällt der Urkreismittelpunkt mit dem Schnittpunkt *A* der beiden Spiegelachsen zusammen, so fällt das Bild mit dem Urbild zusammen, wobei (was auf dem Papier nicht zum Ausdruck kommt) der Bildpunkt die Urkreislinie dreimal durchläuft, wenn der Urpunkt einmal auf der Urkreislinie entlang gleitet.

Bei all diesen „Experimenten" bildet der Computer das entscheidende Hilfsmittel, das es (anders als im herkömmlichen Unterricht) dem Schüler ermöglicht, *selbst* auf „Entdeckungsreise" zu gehen.

Verallgemeinerung

Ergänzend sei noch erwähnt, dass es sich bei dem genannten Beispiel keineswegs um einen exotischen Sonderfall handelt. Vielmehr lässt sich die Herstellung einer derartigen Abbildung systematisch aus den schulüblichen Abbildungen ableiten.

Analysiert man die Entstehungsweise der behandelten Abbildung, so erkennt man, dass ihr Verhalten auf die Tatsache zurückzuführen ist, dass die zweite Spiegelung an einer beweglichen Spiegelachse erfolgt, deren Lage von der des Urpunkts abhängig ist. Eine derartige Abhängigkeit lässt sich aber systematisch auch durch andere Abbildungen erzeugen.

Die nachfolgenden Figuren zeigen Abbildungen, bei denen zunächst ein Hilfspunkt mittels einer Punktspiegelung bzw. einer Verschiebung erzeugt wurde.

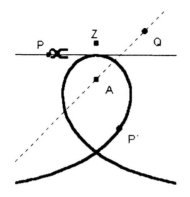

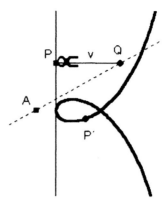

P wird an *Z* gespiegelt nach *Q*. Anschließend wir *P* an *AQ* gespiegelt nach *P'*.

P wird um den Vektor *v* verschoben nach *Q*. Anschließend wird *P* an *AQ* gespiegelt nach *P'*.

Durch diesen Hilfspunkt und einen gegebenen festen Punkt der Ebene wird dann eine Gerade gelegt, an welcher der Urpunkt auf den Bildpunkt abgebildet wird. Für das Erzeugen eines Hilfspunkts stehen prinzipiell also sämtliche Kongruenz- und Ähnlichkeitsabbildungen (und nicht nur diese!) zur Verfügung. Außerdem kann die zweite Abbildung (die bisher immer eine Achsenspiegelung war) selbst auch wieder durch eine andere Abbildung ersetzt werden. Damit erhält man systematisch eine große Anzahl von Abbildungen, die alle als Kontrastbeispiele zu den üblichen geraden- und kreistreuen Abbildungen verwendet werden können. Die Anzahl erhöht sich zudem noch dadurch, wenn man verschiedene Lagen der fest gegebenen Hilfspunkte einbezieht. Allein dadurch ergeben sich bei ein und derselben Abbildungskombination verschiedene Phänomene.

Auf dem nachfolgenden Arbeitsblatt findet sich ein Vorschlag, wie eine Unterrichtseinheit zur phänomenologischen Untersuchung von Abbildungen strukturiert werden könnte.

Arbeitsblatt zur Phänomenologie von geometrischen Abbildungen

Voraussetzungen:
- Computerprogramm (etwa EUKLID);
- Kenntnisse im Umgang mit einem derartigen Programm;
- Kongruenzabbildungen.

Ziel:
- Selbstständiges phänomenologisches Untersuchen und Klassifizieren;
- Kenntnis von Kontrastbeispielen.

Arbeitsblatt:

Du wirst hier eine dir bisher unbekannte Abbildung kennen lernen, die du auf Eigenschaften untersuchen sollst.

Gegeben sind ein Urpunkt P und eine Gerade g, sowie ein Punkt A auf g.
1. P wird an g gespiegelt; man erhält den Punkt Q (vgl. Bild 1).
2. P wird an der Geraden AQ gespiegelt und liefert den Bildpunkt P' (vgl. Bild 2).

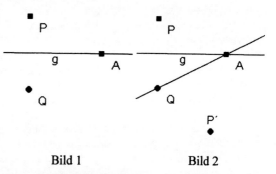

Bild 1   Bild 2

Aufgaben:
a) Konstruiere zu einem Punkt P den Bildpunkt P'.
b) Beschreibe schriftlich, welche Besonderheiten du beim Bewegen von P beobachtest (z. B. wann fallen P und P' zusammen?).
c) Konstruiere eine beliebige Gerade b und binde P an b. Welche Ortslinie erhältst du für P', wenn sich P auf b bewegt? Beschreibe und skizziere möglichst verschiedene Fälle.

Vergleiche mit der Achsenspiegelung; Fixpunkte der Abbildung sind...		
Fixgeraden (Fixpunktgeraden) sind...		
Geraden werden abgebildet auf ...		
Kreise werden abgebildet auf...		
Strecken werden abgebildet auf ...		

Analytische Betrachtungen mit Hilfe des Computers

Im Folgenden wollen wir – für den Leser – auf die analytische Behandlung dieser Abbildung eingehen. Die hierzu notwendigen Voraussetzungen übersteigen allerdings die Kenntnisse der Sekundarstufe I. Im Falle obigen Beispiels macht es z. B. Sinn, nach einer formalen Beschreibung der Bildpunktlage zu fragen: Kann man berechnen, wo der Bildpunkt liegt, wenn die Lage des Urpunkts bekannt ist?

Sobald man im Besitz einer formalen Beschreibung für die Abbildung ist, gelingt es unter Umständen sogar, die Kurven, die sich als Bilder von Geraden und Kreisen ergeben haben (mit Hilfe von Parameterdarstellungen oder algebraischen Kurvengleichungen) zu identifizieren.

Hierbei erweist sich ein CAS als wertvolles Hilfsmittel. Es erlaubt, die wesentlichen Gedanken beim Herleiten von Koordinatendarstellungen und Kurvengleichungen ohne „lästige Rechnerei" zu erledigen; der Schüler kann sich auf strategische Überlegungen konzentrieren. Ohne auf alle technischen Details einzugehen, soll das typische Vorgehen am Beispiel obiger Abbildung angedeutet werden.

Eine formale Beschreibung von Lagebeziehungen erfordert die Einführung eines Koordinatensystems; eine geeignete Wahl ist im vorliegenden Beispiel, die Gerade g als x-Achse, den gegebenen Punkt A als Ursprung des Koordinatensystems und die y-Achse als Senkrechte durch A auf g zu wählen.

Hat der Punkt P die Darstellung

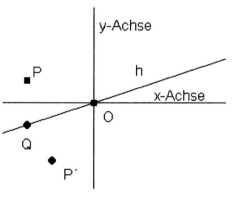

$P(x,y)$, so erhält man für Q sofort $Q(x,-y)$. Die folgende Rechnung ist mit DERIVE durchgeführt. Im „Hintergrund" rechnet das CAS die Koordinatendarstellung aus, ohne den Benutzer mit Termumformungen und Gleichungslösungen zu belästigen[8].

#1:   A := [0, 0]

#2:   P := [x, y]

#3:   Q := [x, -y]

vektorielle Darstellung der Gerade AQ

#4:   h := A + λ·(Q - A)

#5:   [λ·x, - λ·y]

Spiegeln von P an h

Lot von P auf h

#6:   lot := P + μ·[y, x]

Schnittpunkt des Lots mit h

#7:   lot - h

#8:   SOLVE(lot - h, [λ, μ])

#9: $$\left[\lambda = \frac{x^2 - y^2}{x^2 + y^2} \wedge \mu = - \frac{2 \cdot x \cdot y}{x^2 + y^2} \right]$$

#10: $$S := P + \left(- \frac{2 \cdot x \cdot y}{x^2 + y^2} \right) \cdot [y, x]$$

Bildpunkt P´

#11:   P1 := P + 2·(S - P)

#12: $$\left[x - \frac{4 \cdot x \cdot y^2}{x^2 + y^2}, \frac{4 \cdot y^3}{x^2 + y^2} - 3 \cdot y \right]$$

Mit dieser Parameterdarstellung lassen sich Eigenschaften der Abbildung erkunden und die Frage nach Fixpunkten der Abbildung beantworten. DERIVE liefert:

#13:   P1 = P

#14: $$\left[y = 0 \wedge x^2 + y^2 \neq 0, x = 0 \wedge x^2 + y^2 \neq 0 \right]$$

Die Abbildung besitzt also sowohl die x- als auch die y-Achse als Fixpunktgeraden (den Ursprung ausgenommen).

---

[8] Einfach wird die Herleitung deswegen nicht – aber einfacher. Die wesentlichen mathematischen Gedanken müssen weiterhin vom Schüler beigetragen werden.

Ähnlich lassen sich die algebraischen Kurvengleichungen beim Abbilden von Geraden und Kreisen berechnen: im vorliegenden Fall ergeben sich Strophoiden und Pascalsche Schnecken.

An diesem Beispiel wird deutlich, dass die Verfügbarkeit eines CAS keineswegs die mathematische Qualität von Überlegungen beeinflusst oder gar „zerstört". Insbesondere wird auch hier wieder deutlich, dass das „Lesen" und Interpretieren der Bildschirmausgaben mathematisches Wissen erfordert.

Nach dem Untersuchen dieser etwas „exotischen" Abbildung wollen wir uns einer Klasse von Kurven zuwenden, die früher einmal zum Standardstoff des Mathematikunterrichts der Oberstufe gehörten, die in letzter Zeit aber kaum mehr behandelt wurden und die nun mit Hilfe des neuen Werkzeugs Computer bereits in der Sekundarstufe I zumindest auf einer phänomenologischen Ebene behandelt werden können. Dabei wollen wir vor allem den handlungsorientierten Aspekt und die Beziehung des computerunterstützten Arbeitens zur enaktiven Ebene des realen Zeichnens mit verschiedenen Instrumenten herausstellen.

2.2   Zur Heuristik der Kegelschnitte

In der Geschichte der Mathematik wurden viele Instrumente zum Zeichnen von Kegelschnitten erfunden. Fadenkonstruktionen scheinen schon im Altertum bekannt gewesen zu sein, KEPLER (1571-1630) und DESCARTES (1596-1650) zeichneten damit Kegelschnitte und Frans van SCHOOTEN (1615-1660), der 1646 die „Geometrie" des DESCARTES ins Lateinische übersetzte, unterbreitete zahlreiche Vorschläge für mechanische Instrumente zum Erzeugen dieser Kurven (vgl. MAANEN 1995).

Im Folgenden bilden Instrumente zum Zeichnen von Kegelschnitten den Ausgangspunkt für das computerunterstützte Simulieren dieser Konstruktionen. Der Nachbau dieser Instrumente und deren Simulation auf dem Computerbildschirm ermöglicht einen handlungsorientierten Zugang zu vielen Eigenschaften dieses prominenten Gebietes der Elementargeometrie. Dabei werden nur einige grundlegende Kenntnisse über Kegelschnitte und deren Eigenschaften vorausgesetzt.[9] Die nachfolgende Tabelle fasst dies zusammen.

	Brennpunkteigenschaften	Relations- gleichungen	Tangenteneigenschaften
Ellipse	$|F_1P| + |F_2P| = $ const	$\dfrac{x^2}{a^2} + \dfrac{y^2}{b^2} = 1$	Der Winkel $\angle F_1PF_2$ wird von der Ellipsennormalen halbiert.
Hyper- bel	$||F_1P| - |F_2P|| = $ const	$\dfrac{x^2}{a^2} - \dfrac{y^2}{b^2} = 1$	Die Tangente halbiert den Winkel $\angle F_1PF_2$.

---

[9] Vgl. Etwa PENSSEL u. PENSSEL (1993), PROFKE (1993) oder SCHUPP (2000).

Parabel	$\lvert FP \rvert = \lvert P,1 \rvert$	$y^2 = 2px$	Die Tangente halbiert den Winkel $\angle LPF$. L Lotfußpunkt von P auf l.
F_l, F_2, F Brennpunkte, l Leitlinie, a, b Achsenlängen, p Parameter			

Fadenkonstruktionen

Ellipse

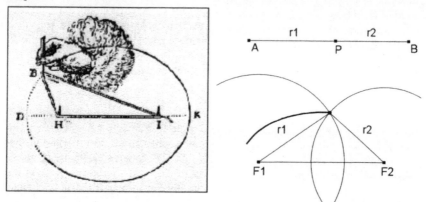

Fadenkonstruktion der Ellipse nach DESCARTES   Computersimulation der Ellipsenkonstruktion
(1637, S. 90)

Die Faden- oder Gärtnerkonstruktion der Ellipse lässt sich unmittelbar aus der Brennpunkteigenschaft $\lvert F_lP \rvert + \lvert F_2P \rvert$ = const erklären und mit Hilfe von Faden, Bleistift, Papier und Reißzwecken leicht nachvollziehen.

Sie lässt sich in analoger Weise, dargestellt als Schnittpunktproblem zweier Kreise, auf dem Computer simulieren. Im Gegensatz zum realen Zeichnen, das „ursprünglichere" Handlungserfahrungen vermittelt, erfordert die Computersimulation die Kenntnis der grundlegenden Eigenschaft einer Ellipse ($r_1 + r_2$ = const). Der Vorteil der Computersimulation ist dann aber, dass mit der „Länge des Fadens" und dem Abstand der Brennpunkte in einfacher Weise experimentiert werden kann.

Parabel

Bei dieser Fadenkonstruktion wird an einem rechten Winkel, der längs der Schiene geführt werden kann, ein Faden der Länge L befestigt. Ein Ende des Fadens wird an der Schiene im Punkt S befestigt, das andere Ende im Punkt F. Ein Stift wird im Punkt P so an die Schiene angesetzt, dass der Faden gespannt ist. Folglich gilt: T sei ein Punkt auf $[SP]$ mit $\lvert TP \rvert = \lvert FT \rvert$. Wegen $L = \lvert ST \rvert$, bleibt T fest.

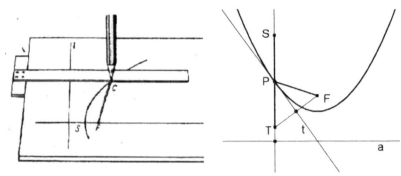

Fadenkonstruktion der Ellipse nach LIETZMANN   Computersimulation der Parabelkonstruktion
(1949, S. 32)

Realisiert man die Konstruktion auf den Computer, so benötigt man, dass der
Punkt P gleichweit von T und F entfernt ist, er liegt also auf der Mittelsenkrechten
von $[TF]$. Damit ist der Schnittpunkt P der Lotgeraden auf a und der Mittelsenkrechten t von $[TF]$ der „Fadenpunkt", der die gesuchte Kurve durchläuft. Beim
Konstruieren ergibt sich zwangsläufig die Vermutung, dass diese Mittelsenkrechte
t die Tangente im Punkt P an die Parabel ist.

Bei dieser Konstruktion werden die Vorteile der Computerdarstellung gegenüber dem mechanischen Konstruieren deutlich. Die Fadenlänge stellt keine Be-
grenzung für die Konstruktion dar, die Ortslinie kann auch noch gezeichnet werden, wenn $P \notin [ST]$. Darüber hinaus kann bei der mechanischen Konstruktion jeweils nur ein (Teil eines) Parabelast(es) ohne Absetzen gezeichnet werden. Auch
diese Beschränkung entfällt bei der Computerzeichnung.

Hyperbel

Als Fadenkonstruktion der Hyperbel gibt DESCARTES die folgende Methode an; es
wird ein drehbar gelagertes Lineal verwendet, bei dem ein Faden in den Punkten
F und S befestigt ist. Die Länge L des Fadens ist wieder $L = |ST|$.

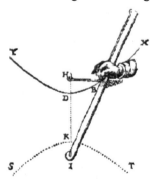

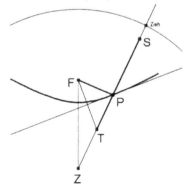

Fadenkonstruktion der Hyperbel nach   Computersimulation der Fadenkonstruktion der
DESCARTES   Hyperbel

In Analogie zum Vorgehen bei der Fadenkonstruktion der Parabel erkennt man unmittelbar die Bedingung für die Hyperbel: $|PZ| - |PF| = |PZ| - |PT| = |ZT|$ = const. Die Mittelsenkrechte von TF ist die Tangente an die Hyperbel, da sie den Winkel zwischen den beiden Brennstrahlen $[PF$ und $[PZ$ halbiert.

Bei der Computersimulation lassen sich wieder einzelne Punkte dynamisch verändern. Wenn der Punkt T auf den Punkt S zuläuft, erhält man u. U. Ortskurven, welche sich allerdings aufgrund der begrenzten Fadenlänge nicht real zeichnen lassen.

Die Zeicheninstrumente des Frans van SCHOOTEN

Ellipse

Es war das Ziel Frans van SCHOOTENs, die Ungenauigkeit der Fadenkonstruktionen der Kegelschnitte durch stabilere Gelenkkonstruktionen zu ersetzen. Für die Ellipse gibt er die folgende Konstruktionsmöglichkeit an.

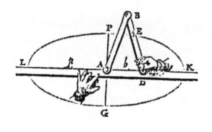

Ellipsenzeicheninstrument nach van SCHOOTEN   Computersimulation der Ellipsenkonstruktion
et al. (1995, S.84)

Diese Konstruktion liefert eine Ellipse: Setzt man die Länge $|BD| = 1$ LE, $|DE| = k$ und $|AD| = a$ und $E(x;y)$. So ergibt sich
$$(a - x)^2 + y^2 = k^2.$$
Mit
$$\frac{a - x}{\frac{a}{2}} = k,$$
also $a - x = \dfrac{ka}{2}$ oder $a = \dfrac{2x}{2 - k}$ erhält man:
$$\frac{x^2}{(2 - k)^2} + \frac{y^2}{k^2} = 1.$$

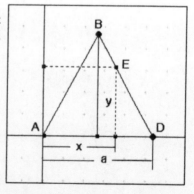

Dies ist die Gleichung einer Ellipse mit den Halbachsen der Länge $2 - k$ und k. Bei der Durchführung der mechanischen Konstruktion der Ellipse fällt sofort die

Beschränkung dieses Werkzeuges auf, indem jeweils nur der Ellipsenbogen in einem Quadranten ohne Absetzen gezeichnet werden kann. Diese Beschränkung entfällt bei der Computersimulation.

Parabel

Für die Parabel gibt v. SCHOOTEN die folgende Konstruktion an. Von einer Gelenkraute bleibt der Punkt B fest, der Punkt G wird längs einer Schiene S verschoben. Beim Schnittpunkt der längs der Diagonalen FH gelegten Schiene und der zu S senkrechten Schiene zeichnet ein Stift die Parabel. Die gezeichnete Kurve ist in der Tat eine Parabel, da $|DG| = |DB|$. Dies erkennt man entweder daraus, dass FH die Mittelsenkrechte zur Strecke $[BG]$ ist, oder auch daraus, dass die beiden Dreiecke BHD und DHG kongruent sind. FH ist somit auch die Tangente an die Parabel.

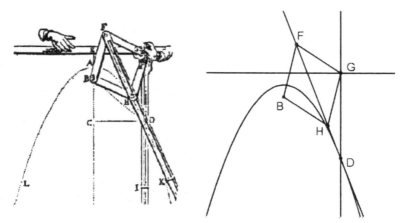

Parabelzeicheninstrument nach van SCHOOTEN   Computersimulation des Parabelzeichners
et al. (1995, S.83)

Beim Zeichnen mit dem realen Instrument wird sehr schnell die begrenzte Anwendungsmöglichkeit dieses Werkzeugs deutlich. Das Zeichnen der Parabel muss unterbrochen werden, wenn D auf H oder auf F zuläuft. Bei der Computersimulation treten diese Beschränkungen nicht auf, wenn anstelle des Strahls $[FH$ die Gerade FH verwendet wird.

Durch das dynamische Variieren einzelner Punkte kann jetzt zum einen die Unabhängigkeit der Konstruktion von der Länge von BF gezeigt werden, zum anderen kann die Abhängigkeit der Parabelform von der Lage des Punktes B verdeutlicht werden.

Nun lässt sich auch fragen, wie mit diesem Gerät eine bestimmte Parabel gezeichnet werden kann, also etwa eine Parabel, die der Gleichung $y = 2\,x^2$ genügt (bei entsprechendem Koordinatensystem). Die Lösung sei dem Leser überlassen.

Hyperbel

Für die Konstruktion der Hyperbel verwendet van SCHOOTEN die folgende Konstruktion. Drei Stangen sind durch zwei Gelenke B und G verbunden. Die beiden Punkte C und F sind ortsfest, und es ist $|GF| = |CD|$ sowie $|DG| = |CF|$. Im Schnittpunkt der beiden Stangen DC und FG wird die Kurve gezeichnet. $CGFD$ ein gleichschenkliges Trapez und es gilt: $|PF| - |PC| = |PD| - |PC| = |CD|$ = const. Die gezeichnete Kurve ist also eine Hyperbel.

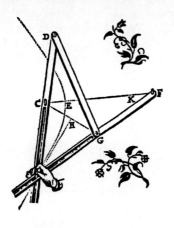
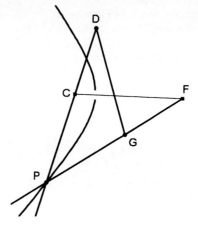

Hyperbelzeicheninstrument nach   Computersimulation
van SCHOOTEN et al. (1995)

Mit diesem Instrument kann zunächst nur „eine Hälfte" eines Astes der Hyperbel gezeichnet werden. Dies gilt analog auch für die Computersimulation. Die Ortskurve, als Objekt dargestellt, besteht nur aus der „einen Hälfte" des Hyperbelastes, da das Gelenktrapez $CDFG$ in ein Parallelogramm übergeht, wenn sich G in der oberen Hälfte des Kreises befindet.

Weitere Fragen können sich auch hier anschließen: Wie hängt die Hyperbelform von den Längenverhältnissen der Strecken $[CF]$ und $[CD]$ ab? Wie müssen diese Längen gewählt werden, damit eine Hyperbel mit einer vorgegebenen Gleichung (bei entsprechend gewähltem Koordinatensystem) gezeichnet wird?

Didaktische Bedeutung

Der Reiz des Arbeitens mit historischen Zeichengeräten und der Versuch der „Übersetzung" der mechanischen Instrumente auf den Computer liegt neben der Möglichkeit des Aufzeigens von historischen Bezügen vor allem im Arbeiten auf verschiedenen Anforderungs- bzw. Darstellungsebenen.

• *Enaktive Ebene*: Die Instrumente werden real mit Hilfe von Pappkartonstreifen oder mit den Teilen eines Modellbaukastens nachgebaut. Dies hat vor allem den Sinn, die vorgegebene Konstruktionszeichnung auf der instrumentellen Verständnisebene nachvollziehen zu können.

- *Bildschirm- oder Simulationsebene*: Die Instrumente werden auf dem Computer simuliert. Hierfür sind über das Verständnis der Konstruktionsprinzipien der Instrumente hinaus, Kenntnisse über grundlegende Eigenschaften geometrischer Objekte, wie etwa von Mittelsenkrechten, Kreisen oder Trapezen, notwendig.

- *Ebene des Reflektierens*: Es wird begründet, warum mit Hilfe der Instrumente überhaupt Kegelschnitte gezeichnet werden können. Dies setzt Kenntnisse über Eigenschaften von Kegelschnitten voraus.

- *Heuristische Ebene*: Auf dieser Ebene wird mit den Ausgangsobjekten experimentiert, es wird nach funktionalen Zusammenhängen zwischen den Eingangsparametern (Abstand der Brennpunkte, Längen und Längenverhältnisse) und Form und Lage der Ortskurve gefragt. Mit Hilfe des Computers lassen sich derartige Überlegungen zumindest qualitativ erkunden.

2.3 Zur heuristischen Bedeutung von Ortslinien

Der Zugmodus und die Funktionalität der Ortslinien führen beim Arbeiten mit einem DGS zwangsläufig dazu, dass früher oder später (algebraische) Kurven auf dem Bildschirm erscheinen. Das prinzipielle Schema ist dabei immer dasselbe: ein „freier" Punkt einer Konstruktion wird (längs eines Kreises oder einer Geraden) bewegt und es fällt auf, dass ein von den freien Punkten abhängiger konstruierter Punkt eine Kurve durchläuft. Bei der Untersuchung der Ortslinien geht es dann im Allgemeinen darum, die Art dieser Linien zu bestimmen. Dieser Problemtyp hat sich für den computergestützten Mathematikunterricht als sehr fruchtbar erwiesen (vgl. insbesondere SCHUMANN 1991). Zunächst geht es darum, nach der Vorschrift der Problemstellung eine bestimmte Konfiguration mit dem DGS auf dem Bildschirm zu erzeugen. Die Ortslinienfunktion liefert dann eine Linie, über deren Art man Vermutungen anstellen kann. Schließlich ist ein Beweis erforderlich, der synthetisch oder analytisch geführt werden kann. Man kann jedoch auch ohne Vermutung analytisch die Kurvengleichung herleiten, die dann Auskunft über den Linientyp gibt. Bei den analytischen Betrachtungen kann sich ein CAS als hilfreich erweisen.

Im Folgenden geht es um die Entdeckung von Ortslinien im Kontext besonderer Punkte im Dreieck. Wir hatten ja bei der Behandlung der Ortslinienfunktion in Kap. V.1.2 bereits eine Ortslinie im Kontext des Höhenschnittpunkts betrachtet. Dieses Problem werden wir hier nochmals aufgreifen.

Während wir bisher die Selbsttätigkeit der Schüler beim Umgang mit dem DGS betont haben, soll hier der Computer als *Demonstrationsinstrument* vom Lehrer eingesetzt werden. Dabei fehlt natürlich die Interaktivität des Schülers mit dem Werkzeug, dadurch ist der Lehrer aber in der Lage, Art und Zeitpunkt des

Einsatzes zu steuern, wodurch etwa heuristische Phasen des Überlegens und Vermutens im Rahmen von Problemlöseprozessen bewusst verlängert und Schüler zum Nachdenken gezwungen werden können, *bevor* die Lösung auf dem Computer demonstriert wird.

Wir beginnen unsere Betrachtungen mit dem Umkreismittelpunkt.

Umkreismittelpunkt

Beispiel: U sei der Umkreismittelpunkt des Dreiecks ABC. Wie bewegt sich U, wenn C längs der Parallelen p zu $[AB]$ verschoben wird. Skizziere die vermutete Ortslinie.

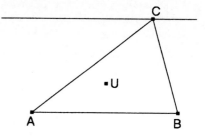

Der Sinn dieser Aufgabe liegt im Variieren der Ausgangsparameter „im Kopf" und in der Suche nach Begründungen für das vermutete Verhalten. Dies kann nur erfolgen, wenn der Schüler diese Aufgabe *nicht* sofort am Computer selbst bearbeitet, sondern erst über diese Problemstellung anhand obiger Skizze nachdenkt. Der Computer spielt bei diesem Problem zunächst keine Rolle und doch kann sein Einsatz in zweifacher Hinsicht für die Auseinandersetzung mit dieser Problemstellung förderlich sein: Zum einen kann die Problemlösung durch eine dynamische Konstruktion visualisiert werden und erlaubt so das Überprüfen der eigenen Lösung bzw. das Erkennen von Fehlvorstellungen, zum anderen reizt die Möglichkeit der einfachen Variation der Ausgangsparameter zum Weiterfragen, etwa wie die Ortskurve aussieht, wenn die Gerade p nicht mehr parallel zu AB ist, oder wenn statt des Umkreismittelpunktes der Schwerpunkt oder der Höhenschnittpunkt von ABC betrachtet werden.

Höhenschnittpunkt

Als nächstes wird die Frage nach der Ortslinie des Höhenschnittpunktes gestellt. Wenn auch diese Aufgabe zunächst durch „Kopfgeometrie" gelöst werden soll, so kann man sicherlich nicht erwarten, dass Schüler die Parabel als Ortskurve erkennen. Beim Variieren im Kopf erlangen aber Strategien an Bedeutung, die allgemein beim Lösen von Problemen wichtig sind. So sind etwa die Spezialfälle „C genau über A bzw. B" von besonderer Bedeutung. Auch ist die Symmetrie der Kurve zu erschließen und es lässt sich leicht begründen, dass die Ortskurve nicht geschlossen sein kann.

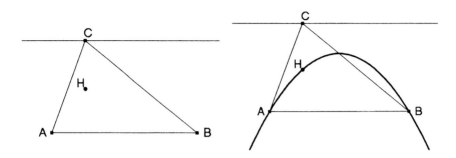

Nachdem die Ortslinie gezeichnet ist, ergibt sich nun die Frage, ob das tatsächlich eine Parabel ist. Zu diesem Nachweis ist ein Lösungsschritt wichtig, der beim Mathematisieren von Problemstellungen stets bedeutsam ist, der aber häufig in der Schule in Aufgabenstellungen bereits vorweggenommen wird, nämlich das Festlegen eines Koordinatensystems.

Schwerpunkt

Diese Aufgabe handelt von der Ortslinie des Schwerpunktes eines Dreiecks, wobei sich der Punkt C zunächst längs der Parallelen zu AB, dann auf einem Kreisbogen bewegt. Die Begründung des linearen Verlaufs des Schwerpunkts kann entweder mit Hilfe der Strahlensätze, der zentrischen Streckung oder auch mit Hilfe der Flächenformel für das Dreieck geführt werden.

Bewegung auf einer Geraden

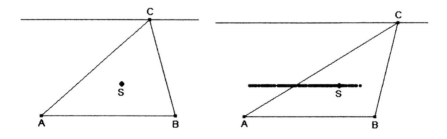

Bewegung auf einem Kreisbogen

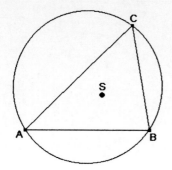 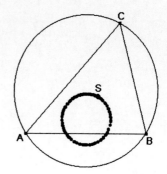

Didaktische Bedeutung

Die Art und Weise des Einsatzes bestimmt die heuristische Funktion und Bedeutung des Computers im Rahmen von Problemstellungen. Steht der Computer am Arbeitsplatz zur Verfügung, dann wird er auch zur Problemlösung eingesetzt und das Werkzeug beeinflusst ganz erheblich die Lösungsstrategie (vgl. WEIGAND 1993). Der Computer als Demonstrationsmittel in dem hier aufgezeigten Sinn bietet dagegen die Möglichkeit eines gesteuerten Einsatzes durch den Lehrer. Dadurch kann die heuristische Phase des Überlegens und Vermutens im Rahmen eines Problemlöseprozesses verlängert werden. Obwohl der Computer also im Rahmen der hier betrachteten Unterrichtseinheit nur eine geringe Rolle spielt, ist er in mehrfacher Hinsicht für diese Unterrichtseinheit bedeutsam:

- Die Möglichkeit der Variation einer Konstruktion (Zugmodus) liefert den Anstoß für diese Problemstellungen. Der Computer als Demonstrationsmittel kann somit dazu beitragen, dass kopfgeometrische Aufgaben, die das Verändern und Variieren in der Vorstellung erfordern, wieder stärker betont werden.

- Der Computer liefert nicht nur die Lösung der Aufgabe in Form eines statischen Bildes, sondern er dokumentiert die Lösung durch eine dynamische Konstruktion in genau der Weise, wie sie vom Schüler (auf Papier oder in der Vorstellung) verlangt wird.

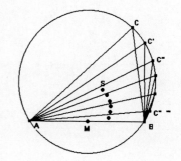

- Das Erklären oder Begründen der mit DGS erhaltenen Ergebnisse erfordert ein Repertoire an (klassischen) Strategien, wie Erkennen und Erklären von Sonderfällen   oder das Erkennen von Invarianten während der Variation. Dabei gilt es auch die Grenzen von Lösungsstrategien zu kennen. So kann etwa bei nebenstehender Figur die Strecke [AB] als ein Sonderfall des Dreiecks ABC angesehen werden, wenn sich C auf B zu bewegt. Der Schwerpunkt M der Strecke [AB] liegt aber *nicht* auf der Ortslinie des Schwerpunktes des Dreiecks ABC. Hier hilft eine physikalische Erklärung weiter: Stellen wir uns in den Punkten des Dreiecks ABC gleiche Gewichte befestigt vor, dann teilt der Schwerpunkt von [AB] (wenn C auf B fällt) diese Strecke im Verhältnis 1:2.

- Das Arbeiten mit DGS muss mit einer Wiederholung von Grundlagenwissen einhergehen (insbesondere, wenn dieses Wissen in „Makros" verborgen ist), da Fehlvorstellungen über grundlegende mathematische Begriffe wie etwa Seitenhalbierende oder Höhe sonst unentdeckt bleiben.

- Bei unseren Unterrichtsversuchen gab es keine Anhaltspunkte dafür, dass die Verwendung des Computers das Beweisbedürfnis der Schüler herabsetzt (in gleicher Weise auch HÖLZL 1996).

3 Beiträge des Computers zum Beweisen

In einer axiomatisch aufgebauten Theorie sind einschlägige Aussagen, die keine Axiome darstellen, zu beweisen. Ein *Beweis* ist erbracht, wenn die Aussage aus den Axiomen und bereits bewiesenen Sätzen hergeleitet wird. Eine Aussage, um deren Beweis oder Widerlegung man sich bemüht, stellt eine *Vermutung* dar. Vermutungen lösen also Beweisversuche aus.

Das gilt im Prinzip auch für den Mathematikunterricht. Allerdings haben viele unbewiesene Aussagen für Schüler als unmittelbar einleuchtende Aussagen eher den Charakter von Axiomen. Es kommt deshalb im Unterricht zunächst darauf an, bei den Schülern ein *Beweisbedürfnis* zu wecken.

Im Mathematikunterricht ist es ein Problem, dass der Schüler beim schrittweisen Durcharbeiten der Schlusskette eines Beweises leicht „den roten Faden verliert". Für den Lernenden ist es deshalb wichtig, die *Beweisidee* zu erfassen.

Nun gibt es bei den Beweisen höchst unterschiedliche Vorgehensweisen. Vollständige Induktion ist z. B. ein Verfahren zum Beweis von Generalisierungen über natürliche Zahlen. Im Mathematikunterricht sind deshalb auch *Strategien* des Beweisens zu lehren.

Im Folgenden wird gezeigt, welche Beiträge der Computer im Mathematikunterricht zu diesen Aufgaben leisten kann. Wie sich dabei zeigen wird, unterstützt er

- das Aufstellen von Vermutungen,
- die Entwicklung eines Beweisbedürfnisses,
- das Erfassen von Beweisideen und
- die Erarbeitung von Beweisstrategien.

Schließlich ist der Computer „auf dem besten Wege",

- geometrische Beweise selbstständig durchzuführen bzw. Schüler beim Beweisen intelligent zu unterstützen.

3.1 Vermutungen finden

Ein DGS eröffnet die Möglichkeit eines experimentellen Zugangs zu Sätzen und Begriffsbildungen. Darin liegt eine der großen Stärken dieses Werkzeugs. Im Folgenden soll das an einigen Beispielen gezeigt werden, die auf einige zentrale Sätze des Mathematikunterrichts führen.

Winkelsumme im Dreieck

Die „innere Betroffenheit", das „Sich Wundern" über geometrische Phänomene und damit eine Schulung des „mathematischen Gespürs" lässt sich bereits bei einfachen Beispielen anbahnen. Ein zentraler Satz im Geometrieunterricht ist der Winkelsummensatz im Dreieck. Begründungen für diesen Satz lassen sich auf verschiedenen Ebenen gewinnen.

Neben der experimentellen Gewinnung des Satzes durch Messen der Winkel mit Hilfe des Winkelmessers und/oder Papierfalten, Eckenabreißen und Parkettieren mit Dreiecken, lässt sich die Vermutung über die Winkelsumme auch mit einem DGS verifizieren. Ausgangspunkt der Überlegungen zur Winkelsumme könnte die Frage sein: „Wie sieht ein Dreieck mit möglichst großer (kleiner) Winkelsumme aus?" Der Computer bietet den Schülern die einfache Möglichkeit, sich selbst zu überzeugen, dass auch noch so „schräge" und voneinander verschiedene Dreiecke dieselbe Winkelsumme haben.

Betrachtet man auch die Außenwinkel des Dreiecks, so können entsprechende Experimente zum Außenwinkelsatz führen.

In Analogie zu experimentellen Methoden der Satzgewinnung zeigt auch das numerische Arbeiten mit dem Computer nur das Ergebnis (an dessen Richtigkeit kein Schüler zweifeln wird) und nicht, *warum* es so ist. Er gibt nicht einmal einen Hinweis auf eine mögliche Begründung, wenn lediglich die Winkelsumme berechnet wird. Ein derartiger Computereinsatz regt somit in erster Linie das Aufstellen und Formulieren von Vermutungen an.

Flächeninhalt eines Dreiecks

Ausgangspunkt ist die Suche nach möglichst wenigen Größen, welche den Flächeninhalt eines Dreiecks bestimmen. Bei nebenstehender Experimentierumgebung kann etwa der Frage nachgegangen werden: „Beschreibe, welche Größen (Winkel, Seitenlängen, ...) ei-

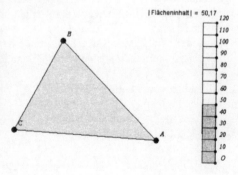

nes Dreiecks man ändern darf, ohne den Flächeninhalt zu verändern." Während des Variierens eines Eckpunktes des Dreiecks kann an der nebenstehenden Leiste der Flächeninhalt des Dreiecks abgelesen werden. Insbesondere zeigt sich, dass sich der Flächeninhalt offensichtlich(!) nicht ändert, wenn ein Eckpunkt parallel zur gegenüberliegenden Seite variiert wird, oder dass sich der Flächeninhalt vergrößert, wenn eine Seite verlängert wird. So lässt sich die Abhängigkeit von Seitenlänge und zugehöriger Höhe entdecken: Als erste Vermutung erhält man: „Der Flächeninhalt eines Dreiecks hängt von einer Seite und der zugehörigen Höhe ab."

Diese Aussage lässt sich durch Experimentieren mit dem Computer verschärfen zu: „Je größer die Seite und die zugehörige Höhe ist, desto größer ist der Flächeninhalt."

Mit Hilfe der Messfunktion kann man sogar finden: „Verdoppelt man eine Seite bei konstanter Höhe, so verdoppelt sich der Flächeninhalt. Verdoppelt man eine Höhe bei konstanter Seite, dann verdoppelt sich der Flächeninhalt."

Diese Betrachtungen verstärken das Bedürfnis, eine Formel für den Flächeninhalt des Dreiecks zu finden.

Merkwürdige Linien im Dreieck

„Stell dir vor, du hättest drei Geraden in der Hand. Welche Konfiguration erwartest du, wenn du diese auf den Boden wirfst?" Die Antworten (aus einer 8. Klasse) auf diese Frage überstreichen ein Spektrum von „Die Geraden schneiden sich" über „die Geraden bilden ein Dreieck" bis zu „parallele Geraden". Manipulation (bzw. „Zauberei") ist jedenfalls zu vermuten, wenn etwa drei Spaghetti (als Vertreter für Geraden) mehrfach hintereinander auf den Tageslichtprojektor geworfen werden und jeweils einen gemeinsamen Punkt haben oder stets parallel zueinander zu liegen kommen oder jeweils ein gleichseitiges Dreieck bilden[10]: „Normal ist das nicht!".

Derartig vorbereitet erzeugt es bei Schülern Verwunderung und Neugier, wenn sie die Frage „In welchen Dreiecken bilden die Mittelsenkrechten (Winkelhalbierenden, Seitenhalbierenden, Höhen) ein Dreieck mit möglichst großem (kleinem) Flächeninhalt?" untersuchen. Beim Experimentieren mit einem DGS machen die Schüler die „frustrierende", aber Interesse erzeugende Erfahrung, dass die genannten Linien merkwürdigerweise (!) nie ein Dreieck aufspannen.

Kongruenzsätze für Dreiecke

Ausgangspunkt bilden die Fragen: „Wie viele verschieden aussehende Dreiecke kann ich erzeugen, wenn ich folgende Eigenschaften vorgebe:

- 2 Winkel,
- 3 Winkel,
- eine Seite und zwei Winkel (jeweils: welche?),
- eine Seite und drei Winkel (jeweils: welche?),

---

[10] Derartige Manipulationen lassen sich mit etwas Geschick und Klebstoff vorbereiten und effektvoll im Unterricht einsetzen.

- zwei Seiten und einen Winkel (jeweils: welche?),
- zwei Seiten und zwei Winkel (jeweils: welche?),
- usw."

Das Experimentieren mit Dreiecken kann dann zu den Kongruenzsätzen führen. Hier lassen sich die zahlreichen möglichen Kombinationen im Zugmodus und mit der Messfunktion eines DGS auf eine kleine Anzahl relevanter Fälle reduzieren.

Hinführung zu den Winkelfunktionen

Ausgangspunkt eines Zugangs zu den trigonometrischen Funktionen kann die Entdeckung der Konstanz der Längenverhältnisse in ähnlichen Dreiecken sein. Traditionell wird dieser Sachverhalt aus den Verhältnissätzen oder den Eigenschaften der zentrischen Streckung direkt geschlossen.

Rechtwinklige Dreiecke sind ähnlich, wenn sie neben dem rechten Winkel in einem weiteren Winkel übereinstimmen. Die Konstanz der Längenverhältnisse führt nun dazu, dass z.B. bei ähnlichen rechtwinkligen Dreiecken das Verhältnis von Gegenkathete zu Hypotenuse konstant bleibt, unabhängig davon welche reale Größe das Dreieck besitzt. Auch wenn dieses Wissen rein theoretisch abgeleitet werden kann, sollte im Unterricht Gelegenheit gegeben werden, diese Erfahrung mit einem DGS konkret selbst zu machen.

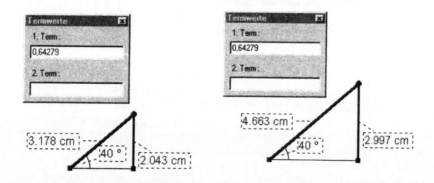

Diese Idee lässt sich zu einer Hinführung zur Sinusfunktion ausbauen. Um die „Sinuskurve" zu erhalten, wird der Quotient aus Gegenkathete und Hypotenuse in Abhängigkeit vom (in obiger Abbildung markierten) Winkel abgetragen, was mit den Messfunktionen eines DGS problemlos möglich ist.

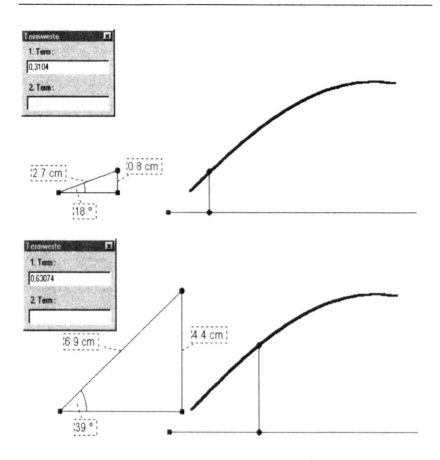

Entsprechend kann man zu den Graphen der anderen Winkelfunktionen gelangen und grundlegende Eigenschaften erkennen bzw. diskutieren.

3.2 Beweisbedürfnis wecken

Beim Lehren des Beweisens zeigt sich immer wieder das Problem, dass Schüler die Notwendigkeit für einen Beweis nicht erkennen. Die Ursachen hierfür sind vielfältig. Sie können in einem noch nicht vorhandenen oder nicht genügend ausgebildeten grundsätzlichen mathematischen Denken und einem mangelnden Verständnis für den formalen Aufbau der Mathematik liegen. Eine Ursache für ein mangelndes Beweisbedürfnis mag aber auch darin zu sehen sein, dass es oftmals nicht gelingt, beim Schüler Neugier, Erstaunen und eine innere Betroffenheit über ein geometrisches Phänomen zu wecken. Wie dies geschehen kann, soll im Folgenden an einigen Aussagen über Drehungen aufgezeigt werden.

Entdecken von neuen Sachverhalten

Für Schüler ist unmittelbar offensichtlich, dass etwa eine Drehung zwei sich schneidende Geraden wiederum auf zwei sich schneidende Geraden abbildet. Sicherlich hätten aber viele Schüler Schwierigkeiten, dafür eine Begründung zu geben.

Ebenso klar, aber eventuell leichter begründbar, ist die Aussage, dass zwei zueinander senkrechte Geraden durch eine Drehung wiederum auf zwei zueinander senkrechte Geraden abgebildet werden.

Anspruchsvoller ist die Aufgabe, die Schüler herausfinden zu lassen, was für eine Abbildung sich bei der Verkettung zweier Achsenspiegelungen ergeben kann. Mit Hilfe von Papier, Bleistift und Geo-Dreieck lässt sich herausfinden, dass die Verkettung – je nach Lage der Achsen – eine Drehung oder eine Verschiebung sein kann. Dabei „sieht" man unmittelbar, dass sich bei zwei sich schneidenden Achsen eine Drehung ergibt. Ein Beweisbedürfnis wird kaum entstehen und ein Beweis dafür dürfte auch die meisten Schüler überfordern.

Wir wollen jetzt den umgekehrten Weg gehen und eine Drehung wieder in Achsenspiegelungen zerlegen. Dabei kann ein Computerexperiment den Ausgangspunkt für das Entdecken entsprechender Zusammenhänge sein.

Entdecken beeindruckender Phänomene

Eine mögliche Experimentierumgebung bildet eine DGS-Konstruktion, bei der ein Urbild und die Lage der beiden sich schneidenden Achsen verändert werden können, während der Schnittwinkel konstant bleibt. Was passiert, wenn man die Ausgangskonstellation verändert?

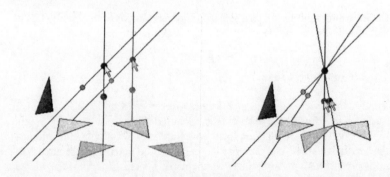

Verändert man zunächst das Aussehen des Urbilds, so verändert sich entsprechend und in keiner Weise überraschend das Aussehen des Bilds. Verändert man

dann etwa die Lage des Schnittpunkts der beiden Achsen, so ändert sich (in zunächst „chaotischer" – das heißt hier: in für Schüler unvorhersehbarer – Weise)
die Lage der Bildfigur. Dreht man schließlich die beiden Achsen unter Beibehaltung des Schnittwinkels, ohne dabei die Lage des Schnittpunkts zu verändern, so
bleiben überraschender- und *merkwürdiger*weise Urbild und Bild wie „festgena-
gelt" liegen.

Das Erstaunen und die Verwunderung über dieses Phänomen lässt sich an der
Reaktion von Schülern und Studierenden ablesen: Die erste unwillkürliche Reaktion ist vielfach, dass sofort noch einmal die Lage des Schnittpunkts verändert
wird, um zu überprüfen, ob nicht etwa das Programm abgestürzt ist und die plötz-
liche unerwartete Statik auf einen Computerfehler zurückzuführen ist. Selbst für
jene Schüler und Studierende, die bereits wissen, dass sich eine Drehung durch
die Verkettung zweier Achsenspiegelungen mit halbem Drehwinkel als Schnittwinkel der Achsen erzeugen lässt, ist diese Visualisierung überraschend.

Das selbständige Experimentieren und Entdecken und so das „authentische"
Erleben von Überraschungen vermittelt einen viel tiefergehenden Eindruck als das
Hinweisen oder Erläutern dieser Eigenschaft an einer statischen Skizze. Im Zusammenspiel mit jeweils passenden Kontrastbeispielen lassen sich diese Über-
raschungsmomente immer wieder herbeiführen.

Kann man also einerseits das emotionale Erlebnis, das bei der Hinführung zu
einem geometrischen Phänomen durch ein DGS ermöglicht wird, als förderlich
für die Erzeugung eines Beweisbedürfnisses werten, so stellen sich im Unterricht
andererseits auch „DGS-bedingte" Widerstände ein: Die Computerexperimente zu
einem speziellen Phänomen und die Vielzahl der Fälle, die im Zugmodus beobachtet werden können, sind für manche Schüler so überzeugend, dass sich in ihren
Augen die Notwendigkeit für einen („nochmaligen") formalen Beweis gar nicht
erst stellt oder nur als lästige Pflichtübung widerwillig akzeptiert wird; mit eigenen Augen haben sie ja gesehen, dass die Beobachtung richtig ist.

Deshalb möchten wir nochmals auf die Bedeutung für das Lernen und langfri-
stige Behalten von Sätzen hinweisen, wenn Phänomene, die in einem Satz beschrieben werden, emotional positiv und mit eigener Erfahrung auf verschiedenen
Darstellungsebenen erlebt werden. Dadurch besteht zumindest die Hoffnung, dass
der Inhalt eines Satzes stärker im Gedächtnis verhaften bleibt. Im Folgenden werden hierzu einige Beispiele gegeben.

3.3   Beweisideen erfassen

Jeder Studierende hat im Laufe seines Studiums die Erfahrung gemacht, dass er in
mathematischen Beweisen in der Vielzahl formaler und abstrakter Kleinschritte
die zentrale Beweisidee aus dem Auge verliert. Dies kann auch für Sätze im Mathematikunterricht gelten. Exemplarisch dafür steht der klassische Beweis des

Satzes von PYTHAGORAS nach EUKLID, den SCHOPENHAUER wegen seiner Un-
durchsichtigkeit als „Mausefallenbeweis" charakterisierte[11].

Beim Lernen von Beweisen eines Satzes ist es wichtig, die zentrale(n) Idee(n),
den Leitgedanken, den roten Faden der Beweisführung zu erkennen. Formales
oder technisches Wissen ist darüber hinaus notwendig, um diesen zentralen Ge-
dankengang (auf Papier) darstellen zu können. Ein (nicht nur hochschul-)didak-
tisches Problem stellt also das Hervorheben und Erlernen zentraler Beweisideen
dar.

In dem berühmten Beweis des EUKLID zum Satz des PYTHAGORAS ist ein derartiger roter Faden nur schwer zu erkennen.

§ 47 (L. 33).

*Am rechtwinkligen Dreieck ist das Quadrat über der dem
rechten Winkel gegenüberliegenden Seite den Quadraten über
den den rechten Winkel umfassenden Seiten zusammen gleich.*

$A B C$ sei ein rechtwinkliges Dreieck mit dem rechten
Winkel $B A C$. Ich behaupte, daß $B C^2 = B A^2 + A C^2$.

Man zeichne nämlich über $B C$ das Quadrat $B D E C$
(I, 46) und über $B A$, $A C$ die Quadrate $G B$, $H C$; ferner
ziehe man durch A $A L \parallel B D$ oder $C E$ und ziehe $A D$,
$F C$.

Da hier die Winkel $B A C$, $B A G$ beide Rechte sind,
so bilden an der geraden Linie $B A$ im Punkte A auf ihr
die zwei nicht auf derselben Seite liegenden geraden Linien
$A C$, $A G$ Nebenwinkel, die zusammen = 2 R. sind; also
setzt $C A$ $A G$ gerade fort (I, 14). Aus demselben Grunde
setzt auch $B A$ $A H$ gerade fort. Ferner ist $\angle D B C$
$= F B A$; denn beide sind Rechte (Post. 4); daher füge
man $A B C$ beiderseits hinzu; dann ist der ganze Winkel
$D B A$ dem ganzen $F B C$ gleich (Ax. 2). Da ferner $D B$
$= B C$ und $F B = B A$ (I, Def. 22),
so sind zwei Seiten $D B$, $B A$ zwei
Seiten $F B$, $B C$ (überkreuz) entsprechend gleich; und $\angle D B A$
$= \angle F B C$; also ist Grdl. $A D$
$=$ Grdl. $F C$ und $\triangle A B D =$
$\triangle F B C$ (I, 4). Ferner ist Pgm.
$B L = 2 \triangle A B D$; denn sie haben
dieselbe Grundlinie $B D$ und liegen
zwischen denselben Parallelen $B D$,
$A L$ (I, 41); auch ist das Quadrat
$G B = 2 \triangle F B C$; denn sie haben

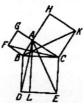

Fig. 46.

wieder dieselbe Grundlinie, nämlich $F B$, und liegen zwischen
denselben Parallelen $F B$, $G C$. [Von Gleichem die Doppelten sind aber einander gleich (Ax. 5).] Also ist Pgm.
$B L =$ Quadrat $G B$. Ähnlich läßt sich, wenn man $A E$,
$B K$ zieht, zeigen, daß auch Pgm. $C L =$ Quadrat $H C$;
also ist das ganze Quadrat $B D E C$ den zwei Quadraten
$G B + H C$ gleich (Ax. 2). Dabei ist das Quadrat $B D E C$
über $B C$ gezeichnet und $G B$, $H C$ über $B A$, $A C$. Also
ist das Quadrat über der Seite $B C$ den Quadraten über
den Seiten $B A$, $A C$ zusammen gleich — S.

---

[11] Als Mausefallenbeweise charakterisierte SCHOPENHAUER alle diejenigen Gedanken-
gänge, die den Leser Schritt für Schritt verständlich weiterführen, ohne dass der Leser
das Ziel und die Ursache der Argumentation erkennt - bis schließlich die „Falle zu-
schnappt" und mit dem letzten Schritt die ursprüngliche Behauptung bewiesen ist.

Für den „Satz von PYTHAGORAS" gibt es vielfältige Unterrichtsmaterialien, mit denen man die einzelnen Schritte eines Beweises darstellen kann. Ein relativ preiswertes – aber nur eingeschränkt anwendbares – Demonstrationsinstrument ist z. B. ein *Geobrett*. Dies ist eine regelmäßige Anordnung von Nägeln, um die sich Gummiringe spannen und so verschiedene Konfigurationen darstellen und nachvollziehen lassen.

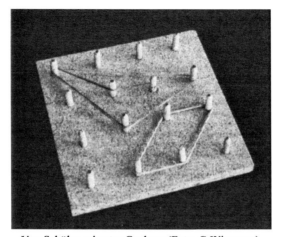

Von Schüler gebautes Geobrett (Foto: G. Wittmann)

Vergleichsweise teuer aber nur eingeschränkt nutzbar sind *Schablonen* (magnetisch für die Wandtafel oder farbig für den Tageslichtprojektor), welche teilweise über Gelenkmechanismen bewegt und verändert werden können. Viele derartige Demonstrationsinstrumente lassen sich mit einem DGS nachbilden.

In der folgenden Bildsequenz sind einige „Zwischenbilder" des obigen Beweises mit einem DGS dargestellt. Leider vermittelt das Medium Papier nur einen unzureichenden Eindruck von den wirklichen Scherungen und Drehungen, welche die entscheidenden und mit dem DGS begreifbaren Beweisideen bildet.

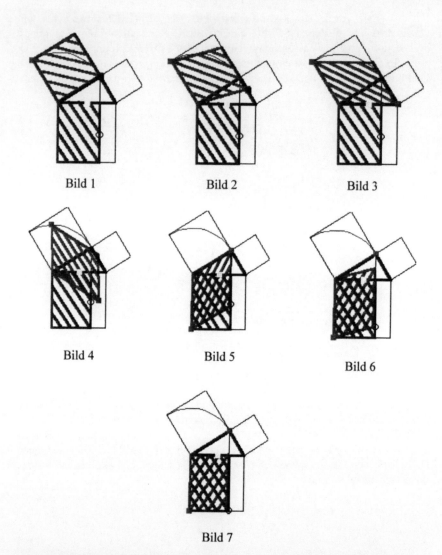

Bild 1   Bild 2   Bild 3

Bild 4   Bild 5   Bild 6

Bild 7

Die zentrale Idee des Beweises nach EUKLID besteht darin, das schraffierte Kathetenquadrat durch flächeninhaltserhaltende Umformungen in einen rechteckigen
Teil des Hypotenusenquadrats zu verwandeln. Mit dem anderen Kathetenquadrat
wird analog verfahren und die beiden erhaltenen Rechtecke füllen das Hypotenusenquadrat vollständig aus.

In den ersten drei Bildern wird hierzu das Kathetenquadrat zu einem geeigneten Parallelogramm geschert (wobei seine Höhe und damit der Flächeninhalt un-

verändert bleiben). In den Bildern 4 und 5 wird das Parallelogramm um einen geeigneten Eckpunkt gedreht, wobei sein Inhalt wiederum gleich bleibt. Schließlich
wird das Parallelogramm (unter Beibehaltung seiner Höhe) zu einem Rechteck
geschert, welches den einen Teil des Hypotenusenquadrats bildet. Alle diese Veränderungen kann der Schüler nun selbstständig mit individueller Geschwindigkeit
nachvollziehen. Um die wesentlichen Stationen der Veränderungen hervorzuhe-
ben, eignen sich auch Experimente mit „unpassenden" Lagen: Was passiert, wenn
man das Anfangsquadrat nicht genügend weit oder zu weit schert? Wenn man das
Parallelogramm nicht um die passende, sondern eine andere Ecke dreht? ...

Ein weiterer klassischer Beweis zum Satz des PYTHAGORAS ist der „Schaufel-
radbeweis nach PERIGAL". Der Leser mache sich die zentrale Beweisidee an der
folgenden Bildsequenz selbst klar.

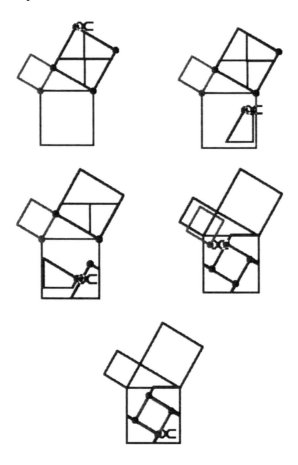

Auch hier stellt das geeignete Zerlegen des größeren Kathetenquadrats und die Anordnung und das Einpassen in das Hypotenusenquadrat die zentrale Beweisidee dar. Natürlich sind das „nur" Visualisierungen von Beweisideen, die durch entsprechende Begründungen und schließlich formale Beweise ergänzt werden müssen.

Der Vorteil eines DGS gegenüber konkretem Material liegt darin, dass sich die Visualisierung für beliebige Dreiecke – auch auf nicht-rechtwinklige Dreiecke als Kontrastbeispiele – anwenden lässt. Ein DGS stellt also einen weitaus universelleren „Baukasten" dar, als jede Materialsammlung.

Beim „Stuhl der Braut" werden zwei Quadrate nebeneinandergelegt und es werden zwei rechtwinklige Dreiecke so abgeschnitten, dass sich – durch entsprechendes Umlegen – ein neues „großes" Quadrat ergibt. Das Problem besteht darin, den Punkt P so zu wählen, dass die erzeugte neue Figur ein Quadrat ist. Mit einem DGS kann diese Idee veranschaulicht werden.

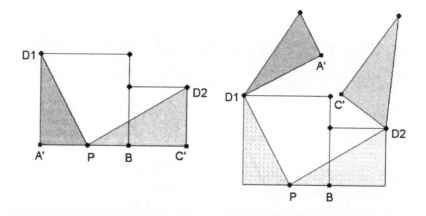

P wird – zunächst – beliebig auf [A'C']   Die beiden Teildreiecke werden dann um
          gewählt.   D1 bzw. D2 gedreht

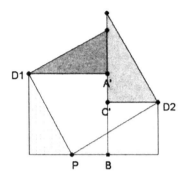

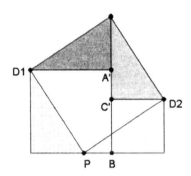

Die so entstandene Figur ist i. a. kein Qua-   Durch Variieren des Punktes *P* auf [*A C*]
drat.   lässt sich ein Quadrat erzeugen.

Diese Beispiele zeigen, wie das (Re-)Produzieren formaler Beweise durch das Visualisieren der zentralen Beweisideen unterstützt werden kann (vgl. ELSCHEN-
BROICH 2001).

3.4   Erarbeiten einer Beweisstrategie

Zwei zentrale Aspekte des Geometrieunterrichts sind das *Konstruieren* und das
Beweisen. Es zeigt sich immer wieder, dass vielen Schülern die enge Beziehung
zwischen diesen beiden Aspekten nicht deutlich wird.[12] Nun fördert die Einbeziehung von DGS in den Unterricht aber wieder eine Klasse von geometrischen Aufgaben, in denen gerade ein Beweis zum konstitutionellen Bestandteil einer Konstruktion wird.

Das einbeschriebene Quadrat

Beispiel: In ein Dreieck *ABC* soll ein Quadrat
DEFG so einbeschrieben werden, dass die Ek-
ken *D* und *E* auf der Seite [*AB*], *F* auf [*BC*]
und *G* auf [*AC*] liegt.

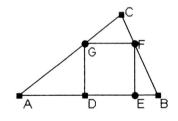

Eine mögliche heuristische Strategie, die sich
bei derartigen „Einpassungsaufgaben" oftmals er-folgreich einsetzen lässt, lautet:
„Konstruiere ein Objekt, das alle außer einer
der geforderten Bedingungen erfüllt. Variiere

---

[12] Das liegt auch daran, dass das traditionelle euklidische Schema *Analysis-Konstruktion-
Determination-Beweis* heute nicht mehr in der Strenge wie früher unterrichtet wird,
wofür es natürlich auch gute Gründe gibt.

die Figur und beobachte einen (oder mehrere) der mitbewegten Punkte. Versuche mit der entstehenden Ortslinie eine endgültige Lösung für das Problem zu finden." (Vgl. WETH 2002).

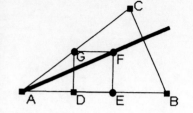

Im vorliegenden Beispiel scheint sich zu zeigen, dass beim Variieren von D auf AB der Eckpunkt F eine Gerade durch A durchläuft. Hätte man diese Gerade, würde man über den Schnittpunkt dieser Ortslinie mit BC zu einer endgültigen Lösungskonfiguration gelangen. In diesem Fall liefert die beobachtete Ortslinie einen wesentlichen Hinweis auf eine mögliche Problemlösung.

Hat man mit dieser sog. „n – 1 Strategie"[13] Erfolg und findet eine Lösungsidee für das gegebene Problem, ist im allgemeinen noch abschließend die Vermutung zu beweisen, die man über die beobachtete Ortslinie gemacht hat. Im vorliegenden Beispiel ist also zu begründen, ob und warum die Ortslinie eine Gerade ist, was hier etwa mit Hilfe der zentrischen Streckung erfolgen kann, die eine geradentreue Abbildung ist.

Mit dieser Figur lässt sich nun weiter experimentieren. So lässt sich etwa fragen, ob es auch Dreiecke ABC gibt, für die *keine* Lösung dieser Aufgabe existiert.

Das eingepasste gleichseitige Dreieck

Einen weiteren Vertreter dieser Aufgabenklasse bildet die folgende Problemstellung:

Beispiel: „Gegeben sind drei Geraden a, b, c. Gesucht ist ein gleichseitiges Dreieck ABC mit der Eigenschaft $A \in a$, $B \in b$ und $C \in c$."

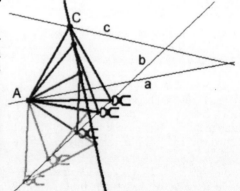

Verfolgt man wieder die „n – 1"-Strategie, so konstruiert man ein gleichseitiges Dreieck, für das alle Bedingungen erfüllt sind, außer $C \in c$. Lässt man nun A auf a fest und bewegt B auf b, so ergibt sich anscheinend eine Gerade als Ortslinie, auf der sich C bewegt. Diese Gerade (wenn es denn eine ist, was noch zu zeigen ist) gibt

---

. [13] Die Bezeichnung „n – 1-Strategie" kommt daher, dass zu Beginn des heuristischen Verfahrens eine Konfiguration konstruiert wird, die alle, bis auf eine, also n – 1, der geforderten Bedingungen erfüllt.

den Hinweis auf eine Lösung des Konstruktionsproblems: Man wählt einen Punkt $A \in a$ und konstruiert dazu die Gerade, auf der sich C bewegt, wenn B variiert wird. Dies ist etwa durch das Konstruieren zweier Punkte C_1 und C_2 für zwei verschiedene Punkte B_1 und B_2 möglich. Der Schnittpunkt dieser Geraden mit c wäre jedenfalls ein zweiter Eckpunkt C des gesuchten gleichseitigen Dreiecks. Mit Hilfe von A und C ließe sich dann der Punkt B als dritter Eckpunkt eines gleichseitigen Dreiecks konstruieren. Das Konstruktionsproblem ist also dann gelöst, wenn man die (mit einem DGS generierte) Vermutung beweisen kann, dass C beim Bewegen von B auf einer Geraden entlang wandert.

Eine mögliche Begründung ist die folgende: Die Ortslinie von C entsteht, indem B auf b bewegt und A auf a festgehalten wird. In jeder Lage war C von A gleichweit entfernt wie B von A, denn ABC war gleichseitig. Also ist $\angle BAC$ immer ein 60^0-Winkel und C lässt sich als Bildpunkt von B unter einer 60^0-Drehung um A auffassen. Da B die Gerade b durchläuft wird also jeder Punkt von b um 60^0 um A gedreht: die Ortslinie von C ist das Bild von b unter einer 60^0-Drehung mit Drehzentrum A. Damit ist bewiesen, dass C eine Gerade durchläuft und auch klar, wie diese Gerade (und mit obiger Vorüberlegung das gesuchte Dreieck) zu konstruieren ist.[14]

Das eingepasste Quadrat

Ein weiteres Problem, das sich mit dieser Strategie lösen lässt, ist das Folgende:

Beispiel: Gegeben sind drei Parallelen a, b, c. Gesucht ist ein Quadrat $ABCD$ mit $A \in a$, $B \in b$ und $C \in c$.

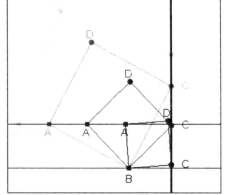

Es wird zunächst $C \in c$ ignoriert und ein Quadrat mit $A \in a$, $B \in b$ konstruiert. Variiert man A auf a, scheint sich C auf einer senkrechten Geraden zu a zu bewegen.

Die Begründung ist wieder analog zur letzten Aufgabe. Die Gerade, auf der sich C bewegt, ist das Bild von a unter einer 90°-Drehung um B. Eine einfache Erweiterung der Aufgabe wäre die Frage, wie das Quadrat unter der Forderung $A \in a$, $B \in b$ und nun

---

[14] Eine Lösung des Problems könnte also lauten: Wähle einen (nicht speziellen Punkt $A \in a$. Bilde zwei beliebige Punkte von b durch eine 60°-Drehung um A ab. Die Gerade durch die beiden Bildpunkte schneidet c im Dreieckspunkt C. Konstruiere zu A und C die beiden möglichen gleichseitigen Dreiecke. Das Dreieck, bei dem $B \in b$ ist, ist dann das gesuchte.

aber $D \in c$ zu konstruieren wäre[15].

Obwohl derartige Aufgaben auf eine lange Tradition im Unterricht zurückblicken, war es bisher aufgrund des eingeschränkten Experimentier- und Zeichenmaterials nur in wenigen Fällen möglich, Aufgaben zu stellen, bei denen eine Ortslinie keine Gerade war. Denn allein zum Finden einer Vermutung musste eine Konstruktion zunächst *mehrfach erstellt* werden, was einen erheblichen Zeichen- und Zeitaufwand mit sich brachte. Hätte ein zu beobachtender Punkt etwa einen Kreis (oder gar einen allgemeineren Kegelschnitt) durchlaufen, so hätten die Konstruktionen sehr *präzise ausgeführt* werden müssen, um etwa eine Ellipse von einem Kreis unterscheiden zu können.

Diese beiden hier aufgetretenen Probleme treten bei Verwendung eines DGS in den Hintergrund: Weder die Erstellung vieler Einzelkonstruktionen, die sich mit dem Zugmodus „durch eine Handbewegung" erzeugen lassen noch die Präzision der Konstruktion stellen Probleme dar, welche den Blick von der eigentlichen Aufgabe ablenken.

Exemplarisch seien hier zwei Aufgaben skizziert,[16] welche auf einen Kreis als Ortslinie führen.

Eine Gerade, die Winkelhalbierende wird

Beispiel: Gegeben seien die Punkte A und B sowie eine Gerade g. Gesucht ist ein Punkt $P \in g$ so, dass $|\alpha| = |\beta|$.

Die Anwendung der obigen heuristischen Strategie führt nun etwa zu folgender Überlegung. Wenn $|\alpha| = |\beta|$, dann ist $[PB]$ Winkelhalbierende (des gesamten aus α und β bestehenden Winkels). Spiegelt man A an PB, so muss also für eine Lösungskonfiguration der Bildpunkt A' auf g liegen.

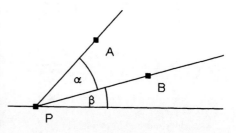

Entsprechend obiger Strategie vernachlässigt man zunächst, dass A' auf g zu liegen hat und konstruiert zu einem beliebig auf g gewählten Punkt P den Bildpunkt A' bei Spiegelung von A an PB. Variiert man nun P auf g, ergibt sich als Ortslinie von A' anscheinend ein Kreis $k(B,A)$ um B durch A. Diese experimentelle Beobachtung liefert den entscheidenden Lösungshinweis: Angenommen, die Ortslinie ist wirklich ein Kreis $k(B,A)$, dann wäre ein Schnittpunkt von $k(B,A)$ mit g ein Punkt A', der bei Spiegelung von

---

[15] Lösung: C ist Bildpunkt von B unter einer Drehstreckung $(45^0, \sqrt{2})$ mit Zentrum A.

[16] Um die Tragfähigkeit der computerunterstützten Ortslinienstrategie erleben und würdigen zu können, wäre es ratsam, vor dem Weiterlesen zunächst eine eigene Lösung der Aufgaben zu versuchen.

A an *PB* auf *g* liegt. Aus *A'* und *A* lässt sich nun ein gesuchter Punkt *P* konstruieren, indem man die Symmetrieachse von *A* und *A'* mit *g* schneidet (da *A* und *A'* auf *k(A,B)* liegen, verläuft die Symmetrieachse zu *A* und *A'* „automatisch" durch *B*).

Bleibt zu klären, ob es sich bei der beobachteten Ortslinie auch wirklich um einen Kreis mit Mittelpunkt *B* durch *A* handelt. Dass dies so ist, bestätigt folgende Überlegung: *A'* ist nach Konstruktion immer der Bildpunkt von *A* bei einer Spiegelung an Achsen, welche alle durch *B* verlaufen. Bei einer Achsenspiegelung sind Urpunkt und Bildpunkt von einem Achsenpunkt immer gleich weit entfernt. Da sich der Abstand von *B* zu *A* aber nie ändert und jede Achse durch *B* verläuft, hat *A'* von *B* immer denselben Abstand wie *A* von *B*: *A'* liegt auf *k(B,A)*.

Damit liefert die „Ortslinienstrategie" einen entscheidenden Lösungshinweis und darüber hinaus gewinnt man im Zugmodus beim Variieren (z. B. von *B*) die Erkenntnis, dass das Problem je nach Lage von *A* und *B* bzgl. der Geraden *g* zwei, genau eine oder überhaupt keine Lösungen besitzt.

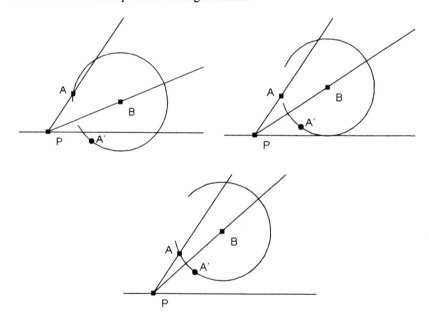

Eine Erweiterung der Aufgabe, welche fordert, dass ∡ *A'PB* doppelt so groß ist wie ∡ *BPA* liefert als Ortslinien u. a. Pascalsche Schnecken und algebraische Kurven höherer als dritter Ordnung.

Drei Geraden, die Winkelhalbierende werden[17]

Beispiel: Gegeben seien drei Geraden a, b und c, die sich in einem Punkt S schneiden. Zu konstruieren ist ein Dreieck ABC, bei dem a, b und c Winkelhalbierende sind.

Eine Möglichkeit, obige Strategie anzuwenden ist etwa, ein Dreieck ABC zu konstruieren, bei dem $A \in a$ und $B \in b$ gilt und bei dem a und b Winkelhalbierende sind. Damit erhält man (durch Achsenspiegelungen) ein Dreieck ABC bei dem $C \notin c$ und c keine Winkelhalbierende ist.

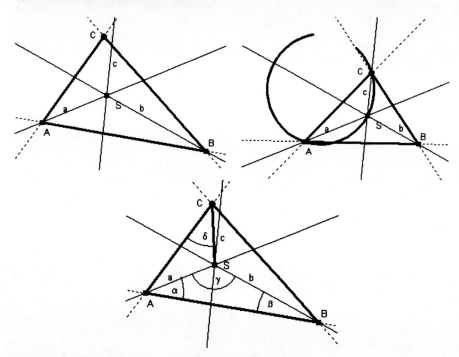

Bewegt man nun etwa B auf b, so bleiben (nach Konstruktion) a und b Winkelhalbierende im Dreieck ABC und C bewegt sich auf einer Kurve, welche ein Kreis durch die Punkte A und den gemeinsamen Schnittpunkt S von a, b und c zu sein scheint (rechte Abb. oben.). Angenommen die Linie wäre ein Kreis und man wüsste, wie er zu konstruieren wäre, dann hätte man eine Lösung des Problems: Man könnte A beliebig auf a wählen, den (vermeintlichen) Kreis konstruieren und als Schnittpunkt mit c den Eckpunkt C gewinnen. Durch eine Achsenspiegelung etwa von CA an c erhielte man als Schnittpunkt der Bildgeraden von CA mit b den dritten Eckpunkt B eines Lösungsdreiecks ABC.

---

[17] Vier verschiedene Lösungen der Aufgabe findet man in WEIGAND (1991).

Bleibt also die Frage: Handelt es sich bei der Ortslinie von C um einen Kreis? Und wenn ja – um welchen? Komprimieren wir die Antwort auf die Fragen in einem Satz[18]: Mit den Bezeichnungen von oben gilt: C liegt auf dem Fasskreisbogen über der Sehne $[AS]$ zum Winkel $\delta = \gamma - 90^0$.

Beweis: Die entscheidende Idee zum Verständnis des Beweises ist, dass die Summe von α und β (unabhängig von der Lage von B auf b!) konstant ist.

1) $\alpha + \beta =$ konstant $= 180^0 - \gamma$ (Innenwinkelsumme im Dreieck ABS, γ ist als Schnittwinkel der gegebenen Geraden a und b konstant);

2) S ist Inkreismittelpunkt von Dreieck ABC (a und b sind nach Konstruktion Winkelhalbierende);

3) $|\angle ACB| = 2\delta$ ((2) und CS ist als Gerade durch C und den Inkreismittelpunkt S eine Winkelhalbierende im Dreieck ABC);

4) $2\delta = 180^0 - 2(\alpha + \beta)$. ((3) und Innenwinkelsumme im Dreieck ABC);

5) $\delta = \gamma - 90^0$ ((1) und (4)).

Damit lässt sich die gesuchte Ortslinie als Fasskreisbogen über der Strecke AS zum Winkel $\delta = \gamma - 90^0$ konstruieren und wie beschrieben zu frei gewähltem A der Punkt C und daraus schließlich B konstruieren. Naheliegende Erweiterungen dieser Aufgabe sind die Fragen nach der Konstruktion von Dreiecken, welche die gegebenen Geraden als Mittelsenkrechten, Seitenhalbierenden oder Höhen haben.

Mit den oben vorgestellten Aufgaben(typen) sollte gezeigt werden, dass das Einbeziehen von DGS die Wechselbeziehung zwischen Konstruktions- und Beweisaktivitäten im Unterricht aufzeigen und darüber hinaus eine heuristische Strategie zu einer Tragfähigkeit führen kann, welche mit den klassischen Zeichenwerkzeugen Zirkel und Lineal aus rein technischen Gründen nicht möglich ist.

3.5 Beweisen mit Hilfe des Computers

Beim experimentellen Arbeiten werden auf Grund zahlreicher Einzelbeobachtungen Vermutungen gebildet. Man weiß zwar, dass auch noch so viele Einzelbeobachtungen nicht die allgemeine Gültigkeit bestätigen können, aber je häufiger man die Vermutung verifiziert, desto stärker wird die Überzeugung, dass die Vermutung wahr ist.

---

[18] Sonderfälle und speziellere Überlegungen werden der Übersichtlichkeit wegen im Folgenden nicht angegeben. Details bleiben dem Leser überlassen.

Abschätzung der Gültigkeit

DGS wie CINDERELLA oder CABRI verwenden einen automatischen „Beweiser", der nach folgendem Prinzip arbeitet: Der Benutzer „fragt" das Programm, ob eine bestimmte Konfiguration – etwa die Parallelität zweier Geraden in einer Konstruktion – Allgemeingültigkeit besitzt: „Ist g immer parallel zu h?". CINDERELLA „beweist" (oder widerlegt) nun die Vermutung, indem es die Ausgangskonfiguration (etwa die Koordinaten der drei Eckpunkte eines Dreiecks) zufällig verändert und überprüft, ob die Geraden auch in der neuen Ausgangskonfiguration parallel sind. Die zufällige Veränderung der Ausgangskonfiguration (also der Koordinaten der Anfangspunkte) geschieht rein rechnerisch und „im Hintergrund", ohne dass der Benutzer dies am Bildschirm bemerkt und wird einige tausend Male wiederholt. Hat sich in allen durchgerechneten Fällen die Vermutung bestätigt, so gilt sie als „stochastisch bewiesen" (vgl. KORTENKAMP/RICHTER-GEBERT 2001): Mit hoher Wahrscheinlichkeit sind die beiden Geraden parallel. Natürlich ist das kein Beweis im (traditionellen) Sinn der Mathematik. Es ist „lediglich" ein Verfahren zur Abschätzung der Gültigkeit einer Vermutung.

Bei einem formalen Beweis geht es unter mathematischen Gesichtspunkten um das *Sichern der Allgemeingültigkeit* eines Phänomens und die *logische Begründung* für das Auftreten des Phänomens. Unter didaktischen Gesichtspunkten geht es um das Verstehen eines Phänomens, um das Rückführen einer Aussage auf bekannte Aussagen und damit um die Klärung der Frage „Warum ist etwas so?" und nicht nur um die Feststellung, dass etwas so ist. Darüber hinaus sind mit dem Beweisen im Unterricht viele weitere didaktische Aspekte verbunden: das Aufzeigen von Beziehungen, das Üben, das Schulen eines schrittweisen folgerichtigen Denkens, das Formalisieren von Aussagen sowie das übersichtliche Darstellen mathematischer Zusammenhänge.

Zur Schulung dieser Fähigkeiten wurden seit den 80-er Jahren des letzten Jahrhunderts Computerprogramme entwickelt, welche Schüler beim Finden und Erstellen von Beweisen „intelligent" unterstützen. Ein typischer (und im deutschsprachigen Raum gleichzeitig der bekannteste) Vertreter eines derartigen Systems ist GEOLOGWIN.

Das folgende Beispiel soll die Grundgedanken und die Arbeitsweise eines sogenannten Intelligenten Tutoriellen Systems (ITS) am Beispiel von GEOLOGWIN mittels einer einfachen Konstruktionsaufgabe deutlich machen. Aus einem vom System zur Verfügung gestellten Angebot an Aufgaben (das in eingeschränktem Maße durch eigene Aufgabenstellungen erweitert werden kann) wählt der Benutzer eine Beweisaufgabe aus. Im folgenden Beispiel lautet die Aufgabenstellung: „Gegeben sind zwei Strecken [AB] und [CD], die sich gegenseitig halbieren. Beweise: [AC] und [BD] sind kongruent." Nach der Auswahl einer Aufgabe erscheinen bei GEOLOGWIN im allgemeinen drei Bearbeitungsfenster.

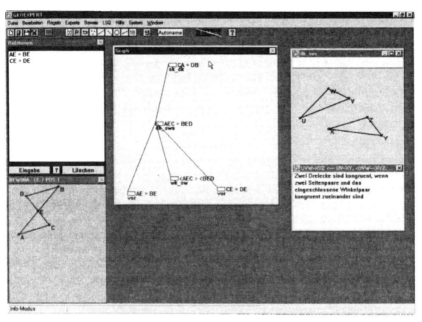

GEOLOGWIN: „$AE = BE$" bedeutet hier $|AE| = |BE|$.

In einem Fenster werden die Voraussetzungen symbolisch angegeben (links oben), in einem weiteren wird eine Planfigur (links unten) angezeigt, in welcher farblich gekennzeichnet ist, welche Größen die gegebenen und welche die gesuchten sind; schließlich wird mit den „Knoten" eines Beweisgraphen (mittleres Fenster) angegeben, welche Relationen vorausgesetzt und welche zu beweisen sind.

Die ursprüngliche Ausgangskonfiguration des obigen Beweisgraphen bestand also lediglich aus den beiden mit „vor" (für „Voraussetzung") gekennzeichneten Knoten ($AE = BE$ und $CE = DE$) sowie dem Zielknoten (ganz oben), dem die zu beweisende Relation ($CA = DB$) zu entnehmen ist. Aufgabe des Schülers ist es, diese unvollständigen Angaben zu einem vollständigen Beweis zu ergänzen. Hierzu erstellt er (mit Mausklick) neue Knoten – etwa denjenigen in welchem er die Kongruenz zweier Winkel behauptet und (mittels Anklicken bestehender Knoten) begründet. Das ITS betreut nun den Benutzer „intelligent", indem es jede dieser Eingaben mit Hilfe seines Satzsystems überprüft, dem Schüler ggf. die Rückmeldung gibt, dass sich die momentan aufgestellte Behauptung nicht aus der Konfiguration ableiten lässt oder dass eine falsche Begründung angegeben wurde. Auf Anfrage wird ein Lösungshinweis gegeben. Auf der Basis des vom System vorgegebenen Regelwerks, das die üblichen Sätze für Winkel an Geraden, die Kongruenzsätze usw. beinhaltet, kann der Bearbeiter nun weitere Knoten erstellen und durch Erstellen von Kanten einen vollständigen Beweisgraphen aufbauen. Das System überprüft dabei laufend die Gültigkeit der gemachten Schlussfolgerungen, gibt ggf. Lösungshinweise und liefert bei Bedarf selbst einen vollständigen Beweisgraphen. Die geometrischen Sätze, welche den einzelnen Beweisschritten zugrunde liegen, werden von GEOLOGWIN in sehr verkürzter Form an den einzelnen Knoten angedeutet (z.B. dk_sws als Hinweis auf den verwendeten „Kongruenzsatz für Dreiecke 'SWS'").[19] Eine ausführliche Darstellung der Sätze kann angefordert und in einem eigenen Fenster angezeigt werden. (Im rechten Fenster der obigen Abbildung wird z. B. der Satz „dk_sws" durch eine Figur und erklärenden Text dargestellt).

Sieht man einmal von den Problemen ab, welche GEOLOGWIN auf Grund der gewöhnungsbedürftigen Benutzereingabe und des eingeschränkten Satzsystems mit sich bringt, stellen sich die prinzipiellen Fragen hinsichtlich der didaktischen Bedeutung. Soll ein derartiges System in den Unterricht überhaupt integriert werden? Wie kann ein ITS im Unterricht eingesetzt werden? Welche Beziehungen bestehen zu herkömmlichen Papier- und Bleistift-Beweisen?

Sicherlich wird es in der Schule nicht möglich und auch nicht sinnvoll sein, das Lehren von Beweisen ausschließlich einem ITS zu überlassen. Gerade bei einem so fehlerträchtigen und „schwierigen" Thema wie dem formalen Beweisen ist behutsames Vorgehen und einfühlsames Begleiten durch den Lehrer eine unabdingbare Notwendigkeit. Hinzu kommt die „Grauzone", in der sich schulgeometrische Beweise zwangsläufig bewegen: Da man die Schulgeometrie nicht im HILBERTschen Stil axiomatisch aufbaut (und aufbauen kann), ist die Basis, auf welcher Beweise aufbauen, also die Sätze, auf die beim Beweisen zurückgegriffen werden kann, unterschiedlich in verschiedenen Lehrgängen. So ist auch das Regel- und Satzwerk, das einem ITS zur Verfügung steht, nicht standardisierbar. Eine praktikable Einsatzmöglichkeit eines ITS bildet dagegen das betreute Üben und Wiederholen von Beweisen. Hier ist es durchaus vorstellbar, dass ein Schüler die tutorielle Komponente eines ITS nutzt, um bei seiner häuslichen Arbeit einen formalen Beweis zu erstellen. Einschränkend muss hier allerdings angemerkt werden, dass die aktuellen Versionen von GEOLOGWIN noch nicht so benutzerfreundlich und übersichtlich gestaltet sind, dass von einer intuitiven Bedienbarkeit geredet werden könnte: Der Beweis- und Konstruktionstutor verlangt ein weitaus höheres Maß an Einarbeitung und Benutzerkompetenz, als dies etwa bei einem reinen DGS der Fall ist.

Trotz dieser Einschränkungen liefern die wenigen Unterrichtserfahrungen ein positives Bild beim Einsatz eines ITS im Unterricht (vgl. MÜLLER 1998); anzumerken ist allerdings an dem Unterrichtsversuch von MÜLLER, dass er den Computer nicht unmittelbar verwendet, sondern in seinem Unterrichtsversuch lediglich

---

[19] Diese Namen lassen sich bei GEOLOGWIN aber durch den Benutzer ändern.

Beweisbäume mit Papier und Bleistift in der Art verwendet, wie sie bei GEOLOGWIN auftreten.

4 Aufbau von Raumvorstellungen mit dem Computer

4.1 Raumgeometrie und Computereinsatz

Im Kunstunterricht sollen Schüler mit Kartoffeldruck Muster erzeugen. Einer der einfachsten regulären Körper, den man aus einer Kartoffel schneiden kann, ist ein Würfel (drei zueinander parallele Paare von Schnitten genügen). Mit diesem Körper lassen sich Muster herstellen, die aus Quadraten bestehen. Eine – für den Kunst- und Mathematikunterricht gleichermaßen – naheliegende Frage ist nun, wie man auf einfache Weise Kartoffelkörper herstellen kann, mit denen sich regelmäßige Dreiecke, Fünfecke, Sechsecke, Siebenecke usw. erzeugen lassen. Vielleicht sieht der Leser sofort, dass durch einen einzigen geeigneten Schnitt aus einem Würfel eine dreiseitige Pyramide mit einem gleichseitigen Dreieck als Grundfläche und gleichschenkligen Dreiecken als Seitenflächen erzeugt werden kann. Aber bei weiterführenden Fragen zu diesem Würfelschnitt reicht in den meisten Fällen das räumliche Vorstellungsvermögen kaum aus: Wie sieht der Restkörper aus? Sind auch andere reguläre n-Ecke als Schnittfiguren erzeugbar? Welche Maximalzahl an Ecken kann ein Würfelschnitt überhaupt haben? Erweitert man derartige Fragen auf Pyramiden- oder Prismenschnitte, fehlt im Normalfall die Erfahrung, um sich die Art der Erzeugung vorzustellen.

Raumgeometrie beinhaltet die Gebiete *Formenkunde* und *Inhaltslehre*. Während in der Formenkunde vor allem die Raumanschauung und -vorstellung ausgebildet werden soll, stehen in der Inhaltslehre Herleitung und Anwendung von Oberflächen- und Volumenformeln im Vordergrund. Obwohl die Förderung der Raumanschauung ein klassisches Anliegen des Mathematikunterrichts ist (vgl. WÖLPERT 1983), gilt die Raumgeometrie als „Stiefkind" des Mathematikunterrichts, weil sich raumgeometrische Betrachtungen im Unterricht oftmals auf das bloße Herleiten und Lernen von Oberflächen- und Volumenformeln erstrecken. Deshalb wird in letzter Zeit verstärkt eine Wiederbelebung und Neuorientierung der Raumgeometrie gefordert. Dies sollte – wie bei vielen anderen mathematischen Inhalten – in einem langfristigen gestuften Aufbau der Erfahrungs- und Lernschritte geschehen. Die Raumgeometrie wird dabei in allen Schultypen nicht in Form eines „massiven Lehrgangs" sondern „in Anlagerung von räumlichen Problemen an geeignete Fragestellungen der ebenen Geometrie" (MÜLLER 1995 S.214) unterrichtet.

Dem Ziel des vorliegenden Buches entsprechend, soll im Folgenden diskutiert werden, welchen „Mehrwert" gegenüber herkömmlichen Materialien – die natürlich auch in einem computergestützten Unterricht unerlässlich sind – der Computereinsatz in der Raumgeometrie haben kann. Wir beschränken uns im Folgenden auf Programme, die bereits in der Primar- und in der Sekundarstufe I verwendet werden können.

4.2   Elementare Raumgeometrie mit dem Computer

Eine traditionelle Übungsform zur Raumgeometrie in der Primarstufe ist das Erstellen und Interpretieren von Bauplänen (vgl. FRANKE 2000). Hier werden üblicherweise „Gebäude" mit konkretem Material aufgrund eines Bauplans erstellt.

Beispiel: In nebenstehender Tabelle ist ein „Winkel" oder ein „L" auf einer quadratischen Grundfläche dargestellt (anhand dieser Angabe mache man sich nötigenfalls den Zusammenhang klar!).

4	2	2	0
4	2	2	0
0	0	0	0
0	0	0	0

Realisierung von Bauplänen

Bereits in der Primarstufe liefert der Computer mit dem Programm BAUWAS eine Möglichkeit, den Schritt vom Bauen mit konkretem Material zu einer formalen Beschreibung zu vollziehen, was hier zum einen eine verbale Beschreibung und zum anderen eine Beschreibung etwa wie in obiger Tabelle bedeuten kann. Bei BAUWAS lassen sich mit einem „Kran" (anstelle eines Maussymbols) Einzelwürfel aufeinandertürmen und/oder entfernen. Typische Aufgabenstellungen sind dann z.B. die Konstruktion von Körpern entsprechend obigem Bauplan.

Dem *operativen Prinzip* folgend, sollte auch hier die entsprechende „Gegenaufgabe" bearbeitet werden, indem man umgekehrt versucht, ein Objekt wie in folgenden Bildern formal zu beschreiben.

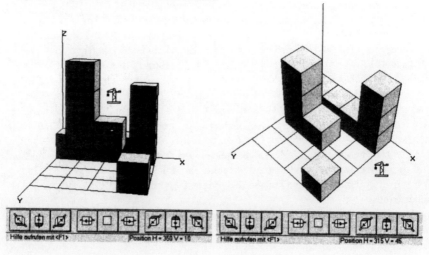

Dadurch, dass BAUWAS auch „schwebende" Würfel erlaubt, erfordern die Baupläne eine modifizierte Kodierung. So könnten Schüler beispielsweise das Symbol „(2,3)" oder „2/3" oder „3" erfinden, um zu kennzeichnen, dass 3 Würfel in der „Höhe 2" über dem Boden schweben. Das Programm erlaubt es auch, Würfelgebäude um verschiedene Achsen zu drehen. Dadurch wird die Interpretation zweidimensionaler Darstellung von dreidimensionalen Objekten erleichtert. So kann z. B. erkannt werden, dass das „L" in obiger Abbildung hinter dem Einzelwürfel vor dem liegenden „L" in der „Höhe 1" über dem Boden schwebt.

Übungen zur räumlichen Orientierung lassen sich gestalten, indem man mit Hilfe der „Fernsteuerung" versucht, einen markierten Würfel (in der Abbildung einfarbig hellgrau mit dem Kransymbol) durch ein räumliches Labyrinth zu navigieren. Anspruchsvoll wird die Übung, wenn das Achsendreibein so gedreht ist, dass die Navigationssymbole nicht mehr (wie in der Abbildung) parallel zu den Achsen verlaufen.[20]

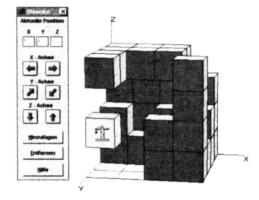

Schließlich lässt sich BAUWAS auch für einfache Projektionen und Dreitafelbilder benutzen. In der folgenden Abbildung wurde das Objekt des Titelbilds von „Gödel-Escher-Bach" nach-konstruiert – ein durchbohrter Würfel, dessen Erstellung selbstverständlich weit über die in der Primarstufe anzustrebende Komplexität hinausgeht – indem aus einem 9 x 9 x 9-Würfel entsprechende Teilwürfel gelöscht wurden. Gleichzeitig entwickelt das Programm die nebenstehende Dreitafelprojektion.

Programme wie BAUWAS lassen sich also einsetzen, um in der Raumgeometrie einen Schritt vom Arbeiten mit *konkretem Material* hin zu einer *höheren Abstraktionsstufe* zu vollziehen.

Das folgende Arbeitsblatt verdeutlicht, wie eine Hinführung

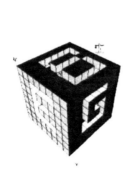

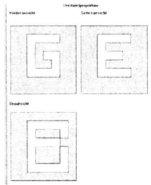

---

[20] Vergleichbare Probleme ergeben sich, wenn man mittels einer Fernsteuerung versucht, ein Modellauto oder -flugzeug zu steuern.

zur symbolischen Beschreibung räumlicher Objekte gestaltet werden könnte.

Arbeitsblatt zu Würfelplänen

Voraussetzungen:
Computerprogramm Bauwas

Ziel:

Schulung räumlicher Vorstellungen
Erfinden und Anwenden mathematischer Schreibweisen

Arbeitsblatt:

1) Peter hat nach folgendem Plan eine Treppe gebaut:

3	2	1	
3	2	1	
3	2	1	

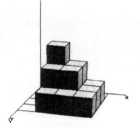

Baue nun selbst folgende Figur! Achte besonders auf die leeren Felder!

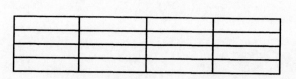

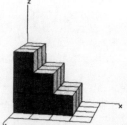

2) Erstelle einen Plan für die folgende Figur!
a) Denke dir zur Beschreibung eine eigene verständliche Schreibweise aus.

 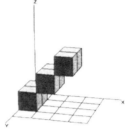

b) Erstelle mit deiner Schreibweise einen Bauplan für eine eigene Figur und teste, ob dein Nachbar sie versteht und die Figur bauen kann!

3) Barbara hat einen Plan für ein Flugzeug erstellt. Kannst du es nachbauen? Ist der Bauplan eindeutig?

	1↑2		
1↑2	1↑2	1↑2	2↑2
	1↑2		

4) Beschreibe und skizziere die folgende Figur.

1↑4	1↑2	1↑2	1↑4

5) Gibt es Figuren, welche mit Barbaras Symbolen nicht beschrieben werden können? Fällt dir eine geeignete Schreibweise ein, um folgende Figur zu beschreiben?

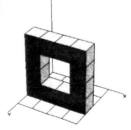

Während die obigen Überlegungen darlegen, dass mit dem Computer (und z.B. den Bauplänen) eine höhere *Abstraktionsstufe* erreicht werden kann, lässt sich auch die umgekehrte Richtung mit dem Computer realisieren. Der Computer liefert ein neues *Konkretisierungsniveau*. Programme wie KOERPER stellen neben Körpern wie Würfel, Prisma, Kugel, Kegel usw. auch Werkzeuge zur Verfügung, mit denen man die Körper verändern kann. So lassen sich z.B. Körper beliebig durch einen ebenen Schnitt zerlegen. Die Teilkörper lassen sich wiederum weiterverwenden und zu neuen Körpern zusammensetzen, frei im „Raum" drehen, als ebene Netze darstellen (sofern mathematisch möglich), in verschiedenen Projektionen (Kavalier-, Militär-, Dreitafel-, Zentralprojektion usw.) darstellen und vergleichen. Exemplarisch seien einige Anwendungen dargestellt: Welche ebenen Vielecke lassen sich durch einen ebenen Schnitt aus einem (Kartoffel-) Würfel herstellen?

Zunächst lässt sich eine Schnittebene systematisch durch den Würfel bewegen.

Bei einer vermeintlich passenden Schnittfigur zerschneidet man den Körper, trennt die Teilkörper voneinander und dreht sie in passende Lagen.

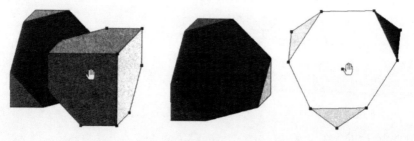

Auf Wunsch lassen sich dann auch Netze und Abwicklungen der Körper erstellen, ausdrucken und zum Ausschneiden und Basteln verwenden. Damit ist letztlich der Weg vom abstrakten Gedankenexperiment über Versuche am Computer zur konkreten Realisierung und Herstellung eines Objekts beschritten. Zahlreiche Ideen und Anwendungen finden sich in SCHUMANN (2001).

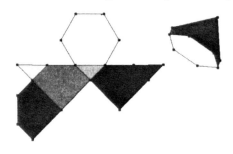

4.3 Darstellende Geometrie mit dem Computer

Vor allem in der Hauptschule stellen Elemente der Darstellenden Geometrie einen wichtigen Bestandteil des Geometrieunterrichts dar. Wesentliche Ziele sind hier: die *Darstellung* realer Objekte in Schrägbildern (Kavalier- und Militärprojektion) und anderen Parallelprojektionen (Dreitafelbildern) und umgekehrt die *Interpretation* gegebener Projektionen, aus denen auf Eigenschaften (Lage und Anzahl von Kanten, Ecken, Löcher, Bohrungen usw.) der Realkörper geschlossen werden soll.

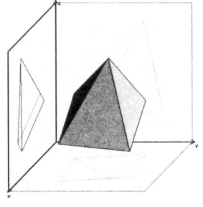

Wieder kann der Computer dazu verwendet werden, um Experimente mit virtuellen Körpern durchzuführen, indem Parameter, die Lage im Raum usw. geändert werden. Simultan lassen sich Lageänderungen und die Darstellung z. B. in der Dreitafelprojektion studieren. Gerade beim Drehen und Verschieben eines virtuellen Körpers werden die Zusammenhänge zwischen den verschiedenen Projektionen deutlich, von denen eine statische Zeichnung in einem Buch nur ein schwer zu interpretierendes Bild liefern kann.

Der Computer bietet die Möglichkeit, zwischen eine (statische) Papierzeichnung und ein reales Körpermodell eine *Konkretisierungs-* oder (je nach Blickwinkel) *Abstraktionsstufe* zu setzen, die das Entdecken von Zusammenhängen erlaubt. So können – ähnlich, wie mit Überschlagsrechnungen in der Arithmetik Näherungswerte gebildet werden – vor der Übersetzung einer Dreitafelprojektion in ein Schrägbild bereits grobe mentale Bilder des realen Körpers und seiner Lage im Raum gewonnen werden. Zur Ausbildung dieser Fähigkeit, Projektionen „lesen" zu können, ist der Computer ein hilfreiches Werkzeug, da er das Verändern der Lage des Körpers im Raum ermöglicht. Eine typische Aufgabenstellung zu diesen Problemstellungen ist etwa die Frage (wenn nur die linke Abbildung gegeben ist), wie ein Körper mit folgendem Dreitafelbild aussieht und welche Lage er im Raum besitzt.

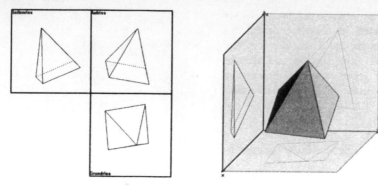

Gerade in der Raumgeometrie kann das Lernen mit „Kopf, Herz und Hand" (PESTALOZZI) gefördert werden, indem geometrische Körper aus verschiedensten Materialen gebastelt werden. Der Computer bietet nun die Möglichkeit des Übergangs zum Lernen mit „Kopf, Herz, Hand und Maus" (LUDWIG 2001), indem sich jetzt auch komplexere Körper und insbesondere Körperdurchdringungen auf dem Bildschirm darstellen und anschließend in der Realität basteln lassen. LUDWIG hat die Durchdringung dreier Würfel – einen „Würfeldrilling – dadurch erzeugt, dass er die einzelnen Würfel mit Hilfe einer 45°-Drehung um die 4-zähligen Symmetrieachsen aus einem Ausgangswürfel erzeugte. Dieser Entstehungsprozess lässt sich mit einem Computerprogramm[21] simulieren und visualisieren.

---

[21] Etwa mit dem Programm POVRAY: www.povray.org.

5 Beiträge des Computers zur Entfaltung von Kreativität

In den Augen der Öffentlichkeit, von Schülern und auch von Lehrern gilt Mathematik vielfach nicht als ein Fach, das mit „Kreativität" assoziiert wird. Als „kreative" Fächer gelten gemeinhin Kunst, Musik und evtl. Deutsch sowie die Sprachen. Trotzdem genießt kreatives Tun und kreatives Arbeiten eine hohe Akzeptanz und wird für den Mathematikunterricht in wissenschaftlichen Veröffentlichungen und Lehrplänen propagiert – leider nur allzu oft als Worthülse und ohne konkrete Vorstellung, was Kreativität im Mathematikunterricht darstellen könnte.

Bevor im Folgenden Vorschläge für einen kreativen Geometrieunterricht gemacht werden, erscheint es sinnvoll, zunächst Klarheit über den „schillernden" Kreativitätsbegriff zu gewinnen, um klar bestimmen zu können, was man unter einem kreativen Mathematikunterricht verstehen möchte.

5.1 Anmerkungen zum Kreativitätsbegriff

Die Psychologie unterscheidet verschiedene Charakterisierungen des Kreativitätsbegriffs; zunächst sollen hier kurz
• individuumorientierte und
• produktorientierte Definitionen
diskutiert werden. Eine sehr ausführliche Darstellung des „Problems der Kreativität im Mathematikunterricht" gibt NEUHAUS (2002).

Die individuumorientierten Definitionen versuchen – dem Beispiel der Intelligenzforschung folgend – verschiedene „Dimensionen der Kreativität" zu charakterisieren und messbar zu machen. Diese Dimensionen lassen sich anhand einer prototypischen Aufgabe aus einem Kreativitätstest erläutern: Gegeben ist eine leere Anordnung von Kreisen. Aufgabe an eine Testperson ist, in vorgegebener Zeit, möglichst viel und Verschiedenes aus den Kreisen „zu machen". Je mehr leere Kreise nun „mit Leben" gefüllt werden – mit Lösungen etwa wie in der linken Abbildung – um so stärker ist beim Individuum die Fähigkeit der *Flüssigkeit* ausgeprägt. Allgemein versteht man darunter die Fähigkeit, zu einem Problem oder zu einer Sache möglichst viele Ideen oder Assoziationen zu produzieren.

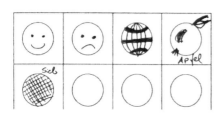

Die Objekte, die in der obigen Abbildung produziert wurden, sind alle im Wesentlichen von einem Typ: Der gegebene Kreis wird „materialisiert" als Apfel, Ball, Smiley, ... Gelingt es einem Probanden die Sichtweise umzukehren und etwa in dem Kreis ein Loch, ein Bullauge eines Schiffs, ... zu sehen, so wird ihm die Eigenschaft der *Flexibilität* zugeordnet, also die Fähigkeit, eine Sache von verschiedenen Seiten aus zu betrachten. Alle in den obigen Abbildungen angegebenen Figuren halten sich strikt an das vorgegebene Raster: Hat ein Individuum die Fähigkeit, den gegebenen Rahmen zu durchbrechen und ungewöhnliche, überraschende Ideen zu haben, so wird ihm die Eigenschaft der *Originalität* zugesprochen.

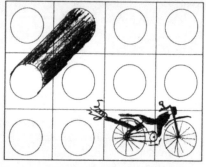

Originell wäre im vorliegenden Beispiel etwa das Überschreiten des gesteckten Rahmens und die Konstruktion von Lösungen wie in nebenstehender Abbildung.

Weitere wichtige „Dimensionen individueller Kreativität" sind darüber hinaus die *Elaboration* (die Fähigkeit, sich in eine Sache, ein Problem vertiefen, „festbeißen" zu können) und die *Problemsensitivität* (die Fähigkeit zum kritischen Bewusstsein, also etwa in „normalen", alltäglichen Phänomenen etwas Besonderes, Auffallendes, Interessantes zu erkennen, das Personen ohne diese Fähigkeit verborgen bleibt).

Seitens der Psychologie herrscht die Hoffnung, die genannten Fähigkeiten schulen und damit auch typische Persönlichkeitskorrelate einer kreativen Persönlichkeit wie etwa Neugier, Erfolgszuversicht, Ich-Stärke, ... fördern und ausprägen zu können.

Eine andere Richtung der Kreativitätspsychologie versucht, Kreativität nicht über Eigenschaften eines Individuums selbst, sondern über das erzeugte Produkt bzw. die erzeugte Idee zu charakterisieren. Bis heute sind seitens der Psychologie über 25 produktorientierte Definitionsversuche veröffentlicht worden. Typisch und als „Schnittmenge" der verschiedenen Charakterisierungen zu verstehen ist etwa: „Eine Idee oder ein Produkt wird von einem sozialen System als kreativ akzeptiert, wenn sie (oder es) in einer bestimmten Situation neu ist oder neuartige Elemente enthält und wenn ein sinnvoller Beitrag zu einer Problemlösung gesehen wird" (nach PREISER 1976, S. 5).

Unterzieht man eine derartige Definition einer kritischen Analyse, so fallen im Wesentlichen zwei Eigenschaften ins Auge, welche ein Produkt zu einem kreativen Produkt machen:

- zum einen ist es seine *Neuartigkeit*,
- zum anderen die *Sinnhaltigkeit* bei der Lösung eines Problems.

Würde man die obige Definition unverändert auf den Mathematikunterricht übertragen, ergäben sich daraus zwei gravierende Probleme: Die Forderung nach der
„Neuartigkeit eines Produkts" würde einen Schüler in direkte Konkurrenz mit allen Mathematikern stellen und es würde aussichtslos erscheinen, dass ein Schüler
jemals ein kreatives Produkt im Mathematikunterricht produzieren könnte. Deshalb sollte man den Absolutheitsanspruch auf die Bedürfnisse des Mathematikunterrichts anpassen und eher eine „subjektive Neuartigkeit" statt einer „objek-
tiven" einfordern.

Ein zweites Charakteristikum in obiger Definition ist die Sinnhaltigkeit bei der
Lösung eines Problems: Selbst ohne den Blick auf den Mathematikunterricht zu
richten, ist zu erkennen, dass diese Forderung zu eng ist, um Produkte zu umfas-
sen, welche von einem sozialen System als kreativ bezeichnet werden; denn welcher Beitrag zu einer Problemlösung wird durch ein (kreatives) Gemälde oder eine
neuartige Komposition gelöst? Und obwohl in keinem der beiden Fälle ein Beitrag zu einer Problemlösung vorliegt, wird man „Guernica" von Picasso oder die
„Fantasie und Fuge in d-moll" von Bach als kreative (Meister-) Werke bezeichnen
wollen.

Die Einschränkung auf die „Problemlösung" erscheint also selbst im außermathematischen Bereich zu eng. Viel mehr ist es in der Mathematik sinnvoll, auch
dann von einer kreativen Idee oder einem kreativen Produkt zu sprechen, wenn
keine Probleme gelöst, sondern durch die Idee erst Probleme erzeugt werden. So
etwa die Idee, die Exponenten der Gleichung $a^2 + b^2 = c^2$ zu verallgemeinern zu
$a^n + b^n = c^n$ und die Frage nach ganzzahligen Lösungen zu stellen. Eine kreative
Idee, die Jahrhunderte lang die Mathematik beschäftigte und entscheidende Impulse zu ihrer Weiterentwicklung gab und die einen „reichen mathematischen
Kontext" erschloss.

Insgesamt lassen sich die Überlegungen zu einer Definition verdichten, welche
die genannten Schwierigkeiten überwindet und eine für den Mathematikunterricht
anwendbare Charakterisierung erlaubt:

„Ein Produkt (eine Idee) soll im Mathematikunterricht als kreativ akzeptiert
werden, wenn sie für den Schüler subjektiv neu ist oder neuartige Elemente
enthält und wenn ein sinnvoller Beitrag zu einer Problemlösung gesehen
wird oder selbst Problemstellungen erzeugt, welche einen reichhaltigen
mathematischen Kontext eröffnen".[22] (WETH 1999)

Entscheidend ist bei dieser an die Bedürfnisse des Mathematikunterrichts ange-
passten Charakterisierung, dass sie es erlaubt, den typisch mathematischen Aspekt
des Explorierens, also „Was passiert, wenn"-Betrachtungen, einzubeziehen und
dass sie damit Freiräume zur *Schaffung eigener mathematischer Probleme* ermöglicht.[23]

---

[22] Aus dem Kontext ist klar, dass hier – anders als in der Mathematik üblich – das „oder"
stärker bindet als das „und".

[23] Eine ausführliche Theorie kreativen Mathematikunterrichts findet sich in WETH (1999).

Passende und für kreativen Unterricht nahezu unverzichtbare Werkzeuge sind – je nach Zielrichtung – Taschenrechner, CAS oder DGS. Die folgenden (zumeist in Unterrichtsversuchen gewonnenen) Beispiele sollen die Bedeutung des Computers beim selbständigen Erzeugen von Mathematik verdeutlichen.

5.2 Beispiele kreativer Produkte im Mathematikunterricht

Die „Verwandtschaft" von Parabeln

Um Erfindungen und mathematische Aktivitäten im Themenbereich "Quadratische Funktionen" zu motivieren, eignet sich als Ausgangspunkt die Aufgabenstellung:

Beispiel: „Der Graph einer Funktion mit $f(x) = a_1 x^2 + a_2 x + a_3$ ist eine Parabel (wenn $a_1 \neq 0$). Was könnte man unter der „Verwandtschaft von Parabeln" verstehen? Erfinde eine eigene Charakterisierung! Gib eine genaue Beschreibung an: Ich nenne zwei *Parabeln* $p_1 = a_1 x^2 + a_2 x + a_3$, $p_2 = b_1 x^2 + b_2 x + b_3$ verwandt, wenn ... Untersuche und beschreibe, welche Eigenschaften verwandte Parabeln besitzen."

Sinn einer derartigen Aufgabenstellung ist es, den Schüler anzuregen, selbstständig einen mathematischen Kontext zu erfinden und zu erforschen, kurz: mathematisch kreativ zu sein. Ein Ergebnis könnte die Entwicklung einer „lokalen Theorie" sein, die in Form eines mathematischen Aufsatzes ausgearbeitet werden kann.

Bei der gegebenen Aufgabenstellung liefern Schüler erfahrungsgemäß immer wieder sinngemäß folgende Charakterisierungen für verwandte Parabeln:

Zwei quadratische Funktionen $p_1 = a_1 x^2 + a_2 x + a_3$, $p_2 = b_1 x^2 + b_2 x + b_3$ heißen verwandt, wenn

1. die Menge der Formvariablen gleich ist, also wenn $\{a_1, a_2, a_3\} = \{b_1, b_2, b_3\}$.
2. wenn die Summe der Formvariablen gleich ist, also wenn $a_1 + a_2 + a_3 = b_1 + b_2 + b_3$.
3. wenn $a_i = k \cdot b_i$ für k aus $R\backslash\{0\}$ und $i = 1,2,3$.
4. wenn $a_i = k + b_i$ für k aus $R\backslash\{0\}$ und $i = 1,2,3$.

Als „Forschungsrichtung" liegt u. a. die Frage nahe, welche geometrischen Eigenschaften die so charakterisierten Figurenmengen besitzen. Aus didaktischer Sicht ist dieses Beispiel insofern besonders wertvoll, weil sich hier von selbst eine enge Verbindung zwischen Geometrie und Algebra, zwischen Figur und Term ergibt.

Exemplarisch sollen hier einige Ergebnisse zur ersten Definition angegeben werden: Zwei quadratische *Funktionen* $p_1 = a_1 x^2 + a_2 x + a_3$, $p_2 = b_1 x^2 + b_2 x + b_3$ heißen verwandt, wenn die Menge der Formvariablen gleich ist, also wenn $\{a_1, a_2, a_3\} = \{b_1, b_2, b_3\}$.

Eine erste naheliegende Frage ist die nach dem „Umfang" einer Verwandtschaft: Wie viele Verwandte hat etwa eine Parabel mit den Formvariablen $(a_1, a_2, a_3) = (1,2,3)$? Eine einfache kombinatorische Überlegung zeigt, dass eine Verwandtschaft aus maximal 6 „Individuen" bestehen kann. Sonderfälle treten auf, wenn 2 oder drei der Formvariablen gleich sind.

Um geometrische Eigenschaften entdecken zu können, benötigt man als Hilfsmittel einen Funktionenplotter. Wie Experimente zeigen, stößt man mit Hilfe der Grafiken u. a. auf folgende Beobachtungen, die sich (mit schulischen Mitteln) als „Sätze" beweisen lassen:

- Alle Verwandten einer Parabel mit den Formvariablen (a_1, a_2, a_3) haben den Punkt $(1, a_1 + a_2 + a_3)$ gemeinsam.
- Je zwei Verwandte schneiden sich in den Punkten $(0, a_1)$, $(0, a_2)$ und $(0, a_3)$.

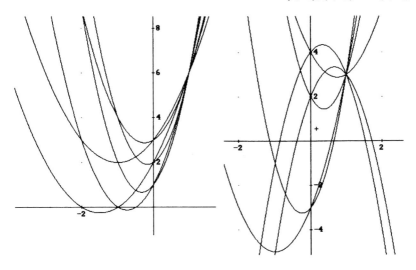

Die Verwandtschaften der Parabeln mit den Formvariablen (1,2,3) (links) und (– 3,4,2) (rechts).

Über den Beweis von derartigen Sätzen hinaus geben die Beobachtungen Anlass zu neuen Begriffsbildungen:

- Je zwei der Parabeln scheinen „eng verwandt" bzw. „verheiratet" zu sein. Erkennt man dies an der Funktionsgleichung?
- Gibt es „befreundete" Parabeln, die etwa durch die Punkte $(0, a_1 + a_2 + a_3)$ und $(0, a_1)$ verlaufen und nicht zur Verwandtschaft gehören? Gibt es überhaupt derartige „Freunde"? Wenn ja, wie viele? Usw.

Dreiecke und Ortslinien

Mit Hilfe des Computers lassen sich bei vielen Themenbereichen schülergemäße Kreativitätsfelder eröffnen. Ein Nachteil von Papier- und Bleistift-Konstruktionen ist es, dass Konstruktionen nicht beweglich sind und das Zeichnen von Ortslinien sehr aufwändig ist. Es gibt aber mechanische Zeicheninstrumente, wie etwa den „Storchenschnabel", der das dynamische Erzeugen von Ortslinien erlaubt.

Der Zugmodus ist eine neue Kategorie im Hinblick auf das bewegliche Zeichnen und Konstruieren. Das folgende Beispiel verwendet als Ausgangspunkt die im Unterricht behandelten „merkwürdigen" Linien des Dreiecks, also Winkelhalbierende, Mittelsenkrechten, Seitenhalbierende und Höhen.

Sinn der folgenden Aktivitäten wäre im Unterricht,

- in der SI eine angemessene Beschreibung des Vorgehens und eine phänomenologische Klassifizierung der beobachteten Kurven(typen),
- in der SII eine vektorielle Beschreibung von Kurvenpunkten und die Entwicklung entsprechender algebraischer Kurvengleichungen für die auftretenden Kegelschnitte.

Den Anfangsimpuls bildet die Beobachtung der Höhenschnittpunktskurve: Ein Eckpunkt des Dreiecks wird auf einer Geraden bewegt und die Ortslinie des Höhenschnittpunkts beobachtet.

Naheliegende alternative Fragestellungen sind die Untersuchung der „Umkreismittelpunktkurve", der „Inkreismittelpunktkurve" und der „Schwerpunktkurve".

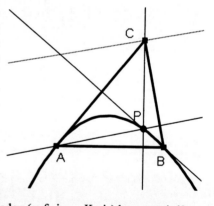

Einen Schritt weiter geht die Frage: Welche Kurve durchläuft der Schnittpunkt einer Höhe und einer Mittelsenkrechten, wenn ein Eckpunkt auf einer Geraden (auf einem Kreis) bewegt wird?

Mit dieser rein experimentellen und zunächst „zweckfreien" Fragestellung eröffnet sich ein erstaunlich großes Feld schulgemäßer mathematischer Forschungsaufgaben: Letztlich kann man je zwei verschiedene „merkwürdige" Linien zum Schnitt bringen und die Ortslinie beobachten. Insbesondere kann beobachtet und dann auch argumentativ begründet werden, ob eine der „betrachteten" Linien durch den bewegten Eckpunkt des Dreiecks verläuft oder nicht.

Ohne auf Einzelheiten einzugehen sollen hier nur kurz einige Phänomene dargestellt werden[24]. Schneidet man eine Winkelhalbierende mit der Seitenhalbieren-

---

[24] Eine ausführliche mathematische Behandlung findet sich bei WETH (1998). Die Konstruktionen und die Kurven können unter der Adresse www.ewf.uni-nuernberg.de/cimu beobachtet werden.

den durch den bewegten Punkt, so ergeben sich Ellipsen, Parabeln und Hyperbeln als Schnittpunktkurven, wenn der Punkt längs einer Geraden bewegt wird.

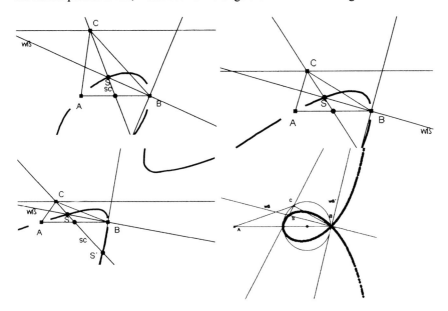

Bewegt man den Eckpunkt nicht auf einer Geraden, sondern auf einer (passend gelegenen) Kreislinie, so erhält man als Schnittpunktskurve in diesem Fall (Schnitt von Winkelhalbierender mit Seitenhalbierender durch den bewegten Eckpunkt) eine Strophoide.

Eine ähnliche Vielfalt erhält man bei der Untersuchung der Schnittpunktskurve von Seitenhalbierender und Höhe.

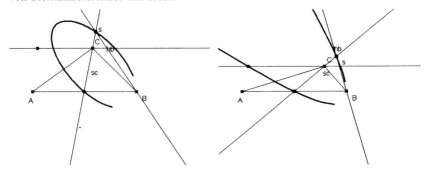

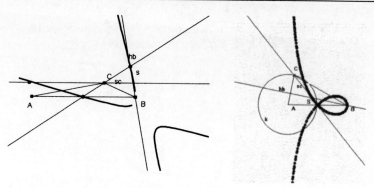

Wieder ergeben sich bei speziellen Lagen der Geraden, auf der sich C bewegt, Ellipsen, Hyperbeln oder Parabeln.

Und auch im Falle, dass C sich auf einem bestimmten Kreis bewegt, erhält man wieder eine Strophoide.

Andere Kombinationen von merkwürdigen Linien führen zu ähnlichen Ergebnissen, wobei auch andere algebraische Kurven auftreten können – so z. B. eine Trisekante von DELONGES.

Das systematische Ordnen und Beschreiben der beobachteten Kurven stellt insbesondere für Studierende eine mathematisch sinnvolle Herausforderung dar – das Herstellen der Kurven mit dem Computer ist dabei i. A. kein Problem.

„Pythagoräische Vierecke"

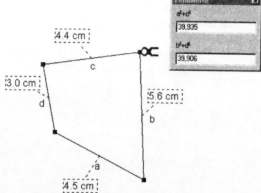

Im folgenden Beispiel soll die Bedeutung der *arithmetischen Funktionen* eines DGS beim Erforschen eines neu gebildeten Begriffs gezeigt werden.

Ausgehend von der charakteristischen Gleichung für „pythagoräische Dreiecke" $a^2 + b^2 = c^2$ sollen Schüler selbstständig „pythagoräische Vierecke" erfinden und untersuchen.

Eine (immer wieder gleichermaßen auftretende) Idee lautet: Ein Viereck heißt pythagoräisch, wenn für seine Seiten gilt:

$$a^2 + c^2 = b^2 + d^2.$$

Die erste Frage, ob – abgesehen von den einfachen Fällen wie Quadrat, Raute, Drachenviereck – überhaupt derartige Vierecke existieren, lässt sich durch Experimente und Messungen klären.

In der Abbildung wurden die Seiten eines beliebigen Vierecks gemessen und die Terme $a^2 + c^2$ und $b^2 + d^2$ berechnet. Beim Variieren der Eckpunkte werden diese Terme augenblicklich aktualisiert und man hat die Möglichkeit sich Beispiele für diese speziellen Vierecke zu erstellen.

Nachdem die Existenz gesichert scheint, liegt die Frage nahe, welche geometrischen Eigenschaften durch die charakterisierende Gleichung determiniert sind. Einzeichnen der Diagonalen und Messen des Schnittwinkels führt zu der Vermutung: In pythagoräischen Vierecken (in obigem Sinn) schneiden sich die Diagonalen rechtwinklig.

Weitere Experimente erhärten die Vermutung, dass auch die Umkehrung richtig ist.[25] Damit ist der Satz entdeckt: In einem Viereck gilt $a^2 + c^2 = b^2 + d^2$ genau dann, wenn sich die Diagonalen rechtwinklig schneiden.

Gleichartige Linien im Dreieck

In einem anderen Unterrichtsversuch waren Schüler (zur Vorbereitung auf das Thema „merkwürdige Punkte und Linien des Dreiecks") aufgefordert: "Erstelle zu den drei Seiten oder den Eckpunkten eines Dreiecks jeweils gleichartige Linien. Was vermutest du als Schnittfigur? Beschreibe deine Konstruktion und deine Beobachtungen. Versuche, deine beobachteten Phänomene zu begründen."[26]

Eine Idee für die „gleichartigen Linien" war u. a., vom Mittelpunkt einer Dreiecksseite das Lot auf die „rechte benachbarte" Dreiecksseite zu zeichnen; die Schüler erfanden für diese Linie den Begriff „Nachbarmittelsenkrechte" (in obiger Zeichnung *na, nb, nc*).

Wie sich mit Hilfe eines DGS zeigt, schneiden sich die drei Nachbarmittelsenkrechten nicht in einem gemeinsamen Punkt (wie das alle in der Schule behandelten merkwürdigen Linien sonst tun), sondern sie bilden ein Dreieck.

Mit Hilfe der Winkelmessfunktionen des DGS erkannten die Schüler, dass es sich bei der Schnittfigur der drei gleichartigen Linien um ein Dreieck handelt, das zwar nicht kongruent zum Ausgangsdreieck, aber „winkelgleich" zu diesem ist – in der 8. Jahrgangsstufe verfügen die Schüler i. a. noch nicht über den Begriff der Ähnlichkeit.

---

[25] Beweise finden sich in WETH (2000).

[26] Konzeption und Ergebnisse sind ausführlich beschrieben in TRUNK u. WETH (1999).

Auch hier konnte mit Hilfe eines DGS ein Phänomen visualisiert, erkannt und mit Hilfe der Messfunktionen empirisch bestätigt werden.

6 Anmerkung zur Logo-Geometrie (Turtle-Geometrie)

Angeregt durch eine in dem Buch „Mindstorms" – Kinder, Computer und neues Lernen – vorgestellte Unterrichtsphilosophie von S. PAPERT kam 1980 die Programmiersprache LOGO in die didaktische Diskussion. Bei LOGO handelte es sich um eine Programmiersprache, die – anders als etwa BASIC oder PASCAL zur damaligen Zeit die „üblichen" imperativen Programmiersprachen – sehr stark das „rekursive" Programmieren und Denken unterstützt bzw. unterstützen und fördern sollte.

Für grafische Darstellungen diente die sog. „Turtle", eine virtuelle Schildkröte, welche sich entsprechend den Benutzerbefehlen um einen Bildschirmpunkt nach vorne oder hinten bewegen und nach links oder rechts (um einen eingegebenen Winkel) drehen konnte. Bei ihren Bewegungen konnte die Turtle optional eine Spur (in einer wählbaren Farbe) hinterlassen. So ließ sich mit LOGO z.B. ein „Kreis" zeichnen, indem man der Turtle die Befehlsfolge „*Vorwärts 1, rechts 2*" gab (also einen „Schritt" nach vorne und dann eine Rechtsdrehung um 2 Grad). Diese Befehlssequenz 180 mal wiederholt lieferte dann einen Kreis auf dem Bildschirm.[27] Eine Strecke erhielt man entsprechend etwa durch „vorwärts 50" oder „rückwärts 70".

Die Steuerung des Zeichengeräts erfolgte von einem lokalen Koordinatensystem aus; der Schüler musste sich beim Programmieren zwangsläufig vorstellen, er säße auf dem Rücken der Schildkröte und schaute nach vorne. Lassen sich durch diese Vorstellungen eventuell bestimmte Fähigkeiten im Zusammenhang mit räumlichem Vorstellungsvermögen schulen und ist LOGO vielleicht auch geeignet, um bestimmte Denkweisen beim rekursiven Programmieren auszubilden, so erwies sich unserer Erfahrung nach[28] LOGO – selbst im Vergleich mit DGS „der ersten Stunde" – als kein sonderlich tragfähiges und hilfreiches Instrument im Bereich der schulüblichen elementaren Geometrie, weshalb wir für das vorliegende Buch auf LOGO auch nicht weiter eingegangen sind. Für eine ausführliche Diskussion über die LOGO-Philosophie sei auf die Arbeit von BENDER (1987) verwiesen.

---

[27] Bereits die Erzeugungsart des „Kreises" zeigt, dass es sich hier eigentlich um ein regelmäßiges 180-Eck handelt.

[28] Einer der Autoren hatte sich bei der Programmierung eines DGS auf LOGO-Basis eingehend mit der Ideologie und der Programmierung auseinander gesetzt.

VI Kommerzielle Lehr-Lernprogramme

Ein Blick in die Kataloge von Schulbuchverlagen oder in die entsprechenden Abteilungen von Buchhandlungen zeigt, dass neben den üblichen Lehrmaterialien wie Nachhilfe- und Übungsheften zunehmend spezielle Computerprogramme für die häusliche Nachbereitung des Unterrichtsstoffs angeboten werden. Die Klappen- und Prospekttexte der Softwareprodukte versprechen fast durchgängig „kreatives Lernen von Mathematik", „Spaß beim Lernen" oder auf den Punkt gebracht: „Bessere Noten". Mit ihren Versprechungen scheinen sich die Hersteller eher an Eltern als an Schüler zu wenden – vermutlich nicht zuletzt wegen der Preise, die für ein Lehrprogramm verlangt werden (müssen)[1] und die im Allgemeinen wesentlich höher sind als ein „normales" Nachhilfebuch. Auch wenn die Software für den „Nachmittagsmarkt" angeboten wird und im Allgemeinen nicht etwa unterrichtsbegleitend oder gar als Unterrichtsersatz konzipiert ist, ist es für (angehende) Lehrer wichtig, über dieses „graue Angebot" an mathematischen Lehrwerken informiert zu sein:

* Eltern und Schüler erwarten von einem Lehrer zurecht eine professionelle Beratung bei Fragen, mit welchem Spektrum an Möglichkeiten eine Verbesserung von schulischen Leistungen zu erreichen ist.
* Aus rein unterrichtsmethodischen Überlegungen heraus ist es für den Lehrer wichtig, alternative Unterrichtsmethoden und -medien zu kennen und evtl. für seinen Unterricht zu nutzen; und dazu können z.b. auch Übungssequenzen mit einem professionell gestalteten Lehr-Lernprogramm oder einer Mediensammlung gehören.

1 Typen von Lehr-Lernprogrammen

Für das Angebot an Lehr-Lernsoftware existiert (noch?) keine einheitliche Klassifizierung. Der Markt bietet dem Nutzer im Moment (im Jahr 2002) verschiedenste Konzeptionen an, aus denen sich in einem evolutionären Prozess im Lauf der Jahre sicherlich einige wenige „Standards" entwickeln werden; Standards, deren Auswahlkriterien für das „survival of the fittest" eine Mischung aus Verkaufserfolg der Konzeption, Lernerfolg beim Schüler, Marketing und pädagogischen/fach-didaktischen Empfehlungen sein wird. Um das amorphe Angebot durchschaubarer zu machen, soll im Folgenden versucht werden, eine grobe Ordnung in das breit gefächerte, aktuelle Angebot zu bringen. Im Wesentlichen wer-

---

[1] Die anbietenden Verlage bezeichnen (zum Zeitpunkt der Drucklegung des Buches) das „Softwaregeschäft im Sektor Lehr-Lernprogramme" als Investition in die Zukunft. „Schwarze Zahlen" seinen im Moment nicht zu erwarten, weswegen es für die Anbieter mittelfristig zunächst hauptsächlich darum geht, „dabei" zu sein und den „Anschluss" an eine zukünftige Entwicklung nicht zu verpassen.

den wir die Software unter fünf verschiedenen Blickwinkeln betrachten und ordnen. Dabei werden wir uns im Folgenden nicht ausschließlich an dem orientieren,
was in Form von realen Angeboten auch wirklich bereits existent ist, sondern
auch daran, welche Ansprüche (bzw. welche Versprechungen) von den Herstellern und Anbietern suggeriert werden.

Wie sich zeigen wird, sind die im Folgenden getroffenen Unterscheidungen
auch nicht durchgehend trennscharf: es kann durchaus sein, dass ein konkretes
Softwareprodukt sich gleichzeitig in mehrere der im Folgenden genannten Kategorien einordnen lässt. Auch andere Klassifizierungen, als die hier getroffene,
lösen das Problem der „Trennschärfe" nicht.[2]

1.1   Jahrgangs-Software

„Spaß mit der gesamten Mathematik der 10. Klasse" verspricht ein Programm,
das den Mathematikstoff einer gesamten Jahrgangsstufe anzubieten scheint. Ver-
sprochen wird vom Anbieter ein Universalprogramm, bei dem der Käufer davon
ausgehen soll, dass er (bzw. sein Sohn oder seine Tochter) den Lernstoff der entsprechenden Jahrgangsstufe – professionell aufbereitet und konzipiert – angeboten
bekommt.

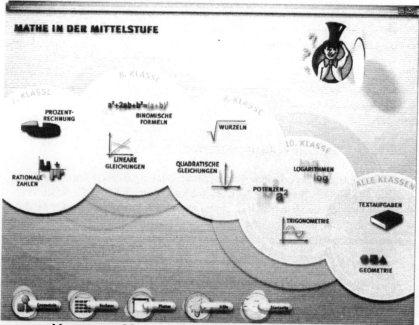

MATHE IN DER MITTELSTUFE - ein Beispiel für Jahrgangs-Software

---

[2] Vgl. hierzu etwas die Diskussion von HERDEN/PALLACK (2001, S.13) , wo eine Unterscheidung in „lineare Lernprogramme", „Practice&Drill-Programme" und „Lernspie-
le" getroffen wird.

Eine vernünftige Frage an einen künftigen Lehrer ist, ob er ein derartiges Programm prinzipiell zum Erwerb empfehlen könnte. Ohne hier ein konkretes Produkt im Blick zu haben, scheint uns bei einer derartigen Versprechung generell Vorsicht geboten, denn aus unserer Sicht kann kein Anbieter ein derartiges Versprechen auch nur annähernd realisieren. Der erste Grund ist, dass es „die" Mathematik der 10. Klasse nicht gibt. Der Stoff, der in den einzelnen Jahrgangsstufen unterrichtet wird, ist zwar für die verschiedenen Bundesländer in Deutschland durch die Kultusministerien annähernd vereinheitlicht, unterscheidet sich aber im Detail doch teilweise deutlich, z.B. alleine schon in der Intensität der Behandlung; aus diesem Grund sehen sich die Schulbuchverlage auch gezwungen, sog. „Länderausgaben" ihrer Schulbücher anzubieten.

Darüber hinaus ändern sich auch innerhalb der einzelnen Kultushoheiten (Bundesländer) die Lehrpläne; Lerninhalte werden im Lauf der Zeit modifiziert, verschwinden völlig aus dem Lehrplan oder werden neu hinzugenommen: So wurde z.B. der Stetigkeitsbegriff oder der Begriff der Ableitung in den 70-er Jahren des letzten Jahrhunderts mit „universitärer Epsilontik" an der Schule gelehrt, während man im Lauf der nachfolgenden Jahren diese Strenge zugunsten einer „grenzwertfreien" Analysis auflockerte; das Thema „vollständige Induktion" verschwand völlig aus manchen Lehrplänen, während „Stochastik und Wahrscheinlichkeitsrechung" neu aufgenommen wurde.

Ein weiteres Problem stellen innerhalb der Länder die verschiedenen Schultypen dar (Haupt-, Realschule und Gymnasium). Auch wenn in denselben Jahrgangsstufen in etwa gleichartige Themen behandelt werden, so finden sich doch in der Art und Intensität der Behandlung merkliche Unterschiede (bis vor wenigen Jahren waren z. B. „negative Zahlen" in der Hauptschule (in Bayern) kein Unterrichtsthema, während sie in der Realschule und im Gymnasium selbstverständlich behandelt wurden). Auch auf diese Problematik reagieren z. B. die Schulbuchanbieter mit Ausgaben für die einzelnen Jahrgangsstufen.

Kein Schulbuch wird somit dem Anspruch gerecht, generell "die" Mathematik einer Jahrgangsstufe anbieten zu können. Genauso wenig kann eine Computersoftware einem derartigen Anspruch vollständig gerecht werden.

Nichtsdestotrotz erscheint es denkbar, dass eine Jahrgangssoftware trotz der genannten Unzulänglichkeiten sinnvoll zur Orientierung über bestimmte Inhalte, die üblicherweise in einer Jahrgangsstufe auftreten, genutzt wird: Schüler und Eltern erhalten zu (hoffentlich) zentralen Themen des Mathematikunterrichts Beispiele und ggf. Rückmeldung über das Beherrschen des Stoffs.

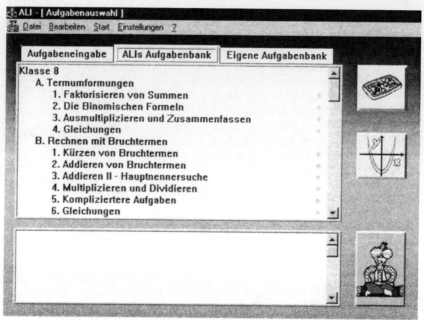

ALI - DER MATHEMASTER - Teil des Angebots, das mehrere Jahrgänge "umfasst"
(vgl. auch Kap. VI.2)

Ein kundiger Benutzer weiß die Angaben zu den Jahrgangsstufen zu interpretieren. Ein unkundiger Käufer sollte eine derartige Angabe lediglich soweit ernst
nehmen, dass er mit dem Erwerb nicht „allzu sehr" daneben liegt, wenn er versucht, einem Achtklässler ein Computerprogramm zu kaufen.
Generell scheint aber ein Mehr an Inhalten auf Kosten der Qualität der Aufbereitung, der Fehlerbehandlung und der Rückmeldungen des Systems an den Benutzer
zu gehen.

1.2   Themenorientierte Software

Während also evtl. eine Jahrgangsangabe für einen unkundigen Käufer noch eine
gewisse Orientierungshilfe sein mag, stellt die Angabe des durch die Software
behandelten Themas eine für den Lehrer (und Käufer) wesentlich informativere
Hilfe dar. Software, welche etwa einen themenorientierten Titel trägt, wie z.B.
„Bruchrechnung" oder „geometrische Konstruktionen" ist im Allgemeinen er-
wartungskonformer als die oben charakterisierte „Jahrgangssoftware".

Eingangsseite und Themenübersicht von "HEUREKA-BRUCHRECHNEN"

Gute themenorientierte Software geht über reine Aufgabensammlungen dahingehend hinaus, dass sie eine komplette „Lernumgebung" zu einem speziellen Thema anbietet. Dies umfasst z. B. propädeutische Einführungen, spezielle „Werkzeuge", die bei der Erarbeitung des Themas hilfreich sein können, wie z. B. (im Beispiel von HEUREKA-BRUCHRECHNEN) einen Taschenrechner, ein Nachschlagewerk in Form einer Formelsammlung und eine Kartei, in der relevante Begriffe erläutert werden.

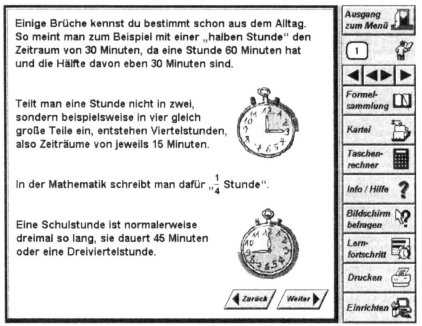

Einführung in die Bruchrechnung (HEUREKA-BRUCHRECHNEN) (oben) und Blick in die „Kartei" (unten)

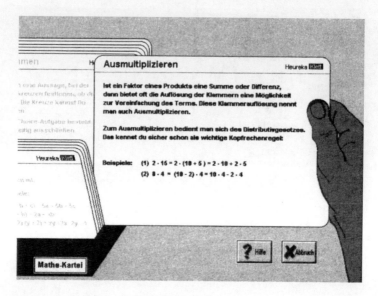

Darüber hinaus werden dem Schüler Aufgabensequenzen geboten, die beim Lösen
am Bildschirm stufenweise unterstützt werden.

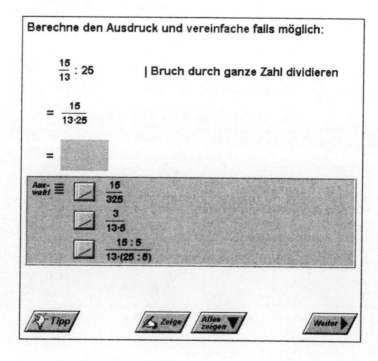

Gerade bei den Hilfestellungen unterscheiden sich hier die Angebote zum Teil erheblich. Während das eine Programm Rückmeldungen über die Korrektheit einer Eingabe lediglich mit rotem oder grünem Untergrund signalisiert, werden in einem anderen Programm typische Fehler vom Rechner analysiert und dem Schüler angepasste Hilfstexte geliefert. Bei HEUREKA-BRUCHRECHNEN oder MATHLANTIS (vgl. unten) kann der Benutzer (bei Bedarf) eine Auswahl naheliegender Antworten anfordern und daraus eine passende Auswahl treffen.

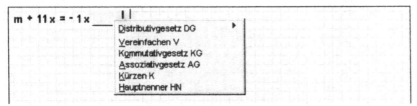

Hilfsangebot bei MATHLANTIS

Wünscht der Benutzer von einem Programm die korrekte Lösung einer Aufgabe, so unterscheiden sich die Reaktionen auch erheblich von Angebot zu Angebot: Während das eine Produkt den letzten Lösungsschritt unkommentiert und erst nach dreimaliger Fehleingabe (bzw. Drücken der Return-Taste) ausgibt, wird bei anderen Produkten die komplette Lösung (also inklusive Lösungsweg) jederzeit auf Wunsch dargestellt.

$$m + 11x = -1x \qquad | \quad -11x$$
$$m = -x - 11x \qquad | \quad V$$
$$m = -12x \qquad | \quad :(-12)$$
$$-\frac{m}{12} = x$$
$$L = \left\{ (x; m) \mid -\frac{m}{12} = x \right\}$$

Lösungsbeispiel aus MATHLANTIS

1.3 Medienorientierte Software und Mediensammlungen

Neben „Jahrgangssoftware" und „themenorientierten Programmen" werden von den Herstellern Produkte angeboten, die eher den Charakter einer Formelsammlung, eines Nachschlagewerks oder einer Arbeitsumgebung besitzen. Hier werden Aufgaben im Vergleich zu den oben genannten Konzeptionen weniger systematisch, sondern eher „spielerisch" und unstrukturierter angeboten. Ein wesentlicher Teil der Software besteht damit aus multimedialen Arbeitsumgebungen, welche im Wesentlichen den Zweck haben, den Schüler zu motivieren, sich mit den mathematischen Aufgaben zu beschäftigen. Bei „Zehn hoch" wird z.B. eindrucksvoll versucht, dem Nutzer eine Vorstellung von makroskopischen und mikroskopischen Größenordnungen zu vermitteln. Über zahlreiche Filme und Bilder „zoomt" der Benutzer von der ihm gewohnten Größen- und Zeitumgebung (Meter und Stunden) hinein und hinaus in die Größenordnungen von Atombausteinen und des Weltalls.

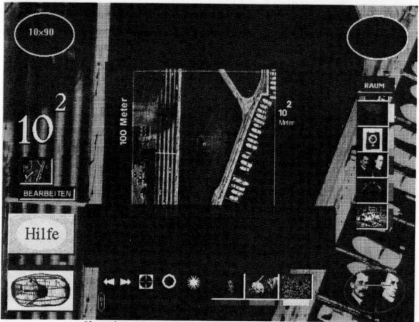

Komplexe Navigationsumgebung von "ZEHNHOCH"

Auf dieser Reise durch das Kleinste und das Größte werden die Animationen durch gesprochene Texte unterstützt. Bei einem derartigen multimedialen Angebot (im besten Sinne des Wortes) ist der Benutzer nicht gezwungen, zu rechnen, zu überlegen, zu arbeiten, sondern er lernt hier dadurch, dass er sich aufmerksam der Präsentation widmet, sich emotional „fesseln" lässt und eine Erfahrung gewinnt, die er mit üblichen Rechnungen nicht erwerben kann.

Speziell für die Hand des Lehrers entwickelt sind "Mediotheken". Hier werden Materialien (Filme, Fotos, Bildsequenzen) zur Verfügung gestellt, welche – anders als im Falle von ZEHNHOCH – ohne zusätzliche Erklärung durch einen Lehrer für einen Schüler eher unbrauchbar sind.

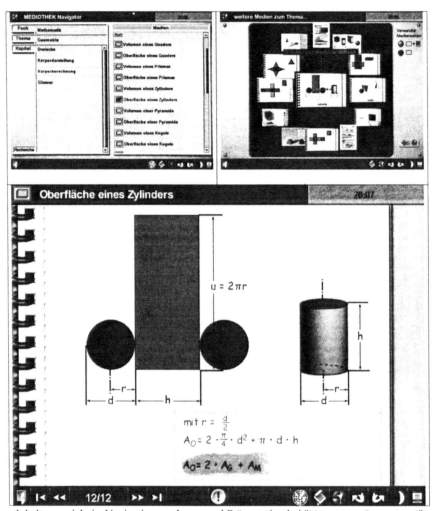

Inhaltsverzeichnis, Navigationswerkzeug und Präsentation bei "MEDIOTHEK-GEOMETRIE I"

1.4   Adventure-Software

Eine letzte „Klasse" von „Nachmittagssoftware" sind Programme, bei denen erheblicher Aufwand in eine motivierende Arbeitsumgebung gesteckt wird. Hier wird der Versuch unternommen, die Schüler durch extrinsische Motivationen „bei Laune" zu halten und dabei (um nicht zu sagen „nebenbei") mathematische Lerninhalte zu vermitteln. (Dies heißt nicht, dass die Aufbereitung der eigentlichen Lerninhalte deswegen misslungen sein muss.)

Typisch für eine derartige Konzeption sind z. B. „DER SCHATZ DES THALES" (ein Programm zu geometrischen Konstruktionen) oder die „Adventure"-

ähnlichen Programme zur Bruchrechnung, zu Termen, ... der MATHLANTIS-Reihe. Der „Held" der Abenteuergeschichte hat dabei verschiedene Missionen zu erfüllen.

Intro von MATHLANTIS

Bei Mathlantis fahren zwei jugendliche Protagonisten mit einem U-Boot verschiedene Inseln an, auf denen sie Aufgaben zu lösen haben, mit deren Hilfe sie Unheil verschiedener Art verhindern können.

Diese Missionen beinhalten dann den strukturierten mathematischen Lehrstoff. Ist ein gewisser Prozentsatz von Aufgaben einer Mission (eines Kapitels) gelöst, erwirbt der „Spieler" eine Gratifikation (z.B. einen Edelstein oder ein Bauteil für eine Weltraumrakete), die zum Durchlaufen der Rahmenhandlung notwendig ist. Bei manchen Anbietern besteht die Belohnung am Ende eines erfolgreich abgeschlossenen Kapitels auch in mathematischen, kombinatorischen, Knobel- oder Denksportaufgaben.

1.5   Tutorielle Systeme und ITS

Viele Programme bemühen sich darum, dem Nutzer ein Rückmeldung über seinen Lernerfolg zu geben. Das Feedback reicht dabei von einer einfachen Statistik über falsch oder richtig gelöste Aufgaben bis hin zu einer Begleitung jedes einzelnen Rechenschrittes, den der Benutzer in den Computer eingibt. Bei einer Fehleingabe erscheint dann etwa eine Warnmeldung oder es werden (auf Wunsch gestufte) Lösungshinweise gegeben. Problematisch bei derartigen „Tutoriellen Systemen" ist vielfach allerdings, dass sich die Überprüfung von korrekten Eingaben auf die Syntax und nicht auf die Semantik einer Eingabe bezieht. So kann etwa die Eingabe „0,5 a" als falsch bewertet werden, weil die interne Datenbank des Systems als „korrekte" Antwort die Bruchschreibweise „½ a" erwartet.

Für eng umgrenzte Themenbereiche (wie z. B. „Rechnen mit Dezimalbrüchen", „Kongruenzbeweise", „Dreieckskonstruktionen", ..) werden bereits „intelligente tutorielle Systeme" (ITS) angeboten; ein Vertreter aus dem Bereich geometrischer Konstruktionen und Beweise ist GEOLOGWIN.

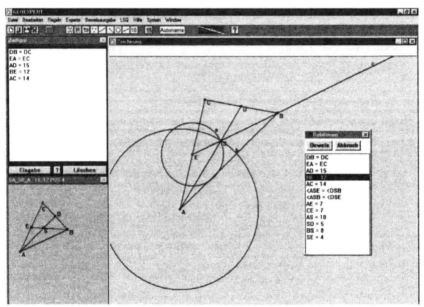

Komplexe Arbeitsumgebung des ITS GEOLOGWIN

Von einem Beweis- und Konstruktionstutor werden zu Aufgaben auf Wunsch konstruktions- und beweisrelevante Relationen errechnet, Lösungshinweise (schrittweise) gegeben oder ein kompletter Beweis dargestellt.[3] Bei derartigen Programmen wird die Fehlerbehandlung rein inhaltlich und semantisch (und nicht etwa durch einen Vergleich mit einer Datenbank, in welcher die Benutzereingabe mit einer Musterlösung verglichen wird) angestrebt. Darüber hinaus wird der Lernerfolg des Benutzers laufend vom System „gemessen" und beeinflusst die Auswahl weiterer gestellter Aufgaben. „Bemerkt" z. B. ein ITS, dass ein Benutzer beim Bruchrechnen mehrfach (und damit systematisch) denselben Fehler (entsprechend einem der bekannten Fehlermuster) macht, unterbricht es die laufende

---

[3] Allerdings erfordert in diesen Prototypen von ITS die Bedienung und Interpretation der Darstellungen ein hohes Maß an Benutzerkompetenz.

Übungssequenz und rät dem Benutzer, zunächst eine andere Sequenz zu bearbeiten, mit welcher er seine Fehlvorstellungen korrigieren kann. In wesentlichen Ansätzen lassen sich damit ITS mit den Lernprogrammen der 70-er Jahre des letzten Jahrhunderts vergleichen, bei welchen (in Papierform) auch versucht wurde, dem Wissensstand entsprechende Aufgaben „automatisch" auszuwählen oder ggf. wiederholen zu lassen.

Wie erste Untersuchungen beim Einsatz von Lernsoftware zeigen, werden voraussichtlich ITS zukünftig an Bedeutung gewinnen. Insbesondere wurde „... festgestellt, dass Schüler überwiegend aufgabenorientiert arbeiten. Begleitende Texte ohne direkten Aufgabenbezug wurden [in detaillierten Studien] kaum berücksichtigt, was bedeutet, dass sie für Schüler nur von geringer Bedeutung sind" (HERDEN/PALLACK 2001 S. 6).

Für aufgabenorientierte und gleichzeitig intelligent unterstützende Software scheint sich damit ein Zukunftsmarkt zu ergeben.

1.6   Werkzeug-Software

Eine weitere Art des Softwareangebots besteht in „Werkzeug"-Software. Derartige Programme bieten (im Normalfall) keinerlei tutorielle Komponenten an. Wie ein Taschenrechner dienen sie als reiner „Rechen- oder Konstruktionsknecht". Typische Vertreter sind für die Algebra und Analysis etwa DERIVE oder für die Geometrie EUKLID, CINDERELLA, CABRI. Auf derartige Programme wurde in diesem Buch ausführlich eingegangen, weswegen sie an dieser Stelle nur der Vollständigkeit halber erwähnt sind. Für den klassischen Nachmittagsmarkt sind derartige Programme eher untypisch, da sie einer fachkundigen Aufgabenauswahl im Vorfeld bedürfen, um ihre Tragfähigkeit entfalten zu können. Eine Hybridform existiert momentan in einer speziell für den Nachmittagsmarkt erstellten „Schülerversion" von CINDERELLA, in der neben dem eigentlichen DGS ein Repertoire an Aufgaben unter einer einheitlichen Oberfläche mit angeboten wird.

2 Kriterien und Methoden zur Beurteilung von Lehr-Lernprogrammen

Eine wesentliche Frage in Bezug auf das vielfältige Angebot an mathematischer Lernsoftware ist deren Beurteilung. Eine kurze Recherche im Internet liefert bereits ein unüberschaubares Angebot an Webseiten, die sich (mehr oder weniger intensiv) mit dem Thema „Beurteilung von Lernsoftware" beschäftigen.[4] Für einen Lehrer, der eine Kaufempfehlung für Schüler oder deren Eltern geben soll, scheinen folgende Aspekte bei der Beurteilung von Lernsoftware wesentlich zu sein, „die sich aufgrund der Erfahrungen mit Schülern als hinreichend unterscheidungsfähig erwiesen haben:

---

[4] Eine Recherche mit google.de zu den Suchbegriffen "Beurteilung Lernsoftware" ergab im Juli 2002 etwa 2900 Seiten, die im WWW gefunden wurden.

1. Stabilität und Funktionstüchtigkeit
2. Preis
3. Gesamtumfang der Software
4. Aufbau; Schülermotivation
5. Handhabbarkeit des Programms
6. Vollständigkeit der Inhalte
7. Fachliche Eignung und Richtigkeit; Fachliche Defizite
8. Umgang mit Falsch-Eingaben der Schüler" (HERDEN/PALLACK 2001 S.6).

Dass Stabilität und Funktionstüchtigkeit keineswegs selbstverständlich sind, zeigt folgende Darstellung eines Ergebnisses (aus MATHE IN DER MITTELSTUFE), die auf dem Bildschirm nur unzureichend angezeigt wird.

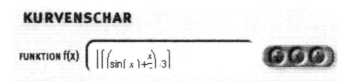

Wie die Untersuchung von HERDEN/PALLACK (2001) zeigt, unterscheiden sich die Programme z. T. sehr erheblich hinsichtlich der *Vollständigkeit der Inhalte*. Am Beispiel dieses Beurteilungskriteriums sei hier kurz dargestellt, wie sich wissenschaftlich fundierte Aussagen beim Beurteilen machen lassen.[5]

Um etwa Programme zur Bruchrechnung vergleichen zu können, wird von Experten zunächst eine Liste von Teilgebieten erstellt, die das Thema erfassen. Hier z. B.

- Einführung gemeiner Brüche
- Erweitern und Kürzen
- Ordnen von Brüchen
- ....
- Umformung von Dezimalbrüchen und gemeinen Brüchen.

Für jedes dieser Teilthemen werden wiederum „Checklisten" erstellt, die sich an Schulbüchern und den entsprechenden fachlichen Erfordernissen orientieren. Mit diesen Listen gelingt ein Überblick, inwieweit ein Teilgebiet von dem zur Beurteilung anstehenden Programm inhaltlich und evtl. vollständig erfasst wird. Ein Ausschnitt der Checkliste zum Teilgebiet „Ordnen von Brüchen" könnte etwa folgendermaßen beginnen:

---

[5] Die folgende Darstellung orientiert sich stark an der von HERDEN/PALLACK (2001 S.18f.) dargestellten Beurteilungsmethode der „formalen Begriffsanalyse", ohne dass einzelne Stellen gesondert zitiert sind.

PROGRAMMNAME	JA	NEIN
Das Ordnen von Brüchen wird eingeführt	X	
In der Einführung		
• werden Brüche verglichen, indem man sie gleichnamig macht	X	
• wird das kgV vorgestellt		X
• wird die Nichtexistenz von Vorgänger und Nachfolger thematisiert		X
.....		

Zu jedem Teilthema lässt sich nun die Summe der „Ja"-Einträge ermitteln und stellt eine Möglichkeit dar, Programme zu vergleichen. Eine übersichtliche Darstellung gelingt mit Netzdiagrammen.

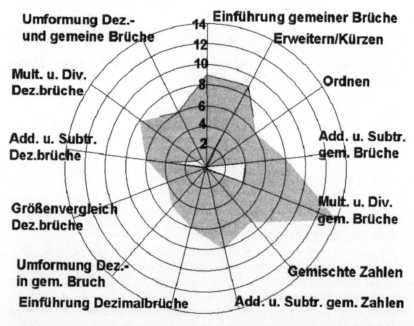

Vergleich BRUCHRECHNEN und ALI DER MATHEMASTER (nach HERDEN/PALLACK 2001, S. 19)

Die Abbildung zeigt den Vergleich der Vollständigkeit des Themas Bruchrechnen zwischen den Programmen BRUCHRECHNEN (graues Vieleck) und ALI DER MATHEMASTER (weißes Vieleck). Im Netz sind nach außen hin die Punktwerte zu den einzelnen Aspekten aufgetragen und zu Vielecken verbunden: je unterschiedlicher also die Flächen(inhalte) sind, um so deutlicher unterscheiden sich die betrachteten Programme in ihren Ausprägungen. Deutlich zeigt sich, dass einige der Themenbereiche, die von Experten für wichtig erachtet werden, vom „weißen" Programm überhaupt nicht thematisiert oder mit vergleichsweise geringer Intensität behandelt werden. Mit diesem Vorgehen (der sog. „Formalen Begriffsanalyse") lassen sich auch objektive Vergleiche bezüglich der weiteren Beurteilungskriterien gewinnen.

Wesentliches Beurteilungskriterium ist auch der Umgang mit Schülerfehlern und das Angebot an Lösungshinweisen. Es ist sicherlich nicht möglich, alle möglichen Fehler eines Programms zu finden, aber bereits einfache Test können grundlegende Mängel einer Software offenbaren. So reagieren z. B. einzelne Programme auf die Eingabe „5,30" mit einer Fehlermeldung, da das Programm intern „5,3" erwartet. Insbesondere bei Bruchrechen- und Algebraprogrammen liefert die Eingabe von Ergebnissen in Bruchschreibweise oder in Dezimaldarstellungen (also etwa 1/4 oder 0,25) Einblicke in die prinzipielle Brauchbarkeit eines Programms, die Sorgfalt und die Kompetenz der Autoren.

Einzelfälle und Ausnahmen dürften vorliegen, wenn ein Programm die gemischte Zahl $7\frac{8}{10}$ umwandelt zu 7,8 (wie bei BRUCHRECHNEN); oder wenn falsche Lösungshinweise gegeben werden wie z. B. „Multipliziere die Gleichung mit 5!" statt „Dividiere die Gleichung durch 5!".

Für den einzelnen Lehrer ist der Aufwand einer derartig umfassenden Beurteilung im allgemeinen allerdings nicht zu leisten. Hier ist er auf einschlägige Internet-Seiten[6] oder die Fachliteratur (z.B. WOLPERS 1999) angewiesen.

Da – wie oben erwähnt – Schüler Lernprogramme sehr aufgabenorientiert nutzen, sollte bei der Anschaffung auf die Aufgabenvielfalt und die Betreuung der Aufgaben durch den Rechner besonderes Augenmerk gelegt werden. Prinzipiell spricht auch nichts gegen die Verwendung von „Adventure"-Umgebungen, wobei auch hier Einschränkungen angebracht sind, wie das Beispiel der ADDY-Lernprogramme zeigt, „... die sich großer Beliebtheit unter den Schülern erfreuen. Aus Erfahrung der Autoren kann diese jedoch meist darauf zurückgeführt werden, dass der spielerische Anteil ähnlich hoch oder sogar höher ausfällt als der eigentliche Lernteil" (HERDEN/PALLACK 2001, S. 24).

Eine generelle Empfehlung für das ein oder andere Produkt lässt sich nicht pauschal aussprechen. Es scheint sich aber insgesamt seitens der Lehrerschaft und seitens der Mathematikdidaktik eine „verhalten positive Einstellung" gegenüber „Nachhilfe"-Programmen abzuzeichnen. Punktuell können sie – wie in den 70-er Jahren des vergangenen Jahrhunderts die „Lernprogramme" (in Papierform) – sicherlich dazu dienen, Wissenslücken bei einzelnen Schülern zu schließen; ein Unterrichtsersatz sind sie jedoch in keinem Falle. Und es erscheint auch fraglich, ob es mit den (momentan noch rudimentären) Mitteln der „künstlichen Intelligenz" je gelingen wird, mit Hilfe von Computerprogrammen das „lehrerlose" Klassenzimmer zu realisieren, wie es besonders im Zusammenhang mit dem „Lernen im Internet" immer wieder zu hören ist.

---

[6] wie z.B. http://www.hamburger-bildungsserver.de/LARS/

VII Das Internet

1 Bedeutung im Mathematikunterricht

Die Bedeutung des Internets für den Mathematikunterricht wird äußerst kontrovers diskutiert. Da ist einerseits das Bundesministerium für Bildung und Forschung der Meinung, dass „Selbstlernen und betreutes Lernen mit Hilfe der Neuen Medien eine tiefgreifende Umgestaltung erfahren (werden)", wie es in dem Förderprogramm „Neue Medien in der Bildung" vom Jahre 2000 (www.bmbf.de) heißt, und der Pädagoge und Psychologe H. MANDL ist davon überzeugt, dass Computer und Internet das „soziale Lernen über regionale und kulturelle Grenzen hinweg" fördern werden (ZEITPUNKTE Nr. 1/2000, S.14). Andererseits findet H. VON HENTIG „einen Zoo für eine Schule hilfreicher als einen Computerraum" (GEOWISSEN Nr. 27, 2001, S. 48) und der Computerexperte und – kritiker C. STOLL möchte Computer ganz aus dem Klassenzimmer verbannen, da der Mangel an kritischem Denken und an Fähigkeiten zur Kommunikation durch noch so viel Surfen im Internet nicht behoben werden könne (2001, S. 48).

Hinsichtlich der Integration des Internets in den Unterricht stehen wir im Jahr 2002 sicherlich noch am Anfang der Entwicklung und gegenwärtig spielt dieses Medium im (Mathematik)unterricht – außer an wenigen Versuchsschulen – kaum eine nennenswerte Rolle. Es lassen sich aber doch bereits heute zumindest Hinweise und Prognosen für eine zukünftige Bedeutung des Internets im Mathematikunterricht geben.

Wie im Zusammenhang mit dem Einsatz neuer Technologien schon des öfteren erwähnt, so sehen wir auch beim Internet keinen Grund für euphorische Hoffnungen und Erwartungen, wir sind aber davon überzeugt, dass der überlegte Einsatz dieses Mediums den Unterricht bereichern und damit das Lernen von Mathematik fördern kann. Im Folgenden stellen wir die für uns zentralen didaktischen Aspekte des Internets für den Mathematikunterricht in den Vordergrund und gehen nicht auf technische Voraussetzungen des Netzzugangs und Benutzerwissen für das Arbeiten mit dem Internet ein. Wir verzichten auch auf ausführliche „Linklisten" (vgl. hierzu etwa HILDENBRAND 2000[6]), sondern geben nur wenige Internetadressen an, von denen wir denken, dass sie exemplarisch für zukünftige Entwicklungen sind. Wir stellen acht verschiedene Funktionen des Internets für den (Mathematik-)unterricht heraus.

2 Das Internet als Nachschlagewerk

Grundlage aller „Internetrecherchen" ist das Vorhandensein einer klaren Fragestellung bzw. die Fähigkeit, Fragen sukzessive präzisieren zu können. Im Mathematikunterricht kann beispielweise nach Definitionen mathematischer Begriffe, Erläuterungen oder Beispielen zu Lehrsätzen, Lebensdaten von Mathematikern, aktuellen Daten für anwendungsorientierte Aufgaben wie Telefon- und Handytarife, Wachstumszahlen aus der Wirtschaft oder Börsenkurse gefragt werden. Dabei wird das Lesen und Interpretieren von Diagrammen und graphischen Darstellungen eine Fähigkeit von zunehmender Bedeutung werden. Das Internet als Nachschlagewerk ergänzt das Benutzen von Lexika und Büchern im Hinblick auf die Aktualität der Daten und erlaubt einen komfortablen Zugriff während des Arbeitens am Rechner.

Internetrecherchen können auch als Unterrichts- oder Hausaufgabenprojekte geplant und durchgeführt werden. HILDEBRAND (2000, S. 113ff) schlägt hierfür ein „Sieben-Phasen-Modell" vor. Dabei geht es um Sichtung und Vorauswahl von Internetmaterial durch den Lehrer, eigenständige Internet-Recherchen durch die Schüler, Auswertung und Dokumentation, Präsentation und Diskussion der Ergebnisse sowie Erstellung einer Gesamtdokumentation mit evtl. Netzdarstellung. Themen für derartige Projekte können *mathematische Begriffe* wie Primzahlen, die Zahl π, Vierecke oder Platonische Körper, *historische Darstellungen* zum Leben einzelner Mathematiker oder *fächerübergreifende Projekte* wie Symmetrie, Spiralen oder Drehungen sein.

Dabei zeigt sich häufig, dass die Informationsflut im Internet schnell zu einem dünnen Rinnsaal mit zudem noch falschen und oberflächlichen Erläuterungen und Erklärungen werden kann, wenn nach fundiertem verlässlichem Wissen zu speziellen Themen gefragt wird (vgl. WETH 1997). Deshalb werden von Experten betreute und begutachtete Seiten zukünftig immer wichtiger werden und das „Nachschlagen" im Internet wird sich auf Netzseiten konzentrieren, die analog dem „Brockhaus" oder „Bronstein" als allgemeiner Standard akzeptiert werden.

3 Das Internet als Quelle für Unterrichtsmaterialien

Das Internet ist eine Quelle für Unterrichtsmaterialien zur Vorbereitung von Unterricht, in dem Stundenentwürfe, Arbeitsblätter, Klassenarbeiten, Trainingsaufgaben zu Mathematikprogrammen oder Aufgaben zur Prüfungsvorbereitung aus dem Netz heruntergeladen werden können.[1] Gerade im Hinblick auf das zeitaufwendige Erstellen von Freiarbeitsmaterialien und in Ergänzung des Schulbuchverlagsangebots können derartige Materialien eine Hilfe für *Lehrer* bei der Unterrichtsvorbereitung darstellen. Das Internet kann aber auch eine Hilfe für *Schüler* sein, indem Materialien für die Vorbereitung von Referaten oder schriftlichen Hausarbeiten verfügbar sind oder Schüler Unterstützung in methodischer Hinsicht

---

[1] Etwa in der „Zentrale für Unterrichtsmedien": www.zum.de/, bei MUED: www.muedev.via.t-online.de/, oder den Bildungsservern der Länder, etwa Nordrhein-Westfalen: www.learn-line.nrw.de/ oder Bayern: www.schule.bayern.de/.

finden, indem sich Hinweise und Erläuterungen für das Anfertigen einer Hausarbeit oder das Durchführen einer Präsentation finden lassen.[2]

4 Das Internet als Demonstrationsmedium

Der Rechner ist einerseits ein *Werkzeug in der Hand des Schülers*, er lässt sich aber auch zur Veranschaulichung und Demonstration mathematischer Zusammenhänge im Klassenzimmer benutzen und wird so zu einem *Demonstrationsmedium in der Hand des Lehrers*. Damit können Primzahlen aufgelistet, Monte-Carlo-Methoden oder diskrete Verteilungen dargeboten,[3] abbildungsgeometrische Beweise, die Entstehung von Bildern des Malers M. C. ESCHER oder stochastische Experimente visualisiert,[4] oder die Herleitung des Kugelvolumens veranschaulicht werden.[5] Da das eigenständige Erstellen derartiger Visualisierungen meist einen hohen Zeitaufwand erfordert, ist hier der Einsatz des Internets unter dem Gesichtspunkt der Effektivität der Unterrichtsvor- und Nachbereitung zu sehen.

Gegenüber dem Einsatz des Rechners als Werkzeug am Arbeitsplatz fehlt hier allerdings die unmittelbare Interaktivität. Durch den Einsatz interaktiver Java-Applets werden die Grenzen zwischen reinen Demonstrationsfilmen zu interaktiv beeinflussbaren Animationen zunehmend fließender. Darüber hinaus werden Darstellungen im Internet häufig als optimierte Endprodukte angeboten, weshalb insbesondere darauf zu achten ist, dass dem Betrachter die Möglichkeit gegeben wird, Aufbau und Entwicklung der Darstellung mental nachvollziehen zu können und ihm bei Animationen genügend Zeit eingeräumt wird, sich in den Bewegungsvorgang hineinzudenken.

Vorteilhaft ist es beim Computer- oder Interneteinsatz als Demonstrationsmedium, dass der Lehrer Art und Zeitpunkt des Einsatzes selbst steuern kann, wodurch etwa heuristische Phasen des Überlegens und Vermutens im Rahmen von Problemlöseprozessen bewusst verlängert und Schüler zum Nachdenken gezwungen werden können, *bevor* die Lösung auf dem Computer demonstriert wird (vgl. hierzu WEIGAND 1999). Ob Demonstrations- oder Werkzeugaspekt im Unterricht besser geeignet ist, hängt – wie immer beim Einsatz neuer Technologien – von der Problemstellung und den Zielen ab, die mit den jeweiligen Unterrichtsinhalten verbunden sind.

---

[2] Vgl. etwa http://lfb.lbs.bw.schule.de/mm/mm_ak/praesentn/.

[3] Wie etwa auf den Seiten des „Matheprisma": www.matheprisma.uni-wuppertal.de

[4] Wie etwa beim Projekt zur Visualisierung der Universität Köln (www.uni-koeln.de/ew-fak/Mathe/Projekte/VisuPro/)

[5] Vgl. etwa http://home.a-city.de/walter.fendt/md/kugelvolumen.htm.

5 Das Internet als Kommunikationsmedium

Der Einsatz neuer Technologien hat die Kommunikation in der wissenschaftlichen Welt im Hinblick auf die Geschwindigkeit des Informationsaustausches verändert. Jetzt können Nachrichten orts- und zeitunabhängig geschrieben – bzw. gesendet – und empfangen, wissenschaftliche Ergebnisse oder Zeitschriftenartikel schneller – als Preprints – potentiellen Lesern zur Verfügung gestellt und Datenbanken stets auf dem aktuellen Stand gehalten werden. Sicherlich lässt sich trefflich darüber streiten, ob oder wie diese Beschleunigung des Kommunikationsprozesses zu qualitativ höheren Produkten oder Ergebnissen und damit zum Fortschritt der jeweiligen Wissenschaft beigetragen hat. Verschiedentlich wird jedenfalls bereits heute an die „Kreativität der Langsamkeit" (REHEIS 1998[2]) und damit daran erinnert, dass produktives und konstruktives Denken Zeit, ein Sich-Einlassen auf Probleme und eine Umgebung der kreativen Muße benötigt.

Sprache und Kommunikation haben in den letzten Jahren für das Lehren und Lernen von Mathematik an Bedeutung gewonnen. In den USA stellen die *NCTM-Standards von 1989* und deren Fortschreibung, die *Principles and Standards for School Mathematics*[6], „Kommunikation" gar als eines von zehn Leitzielen für den gesamten Mathematiklehrgang heraus. In „Mathematik und Sprache" haben MAIER U. SCHWEIGER (1999) die Rolle der Sprache bei der Begriffsentwicklung, beim Textverstehen und Problemlösen im Mathematikunterricht aufgezeigt und die Kommunikation in verschiedenen Unterrichtsformen analysiert. Neben der Förderung der fachsprachlichen Kompetenz und des Sprachverstehens der Lernenden plädieren sie vor allem für mehr sprachliche Eigenaktivitäten der Lernenden im Unterricht.

„Die Notwendigkeit, mathematische Sachverhalte sprachlich, insbesondere schriftlich darzustellen, regt die Schüler an, sich diese in besonderer Weise bewusst zu machen, sie zu analysieren und verstehend zu durchdringen. Dies gilt für sprachliche Darstellung allgemein, für textliche Eigenproduktionen im besonderen. Denn der Text gibt den Studenten die Möglichkeit, ihr Denken und die Entwicklung ihrer Ideen zu dokumentieren." (S. 187).

Kommunikation im Internet erfordert derartige „textliche Eigenproduktionen". In wenigen Jahren werden alle Schüler Computer und Internetanschluss zuhause haben und es ergibt sich die Möglichkeit, jetzt auch Materialien in elektronischer Form unter allen Schülern einer Klasse auszutauschen sowie per Email oder in einem Diskussionsforum Probleme orts- und zeitunabhängig diskutieren zu können.

Bei der elektronischen Kommunikation in einer Gruppe, etwa einer Klasse, lassen sich drei verschiedene *Kommunikationsarten* unterscheiden (vgl. WEIGAND 2001).

---

[6] www.standards.nctm.org.

- *Appelle* gehen vom Einzelnen (Lehrer oder Schüler) an alle anderen;
- *Dialoge* gibt es zwischen zwei Schülern oder zwischen Lehrer und Schüler;
- *Diskussionen* finden innerhalb einer Gruppe statt.

Appelle können Informationen, Ergänzungen oder Vertiefungen zu Themenbereichen, nochmalige Erläuterungen oder auch Richtigstellungen sein und sind i. a. Aufforderungen zu Handlungen. *Dialoge* zwischen Lehrer und Schüler können über fachliche aber auch persönliche Fragen stattfinden. Die Erfahrungen mit Studierenden zeigen, dass dabei die Hemmschwelle für das Ansprechen von Problemen durch die Möglichkeit der geplanten schriftlichen Äußerung geringer ist als bei persönlichen Gesprächen. *Diskussionen* entwickeln sich über elektronische Diskussionsforen, wobei die Erfahrungen mit internetunterstützten Veranstaltungen im Rahmen der Lehrerbildung gezeigt haben, dass elektronische Diskussionen nur dann dauerhaft aufrechterhalten werden können, wenn die diskutierten Themen in einer „Live-"Veranstaltung aufgegriffen werden, ansonsten „versanden" diese Debatten sehr schnell. Diskussionsforen und Email sind für den Lehrer auch gute Möglichkeiten, *sofortige* Rückmeldung seitens der Schüler über den eigenen Unterricht zu bekommen.

Kommunikation ist vor allem auch im Hinblick auf eine Kooperation von Schülern untereinander – auch verschiedener Schulen – interessant. So ist etwa die Initiative „SchulWeb"[7] ein Teil des Deutschen Bildungsservers und versucht, den Kontakt zwischen deutschsprachigen Schulen mit Internetanschluss herzustellen, zum Gedankenaustausch zwischen Schulen anzuregen und Kooperationen über das Internet herbeizuführen. Die Software BSCW[8] erleichtert die Kooperation zwischen Lehrern und Schülern durch die bereit gestellte übersichtliche Arbeitsumgebung. Gerade im Zusammenhang mit internationalen Untersuchungen wie TIMSS[9] oder PISA[10] wurde immer wieder herausgestellt, dass in anderen Ländern die Kooperation der Lehrer untereinander ausgeprägter ist und dass etwa Länder wie Schweden das bessere Abschneiden bei den Tests auch auf eine intensive Kommunikation der Schüler untereinander zurückführen (vgl. BAUMERT u. a. 2001). Das Internet kann ein Katalysator für eine stärkere Betonung von Kommunikation und Kooperation zwischen Lehrern bzw. Schülern untereinander aber auch zwischen Lehrern und Schülern sein.

Elektronische Kommunikation soll zu einer größeren Selbsttätigkeit der Lernenden beitragen. Die Erwartungen hinsichtlich der Auswirkungen einer derartigen Kommunikation auf das Lernen von Mathematik sollten allerdings realistisch eingeschätzt werden. Der „normale Unterricht" im Klassenzimmer wird auch zu-

---

[7] www.schulweb.de/.

[8] BSCW = Basic Support for Cooperative Work: www.bscw.de.

[9] TIMSS = Third International Mathematics and Science Study:
http://www.mpib-berlin.mpg.de/TIMSS-Germany/

[10] Programme in Student Assessment: http://www.mpib-berlin.mpg.de/pisa/

künftig die Regel bleiben. Kommunikation über das Internet – auch noch zwischen Klassen an verschiedenen Orten – wird nur ergänzend zum Tragen kommen.

6 Das Internet als Tutor und Lernsystem

Das Internet ist i. a. kein Lern- oder Instruktionsmedium in dem Sinne, dass dort strukturierte Lerninhalte zu einzelnen Themenbereichen vorzufinden sind. Zu vielen Problemstellungen lassen sich aber Hilfen oder Lernkurse im Internet finden.[11] So gibt es Hilfen zu Hausaufgaben, gut aufbereitete Lerneinheiten und Tests,[12] Spiele, Wettbewerbe,[13] oder im „Math Forum" können Schüler Fragen an Experten stellen.[14]

Tutorielle Systeme konnten sich bisher im Schulunterricht nicht durchsetzen und es stellt sich die Frage, ob durch das Internet ein neuer Anlauf zur Verwendung derartiger Systeme möglich sein wird. So lassen sich über das Netz in einfacher Weise Antworten überprüfen und entsprechende Rückmeldungen geben, Tests aktualisieren und mit Hilfe verteilter Systeme Entwicklung und Wartung von Programmen auf mehrere Leute an verschiedenen Orten verteilen.[15]

Ein Lehr- und Lernsystem für Studierende und praktizierende Lehrer ist das für die Virtuelle Hochschule Bayern entwickelte internetgestützte System „Computer und Mathematik".[16] Hier erhält man über einen „Schreibtisch" Zugang zu den auch in diesem Buch behandelten Kapiteln. Es wird ein Überblick über den Themenbereich gegeben, es werden theoretische Grundlagen dargelegt und Inhalte durch Übungsaufgaben und Aktivitäten vertieft. Insbesondere ist es möglich, mit Computerprogrammen interaktiv zu arbeiten, Videofilme erläutern Aktivitäten auf der enaktiven Ebene und in einem Diskussionsforum kann über inhaltliche Fragen diskutiert werden.

---

[11] www.lerneniminternet.de oder www.Klett-training.de.
[12] Etwa „Mathe online": www.mathe-online.at/.
[13] Etwa ThinkQuest: www.thinkquest.de.
[14] forum.swarthmore.edu/.
[15] Etwa: http://www.mathsnfun.ac.at/default.htm.
[16] Zugang über www.didaktik.mathematik.uni-wuerzburg.de

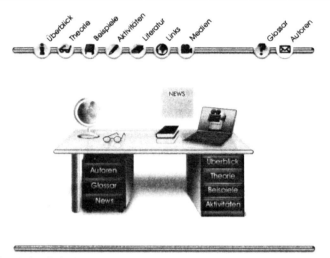

Der Schreibtisch als Ausgangspunkt für ein Lehr- und Lernsystem

7 Das Internet als Katalysator für Projektarbeit

Im Zusammenhang mit einer neuen „Unterrichtskultur" wird immer wieder das Unterrichten im Rahmen von Projekten gefordert (LUDWIG 1997 u. 2001). Das Internet kann ein Katalysator für das Initiieren von Projekten sein. Im Folgenden sollen anhand des internetgestützten Projekts „Mathematik rund ums Ei" einige didaktische Ideen verdeutlicht werden, die wir bei der Entwicklung von Internetprojekten für wichtig halten.

„Mathematik rund ums Ei" ist als ein längerfristiges Unterrichtsprojekt (2 – 3 Wochen) konzipiert, es enthält aber auch Module und Teilmodule, die unabhängig voneinander im Rahmen von Unterrichtseinheiten behandelt werden können.[17] Ausgangspunkt des Projekts ist die Hypothese, dass Form, Beschaffenheit und biologische Entwicklung eines Hühnereis interessante mathematische und fächerübergreifende Fragestellungen generieren können: Wie lassen sich Volumen und Oberfläche des Eis berechnen? Wie wächst das Ei? Wie lässt sich eine Eikurve mathematisch beschreiben? Welche Symmetrien besitzt das Ei? Ziel des Projekts ist es, ausgehend vom „Phänomen Ei" mit Hilfe internetgestützter interaktiver Lerneinheiten mathematische Begriffsbildungen anzuregen, zu wiederholen und im Rahmen einer Anwendungssituation weiterzuentwickeln. Folgende Aspekte und Ideen haben wir der Konstruktion des Projekts zugrundegelegt.

---

[17] www.didaktik.mathemaik.uni-wuerzburg.de/mathei.

Das Projekt stellt eine Insel im riesigen Informationsmeer des Internets dar, in der Lernende interessante Orte bzw. Aspekte eines Themenbereichs finden können, bei dem es aber auch Verbindungen zu anderen Inseln des Internets gibt. Die Seiten sind kein Lernsystem in dem Sinne, dass sukzessive in ein Themengebiet eingeführt wird, sondern einzelne Module sollen einen Einstieg in einen Themenbereich wie Symmetrie, Kugelgeometrie und Eikurven ermöglichen oder einen Anstoß dazu geben, sich weitere Informationen zu beschaffen, es in einer Gruppe oder Klasse zu besprechen oder darüber mit anderen Interessierten im Internet zu kommunizieren.

• Jedes Modul kann sowohl als Einstieg in einen Themenbereich als auch im Rahmen von Wiederholungs- und Übungseinheiten behandelt werden. Dadurch wird eine größere Variabilität beim Einsatz erreicht.

• Die Problemstellungen ermöglichen individuelles Arbeiten, sie fordern aber auch zu kooperativen Aktivitäten heraus, indem mathematische Probleme mit einem Partner vor dem Computer, in der gesamten Klasse oder gar über das Internet besprochen werden können.

• Es ist ein offenes System, das es Lehrern und anderen Schülern erlaubt, sich aktiv an der Gestaltung des Lernsystems zu beteiligen, indem zusätzliche Lernbausteine, Materialien oder Unterrichtsaktivitäten eingegliedert werden können.

• In dem System finden sich interaktive Elemente wie Multiple-Choice-Tests, geometrische Aktivitäten auf der Bildschirmoberfläche oder Fragen mit erwarteten verbalen Antworten. Auch wird zu Aktivitäten „außerhalb" des Computer aufgefordert, wie das Erzeugen von Symmetrien mit einem realen Spiegel, Zeichnen von Kurven mit Papier und Bleistift, Veranschaulichungen auf der Styroporkugel. Weiter stellen Fotos ein Fenster zur Umwelt dar, indem sie Anwendungsbezüge in Umwelt und Technik aufzeigen. Videosequenzen verdeutlichen komplexere Bewegungsvorgänge für geforderte Aktivitäten, wie etwa das Zeichnen von Ellipsen und Eikurven mit Stift, Faden und Nägeln.

Der Vorteil des Internets gegenüber Lernsystemen auf CD-Rom ist es, dass die Seiten regelmäßig verbessert und erneuert werden können und dass ein wechselseitiger Informationsaustausch zwischen Erstellern der Seiten und Benutzern möglich ist. Ferner können dadurch auch die Arbeitsweisen (Verweildauern, Navigationsverhalten, etc.) von Benutzern protokolliert und festgehalten werden.

8 Das Internet als Veröffentlichungsmedium

Das Internet bietet die Möglichkeit, eigenverfasste Texte einer größeren Anzahl von Interessierten zur Verfügung zu stellen. Nach wie vor ist es eine unbeantwortete, aber didaktisch wichtige Frage, wie Sachverhalte im Netz dargestellt und präsentiert werden sollen. Die Antwort kann, analog der Frage nach der besten Unterrichtsmethodik, nur inhalts- und zielgebunden gegeben werden. Insbesondere ist hier zwischen einer *lokalen geschützten* und einer *globalen* Verbreitung im Internet zu unterscheiden. *Global* gesehen ist das Erstellen von Internetseiten eine zeitaufwendige Tätigkeit, die professionelles technisches und inhaltliches Wissen erfordert. An derartige Seiten müssen Qualitätsmaßstäbe wie bei heutigen Veröffentlichungen in Buch- oder Zeitschriftenform angelegt werden. Dagegen wird das eigenständige *lokale* Erstellen von Internettexten zukünftig stärker unter dem Aspekt der Kommunikation in einem „engeren Umfeld", also etwa in einer Projektgruppe oder Klassengemeinschaft, zu sehen sein. Dabei bieten sich passwortgeschützte Bereiche an, in denen der Austausch von Ideen und Informationen einen ähnlich vertraulichen Charakter wie in einem Klassenzimmer oder Seminarraum besitzt. Das eigenständige Erstellen von Internetseiten im Unterricht ist dann stärker unter dem Aspekt zu sehen, dass Schüler Qualitätsmaßstäbe für die Beurteilung von Internetseiten entwickeln sollen.

9 Das Internet als Unterrichtsmedium

Es sollte bisher deutlich geworden sein, dass der Einsatz des Internets im „normalen" Unterricht nur eine Möglichkeit der Internetnutzung ist. Fragen wir nach der Art und Weise des Interneteinsatzes als Unterrichtsmedium, so lassen sich in allgemeiner Weise sehr schnell Forderungen oder Ziele für eine Integration des Internets in der Schule aufstellen (vgl. etwa KOCH, H. u. NECKEL, H. 2001). Das Internet sollte

- neue und sinnvolle methodische Aspekte eröffnen;
- fachübergreifende und tragfähige Ansätze ermöglichen;
- Aktualität, Authentizität und Wirklichkeitsnähe herbeiführen;
- Schüler aktiver und verantwortlicher am Unterrichtsgeschehen beteiligen;
- zur Fähigkeit beitragen, dass Schüler sich selbstständig in einer Informationsvielfalt zurechtfinden.

In welcher Art und Weise dies allerdings geschehen soll, kann wieder nur im Zusammenhang mit den jeweils dargestellten Inhalten diskutiert werden. Trotzdem lassen sich beim Arbeiten mit dem Internet einige allgemeine Regeln und methodische Hinweise formulieren, denen bei jedem *Einsatz im Unterricht* oberste Priorität eingeräumt werden sollte.

1. Das Lernen mit dem Internet entschleunigen!

Die Geschwindigkeit des Erscheinens von Antworten auf Fragen im Internet ist i. a. sehr hoch und führt leicht zu schnellem Weiterfragen und -klicken ohne die Antworten ausreichend zu analysieren. Schüler müssen deshalb im Unterricht das „Entschleunigen" des Arbeitens am Computer lernen, was insbesondere voraussetzt, dass mit dem Interneteinsatz genaue Zielformulierungen für Arbeitsaufträge einhergehen müssen. Nur so kann einem vordergründigen Handlungsaktivismus entgegengewirkt werden. Beim Arbeiten mit Computer und Internet geht es nicht um schnelles oder schnelleres Lernen, sondern um das sinnvolle Nutzen von Medien im Hinblick auf ein besseres Verständnis. Hierzu bedarf es ausreichend *Zeit*.

2. Informationsflut begrenzen!

Aufgrund der Informationsflut im Internet ist die Ablenkungsgefahr und das „Sichverlieren" im Internet gerade für Schüler ein großes Problem. Beim Unterrichtseinsatz sollte deshalb diese Vielfalt zumindest gelegentlich eingegrenzt werden, indem das Arbeiten auf bestimmte Seiten eingeschränkt oder lokal auf dem Schulserver bzw. gar nur mit CD-Rom gearbeitet wird. Davon unbenommen bleibt, gelegentlich auch Recherchen im gesamten Internet durchzuführen.

3. Ohne Wissen keine Fragen!

Die Fähigkeit Fragen zu stellen setzt ein Wissensfundament voraus. In der Schule geht es um geplantes Arbeiten mit dem Internet, wozu insbesondere das Schaffen der Voraussetzung für ein derartiges Arbeiten gehört. Für das Durchführen einer Internetrecherche sind eine klare Fragestellung und die Kenntnis der fachlichen Grundlagen dieser Fragestellung eine notwendige Voraussetzung.

4. Wechselbeziehung zwischen individuellem Arbeiten und Klassengespräch herbeiführen!

Beim Arbeiten der Schüler mit dem Computer kommt es zu einem häufigen Wechsel zwischen individuellem Unterricht, Unterricht in Kleingruppen und Unterricht mit der ganzen Klasse. Dabei stellt das Zusammenspiel von individuellen Aktivitäten des Entdeckens und Sammelns von Informationen einerseits und das Vermitteln von Zusammenhängen andererseits eine bisher nicht gekannte Herausforderung für den Lehrer dar. Aufgrund der vielfältigen Verzweigungsmöglichkeiten beim Arbeiten mit dem Internet verschärft sich das Problem nochmals.

10 Schlussbemerkung

Das Internet trägt zur Individualisierung der Lernprozesse bei, ermöglicht das orts- sowie zeitunabhängige Arbeiten und unterstützt somit oder fordert gar das Selbststudium. Im Aufbrechen des durch den Unterricht vorgegebenen Zeitrahmens sowie der Isoliertheit des häuslichen Lernraumes ist das eigentlich Neue an internetgestützten Veranstaltungen zu sehen. Wiederum zeigt sich dabei, dass neue Werkzeuge, neue Medien und insbesondere neue Technologien nicht nur als Verstärker herkömmlichen Denkens wirken, sondern dass sie vielmehr Denken und Handeln in einer neuen Weise organisieren, umstrukturieren und dadurch in qualitativer Hinsicht verändern. Es zeigt sich aber auch, dass der Einsatz des Werkzeugs nur dann einen „Mehrwert" im Unterrichtsprozess haben kann, wenn er zielorientiert im Hinblick auf die Ziele des Mathematikunterrichts erfolgt und wenn grundlegende Kenntnisse in methodischer Hinsicht im Hinblick auf den Umgang mit diesem Werkzeug beachtet werden. Aufgrund der durch das Internet angebotenen Informationsfülle und der Möglichkeit des schnellen Zugriffs damit, sehen wir die Gefahr eines schnellen oberflächlichen Arbeitens ohne Lernzuwachs. Der Lehrer als Experte für das Planen von Unterricht ist durch dieses neue Medium – wieder einmal – herausgefordert. Es ist wohl weiterhin davon auszugehen, dass in nächster Zukunft die Bedeutung des Internets im Unterricht zunimmt, wenn Computer in Form von Notebooks oder Taschencomputer mit Internetanschluss zur Verfügung stehen.[18]

---

[18] Vergleiche den Bundesarbeitskreis Lernen mit Notebooks: www.lernen-mit-notebooks.de/.

Literatur

Verwendete Abkürzungen:

BzM   Beiträge zum Mathematikunterricht
DdM   Didaktik der Mathematik
JMD   Journal für Mathematik-Didaktik
MidS   Mathematik in der Schule
ML   Mathematik lehren
MNU   Der mathematische und naturwissenschaftliche Unterricht
MU   Der Mathematikunterricht
PM   Praxis der Mathematik
ZDM   Zentralblatt für Didaktik der Mathematik

AIGNER, M., Diskrete Mathematik, Vieweg, Wiesbaden 1996

ANTHES, E., Mechanische Rechenmaschinen – Zur Geschichte und Didaktik, in: Beutelspacher, A. u. a., Überblicke Mathematik 1996/97, Vieweg, Braunschweig 1997, 52-66

APPELL, K., Funktionsbetrachtungen an der Zapfsäule, MidS 33 (1995) 515-524

ARCHIMEDES, Werke, Wissenschaftliche Buchgesellschaft, Darmstadt 1972

ASPETSBERGER, K., Der Einsatz von Computeralgebrasystemen zum Elementarisieren im Mathematikunterricht, in: HERGET, W., u. a. (Hrsg.), Standardthemen des Mathematikunterrichts in moderner Sicht, Franzbecker, Hildesheim 2000, 9-16

BARATTA, M. v., Der Fischer Weltalmanach 1998, Frankfurt 1997

BARTH, F., et al., Anschauliche Geometrie 2, Ehrenwirth, München 1986

BARZEL, B., Bilder schaffen mit Graphen, ML 102 (Oktober 2000) 12-15

BARZEL, B., Mathematikunterricht anders - offenes Lernen mit neuen Medien, Klett, Stuttgart u. a. 2000

BAUER, L., Das operative Prinzip als umfassendes, allgemeingültiges Prinzip für das Mathematiklernen. Didaktisch-methodische Überlegungen zum Mathematikunterricht in der Grundschule, ZDM 25 (1993) 76-83

BAUMANN, R. (Hrsg.), Schulcomputer Jahrbuch 1986, Metzler u. Teubner, Stuttgart 1986

BAUMANN, R. (Hrsg.), Schulcomputer Jahrbuch 1988/89, Metzler u. Teubner, Stuttgart 1988

BAUMANN, R., Neue Informationstechnologien und Mathematikunterricht, JMD 9/4 (1988) 327-334

BAUMERT, J. u. a. (Hrsg.), PISA 2000: Basiskompetenzen von Schülerinnen und Schülern im internationalen Vergleich, Leske + Budrich, Opladen 2001

BECK, U., Ziele des zukünftigen Informatikunterrichts sind Ziele des Mathematikunterrichts, JMD 1 (1980) 189-197

BENDER, P., Kritik der Logo-Philosophie, JMD 8 (1987) 3-103

BERG, G., Entdeckungen am PASCAL-Dreieck, DdM 14 (1986) 264-283

BEUTELSPACHER, A., SCHWENK, J., WOLFENSTETTER, K.-D., Moderne Verfahren der Kryptographie, Vieweg, Braunschweig u. Wiesbaden 2001[4]

BEUTELSPACHER, A., WEIGAND, H.-G., Die faszinierende Welt der Zahlen, ML 87/4 (1998) 4-8

BIGALKE, H.-G., Lernzielbegleiteter statt lernzielorientierter Mathematikunterricht, PM 21 (1979) 6-14

BIGALKE, H.-G., Thesen zur Theoriediskussion in der Mathematikdidaktik, JMD 5 (1984) 133-165

BIGALKE, H.-G., Zur gesellschaftlichen Relevanz der Mathematik im Schulunterricht – Aufgaben und Ziele, ZDM 8 (1976) 25-34

BILDUNGSKOMMISSION NRW, Zukunft der Bildung – Schule der Zukunft, Luchterhand, Neuwied u. a. 1995

BINNINGER, S., Die Fastspiegelung, PM 38/6 (1996) 245-249

BLK, Gesamtkonzept für die informationstechnische Bildung, Reihe „Materialien zur Bildungsplanung", Heft 16, Bonn 1987

BLK, Rahmenkonzept für die informationstechnische Bildung in Schule und Ausbildung der Bund-Länder-Kommission für Bildungsplanung und Forschungsförderung, (vom 7. Dezember 1984), in: BAUMANN, R., Schulcomputer Jahrbuch 1986, Metzler u. Teubner, Stuttgart 1986, 233-238

BLOOM, B. S. (Hrsg.), Taxonomie von Lernzielen im kognitiven Bereich, Beltz, Weinheim u. Basel 1972

BLUM, W. (Hrsg.), Anwendungen und Modellbildung im Mathematikunterricht, Franzbecker, Hildesheim 1993

BORNELEIT, P., DANCKWERTS, R., HENN, H.-W., WEIGAND, H.-G., Expertise zum Mathematikunterricht in der gymnasialen Oberstufe, JMD 22/1 (2001) 73-90

BRÜHNE, Chr., Das „Spiel des Lebens", MU 47/3 (2001) 65-71

BRUNER, J. S., Der Prozess der Erziehung, Berlin Verlag, Berlin 1970

BUSSMANN, H., HEYMANN, H. W., Computer und Allgemeinbildung, Neue Sammlung 27/1 (1987) 2-39

COHORS-FRESENBORG, E. u. KAUNE, C., Zur Konzeption eines gymnasialen mathematischen Anfangsunterrichts unter kognitionstheoretischem Aspekt, MU 39 (1993) 4-11

CONWAY, J., GUY, R., Zahlenzauber, Birkhäuser, Basel 1997

DANCKWERTS, R., VOGEL, D., MACZEY, D., Ein klassisches Problem – dynamisch visualisiert, MNU 53 (2000) 342-346

DESCARTES, R., Discours de la méthode, Original 1637, Nachdruck Osnabrück 1973

DESCHAUER, S., Das Zweite Rechenbuch von Adam Ries, Vieweg, Braunschweig u. Wiesbaden 1992

DÖRFLER, W., Der Computer als kognitives Werkzeug und kognitives Medium, in: DÖRFLER, W., PESCHEK, W., SCHNEIDER, E., WEGENKITTL, K. (Hrsg.), Computer – Mensch – Mathematik, Hölder-Pichler-Tempsky u. Teubner, Wien 1991, 51-75

DRIJVERS, P., White-Box/Black-Box revisited, Int. Derive Journal 2 (1995) 3-14

DÜRR, R., ZIEGENBALG, J., Mathematik für Computeranwendungen – Dynamische Prozesse und ihre Mathematisierung durch Differenzengleichungen, Schöningh, Paderborn 1989

EBBINGHAUS, H.-D., u. a. Zahlen, Springer, Berlin u. a.1992^3

ELSCHENBROICH, H.-J., DGS als Werkzeug zum präformalen visuellen Beweisen, in: ELSCHENBROICH, H.-J., GAWLICK, Th., HENN, H.-W., Zeichnung – Figur – Zugfigur, Franzbecker, Hildesheim 2001, 41-54

ELSCHENBROICH, H.-J., Kreative Mathematik - was ist das?, Mathewelt in ML 6/106 (2001) 4-8

ENGEL, A., Mathematik vom algorithmischen Standpunkt, Klett, Stuttgart 1977

EUKLID, Die Elemente (Hrsg. Thaer), Wissenschaftliche Buchgesellschaft, Darmstadt 1980

FANGHÄNEL, G., FLADE, L., Bedeutung des Rechnen-Könnens für die mathematische Allgemeinbildung, MidS 17 (1979) 524-531

FEY, J. T., HIRSCH, Chr. R., NCTM-Yearbook, Calculators in Mathematics Education, NCTM, Reston 1992

FISCHER, R., MALLE, G., Mensch und Mathematik, BI, Mannheim 1985

FÖRSTER, F., HENN, H.-W., MEYER, J. (Hrsg.), Materialien für einen realitätsbezogenen Mathematikunterricht, Bd. 6, Computeranwendungen, Franzbecker, Hildesheim 2000

FRANKE, M., Didaktik der Geometrie, Spektrum, Heidelberg 2000

FREUDENTHAL, H., Mathematik als pädagogische Aufgabe, Bd. 1, Klett, Stuttgart 1973

FRITSCH, R., Der Vierfarbensatz. Geschichte, topologische Grundlagen und Beweisidee, BI, Mannheim 1994

FÜHRER, L., Pädagogik des Mathematikunterrichts, Eine Einführung in die Fachdidaktik für Sekundarstufen, Vieweg, Wiesbaden 1997

GAWLICK, Th., Zur mathematischen Modellierung des dynamischen Zeichenblatts, in: ELSCHENBROICH, H.-J., GAWLICK, Th., HENN, H.-W., Zeichnung – Figur – Zugfigur, Franzbecker, Hildesheim 2001, 55-68

GDM, Überlegungen und Vorschläge zur Problematik Computer und Unterricht, in: MNU 39 (1986) 370-372, auch in: HISCHER, H., Wieviel Termumfang braucht der Mensch?, Franzbecker, Hildesheim 1993, 143-145

GLASER, H., WEIGAND, H.-G., Das ULAM-Problem – Computergestützte Entdeckungen, DdM 17/2 (1989) 114-134

GLASER, H., WEIGAND, H.-G., Überraschende Fixpunktverhalten, PM 32 (1990) 208-213

GÖBELS, W., Bilder malen mit Funktionsgraphen, MNU 53 (2000) 460-463

GOLDOWSKY, H.-G., PRUZINA, M., Graphisches Darstellen linearer Funktionen mit und ohne Graphik-Taschenrechner, MidS 31 (1993) 563-570

GRAF, K. D. (Hrsg.), Computer in der Schule 1, Teubner, Stuttgart 1985

GRAF, K. D. (Hrsg.), Computer in der Schule 2, Beispiele für Mathematikunterricht und Informatikunterricht, Teubner, Stuttgart 1988

GRAF, K. D. (Hrsg.), Computer in der Schule 3, Materialien für den Mathematik- und Informatikunterricht, Teubner, München 1990

GROBLER, H., PRUZINA, M., Näherungsweises Lösen von Gleichungen mit graphikfähigen Taschenrechnern, MidS 33 (1995) 240-251

GUTZMER, A., Die Tätigkeit der Unterrichtskommission der Gesellschaft Deutscher Naturforscher und Ärzte, Gesamtbericht, Teubner, Leipzig und Berlin 1908

HAEFNER, K., Die neue Bildungskrise, Herausforderung der Informationstechnik an Bildung und Ausbildung, Birkhäuser, Basel u. a. 1982

HEID, K., Resequencing skills and concepts in applied calculus using the computer as a tool, JRME 19/1 (1988) 3-25

HEINRICH, R., WAGNER, J., Entwicklung des funktionalen Denkens im Mathematikunterricht, in: HERGET, W. u. a., Standardthemen des Mathematikunterrichts, Franzbecker, Hildesheim 2000

HEMBREE, R., DESSART, D. J., Effects of hand-held calculators in precollege mathematics education: a meta-analysis, JRME 17/22 (1986) 83-99

HENNING, H., KEUNE, M., Diskrete Modellbildung und Tabellenkalkulation, MU 47/3 (2001) 28-37

HENTIG, Hartmut v., Die Schule neu denken, Carl Hanser, München u. Wien 1993

HENTSCHEL, T, PRUZINA, M., Graphikfähige Taschenrechner im Mathematikunterricht - Ergebnisse aus einem Schulversuch (in Klasse 9/10), JMD 16 (1995) 193-232

HERDEN, G., Pallack, A., Vergleich von rechnergestützten Programmen zur Bruchrechnung - Nachhilfelehrer Computer - , JMD 22/1 (2001) 5-28

HERGET, W., „Die alternative Aufgabe" – veränderte Aufgabenstellungen und veränderte Lösungswege mit/trotz Computersoftware, in: HISCHER, H. (Hrsg.1), Mathematikunterricht und Computer, Franzbecker, Hildesheim 1994

HERGET, W., HEUGL, H., KUTZLER, B., LEHMANN, E., Welche handwerklichen Rechenkompetenzen sind im CAS-Zeitalter unverzichtbar?, MNU 54 (2001) 458-464

HERGET, W., Perioden ohne Ende – Probieren und Entdecken mit dem Rechner, ML 13/12 (1985) 19-23

HERGET, W., Prüfziffer und Strichcode – 'Computer-Mathematik' auch ohne Computer, ML 33 (1989) 19-34

HERGET, W., SCHOLZ, D., Die etwas andere Aufgabe aus der Zeitung, Friedrich, Seelze 1998

HERGET, W., WEIGAND, H.-G., WETH, Th. (Hrsg.), Standardthemen des Mathematikunterrichts in moderner Sicht, Franzbecker, Hildesheim 2000

HERTERICH, K., Die Konstruktion von Dreiecken, Klett, Stuttgart 1986

HEUGL, H., KLINGER, W. U. LECHNER, J., Mathematikunterricht mit Computer-Algebrasystemen, Addison-Wesley, Bonn 1996

HEYMANN, H. W., Allgemeinbildung und Mathematik, Beltz, Weinheim u. a. 1996

HILDEBRAND, J., Internet: Ratgeber für Lehrer, Aulis Verlag Deubner, Köln 2000[6]

HIRSCHMANN, G u. VIERENGEL, H., Der moderne Mathematik-Unterricht, Deutsche Olivetti GmbH, Frankfurt 1970

HISCHER H., Begriffs-Bilden und Kalkulieren vor dem Hintergrund von Computeralgebrasystemen, in: HISCHER, H. u. WEISS, M. (Hrsg.), Rechenfertigkeit und Begriffsbildung, Franzbecker, Hildesheim 1996, 8-19

HISCHER, H., Mathematikunterricht und Neue Medien, Franzbecker, Hildesheim 2002

HISCHER, H., (Hrsg.) Computer und Geometrie – Neue Chancen für den Geometrieunterricht?, Franzbecker, Hildesheim 1997

HISCHER, H. (Hrsg.), Geometrie und Computer – Suchen, Entdecken, Anwenden, Franzbecker, Hildesheim 1998

HISCHER, H. (Hrsg.), Mathematikunterricht im Umbruch? Erörterungen zur möglichen 'Trivialisierung' von mathematischen Gebieten durch Hardware und Software, Franzbecker, Hildesheim 1992

HISCHER, H. (Hrsg.), Mathematikunterricht und Computer – Neue Ziele oder neue Wege zu alten Zielen?, Franzbecker, Hildesheim 1994

HISCHER, H. (Hrsg.), Modellbildung, Computer und Mathematikunterricht, Franzbecker, Hildesheim 2000

HISCHER, H. (Hrsg.), Wieviel Termumformung braucht der Mensch? Fragen zu Zielen und Inhalten eines künftigen Mathematikunterrichts angesichts der Verfügbarkeit informatischer Methoden, Franzbecker, Hildesheim 1993

HISCHER, H. u. WEIGAND, H.-G., Mathematikunterricht und Informatik - Gedanken zur Veränderung eines Unterrichtsfachs, LOG IN 18 (1998) 10-18

HISCHER, H. u. WEISS, M. (Hrsg.), Fundamentale Ideen – Zur Zielorientierung eines künftigen Mathematikunterrichts unter Berücksichtigung der Informatik, Franzbecker, Hildesheim 1995

HISCHER, H., Allgemeinbildende Schulen und neue Informationstechnologien, in BAUMANN, R. (Hrsg.), Schulcomputer Jahrbuch 1988/89, Metzler u. Teubner, Stuttgart 1988, 39-47

HISCHER, H., Neue Technologien als Anlass einer erneuten Standortbestimmung für den Mathematikunterricht, mathematica didactica 14/2/3 (1991), 3-24

HISCHER, H., Weiss, M. (Hrsg.), Rechenfertigkeit und Begriffsbildung – Zu wesentlichen Aspekten des Mathematikunterrichts vor dem Hintergrund von Computeralgebrasystemen, Franzbecker, Hildesheim 1996

HOFE VOM, R., Grundvorstellungen – Basis für inhaltliches Denken, ML 78 (1996) 4-8

HOFE VOM, R., Grundvorstellungen mathematischer Inhalte als didaktisches Modell, JMD 13 (1992) 345-364

HÖHLE, D., SCHMIDT, G., Computer im Mathematikunterricht, Rohr-Druck-Hildebrand, Kaiserslautern 1973

HOLE, V., Erfolgreicher Mathematikunterricht mit dem Computer. Methodische und didaktische Grundfragen in der Sekundarstufe I., Auer, Donauwörth 1998

HOLLAND, G., GEOLOG-WIN, Konstruieren, Berechnen, Beweisen, Problemlösen mit dem Computer, Dümmler, Bonn 1996

HÖLZL, R., Dynamische Geometrie - softwaretechnologische Entwicklungen, didaktische Diskussion und unterrichtspraktische Erfahrungen, in: HISCHER, H. (Hrsg.), Computer und Geometrie, Franzbecker, Hildesheim 1997, 34-39

HÖLZL, R., Im Zugmodus der Cabri-Geometrie, Deutscher Studien-Verlag, Weinheim 1994

HUMENBERGER J., U. REICHEL, H.-Ch., Fundamentale Ideen der angewandten Mathematik, BI, Mannheim u. a. 1995

IFRAH, G., Universalgeschichte der Zahlen, Campus, Frankfurt u. a. 1989

JAHNKE, H. N., Mathematik und Bildung in der Humboldtschen Reform, Vandenhoeck u. Ruprecht, Göttingen 1990

JANK, W. u. MEYER, H., Didaktische Modelle, Cornelsen, Frankfurt 1994[3]

JANSSEN, M., Approximation von Strömungsprofilen mit dem TI-92, in: HISCHER, H., Modellbildung, Computer und Mathematikunterricht, Franzbecker, Hildesheim u. Berlin 1999, 115-119

KAISER, G., Realitätsbezüge im Mathematikunterricht – ein Überblick über die aktuelle und historische Diskussion, in: GRAUMANN, G., JAHNKE, T., KAISER, G., MEYER, J., Materialien für einen realitätsbezogenen Mathematikunterricht, Bd. 2, Franzbecker, Hildesheim 1995, 67–84

KAISER, H., NÖBAUER, W., Geschichte der Mathematik für den Schulunterricht, Hölder-Pichler-Tempsky, Wien 1998

KERNER, I. O., Was jedermann über Informatik wissen sollte, Login, Teil 1: 9/6 (1989) 12-14, Teil 2: 10/1 (1990) 8-10

KIRSCH, A., Einige Implikationen der Verbreitung von Taschenrechnern für den Mathematikunterricht, JMD 6 (1985) 303-318

KIRSCH, A., Zur Behandlung des Hubkolbenmotors im Mathematikunterricht, MNU 47/4 (1994) 216–218

KLAFKI, W., Neue Studien zur Bildungstheorie und Didaktik, Beltz, Weinheim und Basel, 1993[3], 1. Auflage 1985

KLEIFELD, A., Verformbare Kurven – Geometrisches Modellieren mit Bézierkurven, in: HISCHER, H., Modellbildung, Computer und Mathematikunterricht, Franzbecker, Hildesheim u. Berlin 1999, 120-124

KLIKA, M., Zeichnen und zeichnen lassen. Funktionen von zwei Veränderlichen, ML 14 (1986) 61-63

KOCH, H. u. NECKEL, H., Unterrichten mit Internet & Co – Methodenhandbuch für die Sekundarstufe I und II, Cornelsen, Berlin 2001

KÖCK, P., Praxis der Unterrichtsgestaltung und des Schullebens, Auer, Donauwörth 1995[2]

KÖNIG, G., Taschenrechner im Mathematikunterricht, ZDM 10 (1978) 121-122

KRAPP, A. u. WEIDENMANN, B. (Hrsg.), Pädagogische Psychologie, Beltz, 2001[4]

KRÜGER, K., Erziehung zum funktionalen Denken, Logos, Berlin 2000

KUTZLER, B., Mathematik unterrichten mit Derive. Ein Leitfaden für Lehrer, Addison-Wesley, Bonn u. a. 1995

LAKOFF, G., Women, Fire, and Dangerous Things, University of Chicago Press, Chicago 1990

LEHMANN, E., Lineare Gleichungssysteme. Veränderte Lernziele: Weniger rechnen, mehr verstehen, MidS 35 (1997) 619-631

LEHMANN, E., Einführung in Parameterdarstellungen in der Sek. I, PM 34 (1992) 173-178

LEHMANN, E., Mathematiklehren mit Computeralgebrasystem-Bausteinen, Franzbecker, Hildesheim u. Berlin 2002

LEHMANN, E., Terme im Mathematikunterricht, Schroedel, Hannover 1999

LEHMANN, E., Wieviel "White-Box" und wann "Black-Box"? – Mathematik mit Computeralgebra-Bausteinen des TI-92, MidS 36 (1998) 157-158 u. 163-171

LEHMANN, I., Zum Lösen von Gleichungen – mit Tafel und Kreide oder Computer, MidS 34 (1996) Folge 1: 623-632, Folge 2: 684-696

LEHMANN, J., So rechneten Ägypter und Babylonier, Urania, Leipzig 1994a

LEHMANN, J., So rechneten Griechen und Römer, Urania, Leipzig 1994b

LENEKE, B., Der Hund im Koordinatensystem, ML 102 (2000) 9-11

LIETZMANN, W., Elementare Kegelschnittlehre, Dümmler, Bonn 1949

LOSKA, R., Lehren ohne Belehrung: Leonard Nelsons neosokratische Methode der Gesprächsführung, Klinkhardt, Bad Heilbrunn 1995

LÖTHE, H., MÜLLER, K. P., Taschenrechner, Teubner, Stuttgart 1979

LUDWIG, M. (Hrsg.), Projekte im mathematisch-naturwissenschaftlichen Unterricht, Franzbecker, Hildesheim u. Berlin 2001

LUDWIG, M., Projekte im Mathematikunterricht des Gymnasiums, Franzbecker, Hildesheim u. Berlin 1998

LUDWIG, M., Raumgeometrie mit Kopf, Herz, Hand und Maus, BzM 2001, Franzbecker, Hildesheim u. Berlin 2001

LUTZ, B., WETH, Th., Beobachtungen beim Einsatz von GEOLOG, MidS 32/9 (1994) 500-508 u. 32/10, 557-569

MAANEN, J. A. van, Alluvial Deposits, Conic Sections, and Improper Glasses, or History of Mathematics Applied in the Classroom, in: SWETZ, F. u. a. (Ed.), Learn from the Masters!, The Mathematical Association of America, Washington 1995, 73-91

MAAS, J., SCHLÖGLMANN, W., Black Boxes im Mathematikunterricht, JMD 15 (1994) 123-147

MACKENSEN, v. L., Zur Vorgeschichte und Entstehung der ersten digitalen 4-Spezies-Rechenmaschine von Gottfried Wilhelm Leibniz, Forschungsinstitut des Deutschen Museums für die Geschichte, Wiesbaden 1969

MAGER, R. F., Lernziele und programmierter Unterricht, Beltz, Weinheim u. a. 1965

MAIER, H., SCHWEIGER, F., Mathematik und Sprache, Hölder-Pichler-Tempsky, Wien 1999

MALLE, G., Didaktische Probleme der elementaren Algebra, Vieweg, Braunschweig u. Wiesbaden 1993

MALLE, G., Funktionen untersuchen – ein durchgängiges Thema, ML 103 (2000) 4-7

MALLE, G.: Didaktische Probleme der elementaren Algebra, Vieweg Braunschweig u. Wiesbaden 1994

MARGUIN, J., Histoire des instruments et machines à calculer, Hermann Editeurs des Sciences des Arts, Paris 1994

MEHRTENS, H., Moderne – Sprache – Mathematik: eine Geschichte des Streits um die Grundlagen der Disziplin und des Subjekts formaler Systeme, Suhrkamp, Frankfurt 1990

MERKEL, E., Boolesche Maschinen, Logikmaschinen I, MNU 21 (1968) 189-195

MEYER, J., Bèzierkurven als Modellierung von Designerkurven, in: HISCHER, H., Modellbildung, Computer und Mathematikunterricht, Franzbecker, Hildesheim u. Berlin 1999, 120-128

MEYER, J., Einblick in die Kryptographie, in: FÖRSTER, F., HENN, H.-W., MEYER, J., Materialien für einen realitätsbezogenen Mathematikunterricht, Bd. 6, Computer-Anwendungen, Franzbecker, Hildesheim 2000, 151-157

MNU, Empfehlungen und Überlegungen zur Gestaltung von Lehrplänen für den Computer-Einsatz im Unterricht der allgemeinbildenden Schule, MNU 38/4 (1985) 229-236

MÜLLER, D., Erfahrungen mit Beweisbäumen in 8. Klassen mit und ohne Einsatz von Geobeweis, in: HISCHER, H. (Hrsg.), Geometrie und Computer, Franzbecker, Hildesheim 1998, 95-103

MÜLLER, H., Aufgaben zur Schulung der Raumanschauung. Ein Ansatz zur Klassifizierung und Niveaustufung, 33/4 (1995) 214-221

MÜLLER, H., Aufgaben zur Schulung der Raumanschauung, MidS 33/5 (1995) 285-286 u. 291-295

MÜLLER-PHILIPP, S., Der Funktionsbegriff im Mathematikunterricht, Waxmann, Münster u. New York 1994

NAGL, L., Charles Sanders Pierce, Campus, Frankfurt u. New York 1992

NEBER, H., (Hrsg.), Entdeckendes Lernen, Beltz, Weinheim und Basel 1973

NEUBRAND, M., Kettenbrüche: Beste Näherungen, transzendente Zahlen, MU 30/5 (1984) 30-32 u. 37-47

NEUWIRTH, E., Kombinatorik, Rekursion und Tabellenkalkulation, MU 47/3 (2001) 52-64

NOCKER, R., Der Beitrag von Computeralgebra-Systemen auf die Unterrichtsmethoden und die Schüleraktivitäten in: BzM, Franzbecker, Hildesheim 1996, 325-328

OBERSCHLEP, W., Computeralgebrasysteme als Implementierung symbolischer Term-algorithmen, in HISCHER, H. u. WEIß, W. (Hrsg.), Rechenfertigkeit und Begriffsbildung, Franzbecker, Hildesheim 1996, 31-37

O'CALLAGHAN, B. R., Computer-Intensive Algebra and students' conceptual knowledge of functions, JRME 29/1 (1998) 21-40

OELKERS, J., Schulreform und Schulkritik, Ergon, Würzburg 2000[2]

PADBERG, F., Elementare Zahlentheorie, BI, Mannheim u. a. 1991[2]

PADBERG, F., Elementare Zahlentheorie, Spektrum, Heidelberg u. Berlin 2001

PAHL, F., Geschichte des naturwissenschaftlichen und mathematischen Unterrichts, Quelle & Meyer, Leipzig 1913

PALMITER, J. R., Effects of computer algebra systems on concept and skill acquisition in calculus, J. Res. Math. Educ. 22/2 (März 1991) 151-156

PENSSEL, Chr., PENSSEL, H.-J., Kegelschnitte, BSV, München 1993

PERRON, O., Die Lehre von den Kettenbrüchen, Bd. I u. II, Teubner, Stuttgart 1954 u. 1957

PESCHEK, W., Mathematische Bildung meint auch Verzicht auf Wissen, in: KADUNZ, G. u. a. (Hrsg.), Mathematische Bildung und neue Technologien, Hölder-Pichler-Tempsky, Stuttgart und Leipzig 1999, 263-270

PETZOLD, H., Moderne Rechenkünstler, Beck, München 1992

PICKERT, G., Wissenschaftliche Grundlagen des Funktionsbegriffs, MU 15/3 (1969) 40-98

PIERCE, Ch. S., Über die Klarheit unserer Gedanken, Suhrkamp, Frankfurt 1968

POHLEY, H.-J., SCHAEFER, G., Spielende und lernende Automaten im Unterricht, MNU 22 (1969) 79-86

POLYA, G., Schule des Denkens, Francke, Tübingen und Basel 1995[4]

PREISER, S., Kreativitätsforschung, Wissenschaftliche Buchgesellschaft, Darmstadt 1976

PROFKE, L., Kegelschnitte - Ein Lehrgang, Teil 1 u. 2, MidS 31 (1993) 18-28 u. 112-117

PROFKE, L., Praktische Anwendungsaufgaben im Mathematikunterricht, MidS 29 (1991) 845-867

PROFKE, L., Quadratische Gleichungen – eine Unterrichtsvorbereitung, in: HERGET, W., u. a. (Hrsg.), Standardthemen des Mathematikunterrichts in moderner Sicht, Franzbecker, Hildesheim 2000, 76-81

PROFKE, L., Reichen sieben Schuljahre Mathematik? – Einige vernachlässigte Gesichtspunkte, Mitteilungen der GdM 62 (1996) 40-45

REBLE, A., Geschichte der Pädagogik, Klett, Stuttgart 1999[19]

REESE, M., Neue Blicke auf alte Maschinen - zur Geschichte der mechanischen Rechenmaschinen, Dr. Kovač, Hamburg 2002

REHEIS, F., Die Kreativität der Langsamkeit, Primus, Darmstadt 1998[2]

REICHEL, H.-Chr., Wie Ellipse, Hyperbel und Parabel zu ihrem Namen kamen und einige allgemeine Bemerkungen zum Thema 'Kegelschnitte' im Unterricht, DdM 19/2 (1991) 111-130

ROBINSOHN, S. B., Bildungsreform als Revision des Curriculum, Luchterhand, Neuwied u. Berlin 1967

ROTH, J., Bewegliches Denken – Ein wichtiges Prozessziel des Mathematikunterrichts, erscheint in: BzM 2002, Franzbecker, Hildesheim

SCHEID, H., Zahlentheorie, BI, Mannheim u. a. 1994[2]

SCHEUERMANN, H., Computereinsatz im anwendungsorientierten Analysisunterricht, Franzbecker, Hildesheim 1998

SCHMID, A., LS 6, Ausgabe Baden-Württemberg, Klett Schulbuchverlag, Stuttgart u. a. 1994

SCHMIDT, G., Die Tennisballpyramide, MU 43 (1997) 38-53

SCHMIDT, W., Anwendungen aus der modernen Technik und Arbeitswelt, Stuttgart 1984

SCHMITT, R., Bericht über den Schulversuch „CaMU" (Computerunterstützter Mathematikunterricht, in HERGET, W. u. a. (Hrsg), Standardthemen des Mathematikunterrichts in moderner Sicht, Franzbecker, Hildesheim u. Berlin 2000, 90-100

SCHNEIDER, E., Veränderungen des Mathematikunterrichts durch Computeralgebrasysteme (CAS), BzM 1997, Franzbecker, Hildesheim 1997, 447-450

SCHOENFELD, A. H., Mathematical Problem Solving, Academic Press, Orlando u. a. 1985

SCHOOTEN, F. VAN, 'De organica conicarum sectionum in plano descripitone, tractatus', 1646

SCHOOTEN, F. VAN, SWETZ, F. u.a. (Ed.), Learn from the Masters!, The Mathematical Association of America, Washington 1995

SCHORNSTEIN, J., Vorschläge zur Behandlung von Variablen im Unterricht, MidS 31/10 (1993) 528-523

SCHUMANN, H., Ansatzorientiertes Lösen komplexer Algebra-Aufgaben mit Computeralgebra, MidS 33 (1995) 372-382

SCHUMANN, H., Computerunterstütztes Entdecken und Lösen geometrischer Extremwertaufgaben in der Sekundarstufe I, MidS 37 (1999) 110-117

SCHUMANN, H., Neue Möglichkeiten des Geometrielernens durch interaktives Konstruieren in der Planimetrie, MNU 43/4 (1990) 230-240

SCHUMANN, H., Raumgeometrie - Unterricht mit Computerwerkzeugen, Cornelsen, Berlin 2001

SCHUMANN, H., Schulgeometrisches Konstruieren mit dem Computer, Metzler, Stuttgart 1991

SCHUMANN, H., Unterrichtssoftware für die Raumgeometrie, MU 47/5 (2001) 6-10

SCHUPP, H., Anwendungsorientierter Mathematikunterricht in der Sekundarstufe I zwischen Tradition und neuen Impulsen, in: BLUM, W. u. a. (Hrsg.), Materialien für einen realitätsbezogenen Mathematikunterricht, Bd. 1, Franzbecker, Hildesheim 1994

SCHUPP, H., Anwendungsorientierter Mathematikunterricht in der Sekundarstufe I zwischen Tradition und neuen Impulsen, MU 34/6 (1988) 5-16

SCHUPP, H., Kegelschnitte, Franzbecker, Hildesheim u. Berlin 2000

SCHUPP, H., Regeometrisierung der Schulgeometrie – durch Computer?, in HISCHER, H. (Hrsg.), Computer und Geometrie – Neue Chancen für den Geometrieunterricht?, Franzbecker, Hildesheim 1997, 16-25

SCHUSTER A., Von Handlungsreisenden und Telefonnetzen: Software bei der Behandlung von Optimierungsproblemen, erscheint in: HERGET, W., WEIGAND, H.-G., WETH, Th. (Hrsg.), Tagungsband des AK „Mathematikunterricht & Informatik", Franzbecker, Hildesheim 2002

SCHWARTZE, H., SCHÜTZE, I., ROHDE, Chr., Konstruktive Raumgeometrie mit Computerhilfe, Spektrum, Heidelberg u. a. 1996

SCHWILL, A., Fundamentale Ideen der Informatik, ZDM 25 (1993) 20-31

SELTER, C., Johannes Kühnels zentrale Forderung nach "Organisation und Aktivität". Konsequenzen für den Mathematikunterricht und die Lehrerbildung, mathematica didactica 15 (1992) 106-124

STEINBERG, G., Polarkoordinaten, Eine Anregung, sehen und fragen zu lernen, Metzler Schulbuch, Hannover 1993

STEINER, H.-G. (Hrsg.), Kalküle und Rechenautomaten, MU 11/2 (1965) 100-109

STOLL, C., LogOut – Warum Computer nichts im Klassenzimmer zu suchen haben und andere High-Tech-Ketzereien, Fischer, Frankfurt 2001

THIES, S., Zur Bedeutung diskreter Arbeitsweisen im Mathematikunterricht, Dissertation Universität Gießen, erscheint 2002

TIETZE, U., KLIKA, M., WOLPERS, H., Mathematikunterricht in der Sekundarstufe II, Bd. 1. Fachdidaktische Grundfragen – Didaktik der Analysis, Vieweg, Braunschweig 2000[2]

TIETZE, U., KLIKA, M., WOLPERS, H., Mathematikunterricht in der Sekundarstufe II, Bd. 1, Vieweg, Braunschweig u. Wiesbaden 1997

TIETZE, U.-P., FÖRSTER, F., Über die Bedeutung eines problem- und anwendungsorientierten Mathematikunterrichts für den Übergang zur Hochschule, MU 4/5 (1996) 85-120

TRUNK, C., WETH, Th., Kreativer Geometrieunterricht - ein Unterrichtsversuch zu merkwürdigen Punkten und Linien im Dreieck, MidS 37/3 (1999) 160-166 u. 37/4 (1999) 216-223

VOLKERT, K., Geschichte der Analysis, BI, Mannheim u. a. 1987

VOLLRATH, H.-J., Algebra in der Sekundarstufe, Spektrum Heidelberg u. Berlin 1994

VOLLRATH, H.-J., Funktionales Denken, JMD 10/1 (1989) 3-37

VOLLRATH, H.-J., Grundlagen des Mathematikunterrichts in der Sekundarstufe, Spektrum, Heidelberg u. Berlin 2001

VOLLRATH, H.-J., Lokales Ordnen an geometrischen Konstruktionen, in: POSTEL, H., KIRSCH, A., BLUM, W. (Hrsg.), Mathematik lehren und lernen, Festschrift für Heinz Griesel, Schroedel, Hannover 1991, 217-228

VOLLRATH, H.-J., Treppenfunktionen im Mathematikunterricht, DdM 1 (1974) 52-60

VOLLRATH, H.-J., Ware-Preis-Relationen im Unterricht, MU 19/6 (1973) 58-76

VOM HOFE, R., Explorativer Umgang mit Funktionen – Interaktion und Kommunikation in selbstorganisierten Arbeitsphasen, JMD 20/2/3 (1999) 186-221

VOM HOFE, R., Funktionen erkunden – mit dem Computer, ML 105 (2001) 54-58

VOM HOFE, R., Neue Beweglichkeit beim Umgang mit Funktionen, ML 78 (1996) 50-54

VOM HOFE, R., Über die Ursprünge des Grundvorstellungskonzepts in der deutschen Mathematikdidaktik, JMD 17/3/4 (1996) 238-264

WEIGAND, H.-G., Basteln - Zeichnen - Konstruieren: Operative Übungen mit Ortslinien, in: HENNING, H. (Hrsg.), Mathematik lernen durch Handeln und Erfahrung, Festschrift zum 75. Geburtstag von Heinrich Besuden, Bültmann & Gerriets, Oldenburg 1999, 125-135

WEIGAND, H.-G., Beobachtungen von Lernenden beim heuristischen Arbeiten mit Ortslinien, in: HISCHER, H. (Hrsg.), Geometrie und Computer - Suchen, Entdecken und Anwenden, Franzbecker, Hildesheim 1998, 59-65

WEIGAND, H.-G., Ein computerunterstützter Zugang zum iterativen Lösen von Gleichungen, DdM 20/4 (1992) 298-318

WEIGAND, H.-G., Eine explorative Studie zum computerunterstützten Arbeiten mit Funktionen, JMD 20/1 (1999) 28-54

WEIGAND, H.-G., Ein geometrisches Konstruktionsproblem - Didaktische Überlegungen zu Expertenlösungen, MidS 31/3 (1993) 172-179

WEIGAND, H.-G., Internetgestützte Kommunikation in der Lehramtsausbildung, JMD 22/2 (2001) 99-123

WEIGAND, H.-G., Kettenbrüche - Eine vergessene Insel in der Welt der Zahlen, ML 4 (1998) 52-56

WEIGAND, H.-G., Mechanisches und computerunterstütztes Zeichnen von Kegelschnitten, ML 82 (1997) 14-18

WEIGAND, H.-G., Neue Werkzeuge und Kalkülkompetenz, in HISCHER, H.,WEIß, M., Rechenfertigkeit und Begriffsbildung, Franzbecker, Hildesheim 1996

WEIGAND, H.-G., Über die Anzahl der Endnullen bei n!, PM 31/6 (1989) 343-349

WEIGAND, H.-G., WELLER, H., Das Lösen realitätsorientierter Aufgaben zu periodischen Vorgängen mit Computeralgebra, ZDM 5 (1997) 162-169

WEIGAND, H.-G., Wie fliegt eigentlich der Ball durch die Luft? - Die Flugkurven von Basketball und Federball, ML 95 (1999) 53-57

WEIGAND, H.-G., Zur Bedeutung didaktischer Prinzipien im Entschleunigungsprozess beim Lernen mit neuen Technologien, in: ELSCHENBROICH, H.-J., GAWLICK, Th., HENN, H.-W. (Hrsg.), Zeichnung – Figur – Zugfigur, Mathematische und didaktische Aspekte Dynamischer Geometrie-Software, Franzbecker, Hildesheim 2001, 195-205

WEIGAND, H.-G., Zur Didaktik des Folgenbegriffs, BI, Mannheim 1993

WETH, Th., Der Computer als heuristisches Werkzeug im Geometrieunterricht, erscheint in: BzM 2002, Franzbecker, Hildesheim 2002

WETH, Th., Konstruktionen und Konstruktionsbeschreibungen mit GEOLOG, MU 39/1 (1994) 49-62

WETH, Th., Kreativität im Mathematikunterricht – Begriffsbildung als kreatives Tun, Franzbecker, Hildesheim 1999

WETH, Th., Mathematikrecherchen im WorldWideWeb - eine Fallstudie, MNU 50/1 (1997) 47-50

WETH, Th., Mathematische Erfindungen im Umfeld des Satzes von Pythagoras, PM 2/42 (2000) 70-75

WETH, Th., Zum Rollenwechsel des Schülers beim Arbeiten mit Unterrichtssoftware, in: HISCHER, H. (Hrsg.), Wieviel Termumformung braucht der Mensch?, Hildesheim 1993, 106-110

WETH, Th., Zum Verständnis des Kurvenbegriffs im Mathematikunterricht, Franzbecker, Hildesheim, 1993

WINKELMANN, B., Taschenrechner und Fachdidaktik: Einige Strategische Perspektiven, ZDM 10 (1978) 153-159

WINTER, H., Allgemeine Lernziele im Mathematikunterricht, ZDM 7 (1975) 106-116

WINTER, H., Begriff und Bedeutung des Übens im Mathematikunterricht, ML 2 (1984) 4-16

WINTER, H., Mathematikunterricht und Allgemeinbildung, in: Mitteilungen der GdM 61 (1996) 37-46

WITTKE, D., Ein computerunterstützter Zugang zu quadratischen Funktionen und Gleichungen, Teil 1 u. 2, MidS 35 (1997) 427-439 u. 494-502

WITTMANN, E. C., MÜLLER, G. N., Handbuch produktiver Rechenübungen Bd. 1, Vom Einspluseins zum Einmaleins, Klett, Stuttgart 1990

WITTMANN, E. Chr., Grundfragen des Mathematikunterrichts, Vieweg, Braunschweig u. Wiesbaden 1981[6]

WITTMANN, G., Tabellenkalkulation und diskrete Mathematik in der Sekundarstufe I – Darstellen und Interpretieren als zentrale Aktivitäten, MU 47/3 (2001) 28-51

WÖLPERT, K.P., Materialien zur Entwicklung der Raumvorstellung im Mathematikunterricht, MU 29/6 (1983) 7-42

WOLPERS, H., Konzepte zur Gestaltung von Lernsoftware - Lernprogramme im Vergleich, ML 92 (1999) 39-42

WYNANDS, A., Hilft der Computer im Umgang mit Variablen, Formeln, Funktionen und Gleichungen?, JMD 12 (1991) 347-366

WYNANDS, A., Rechenfertigkeit und Taschenrechner, JMD 5 (1984) 3-32

WYNANDS, A., Zur fachdidaktischen Komponente des Elektronischen Taschenrechners, ZDM 10 (1978) 122-126

ZECH, F., Grundkurs Mathematikdidaktik, Beltz, Weinheim u. Basel 1996[8]

ZIEGENBALG, J., Algorithmen, Spektrum, Heidelberg u. a. 1996

ZIEGENBALG, J., Informatik und allgemeine Ziele des Mathematikunterrichts, ZDM 15 (1983) 215-220

Stichwortverzeichnis

Printed by Books on Demand, Germany